臺灣紫斑蝶的季節性移動

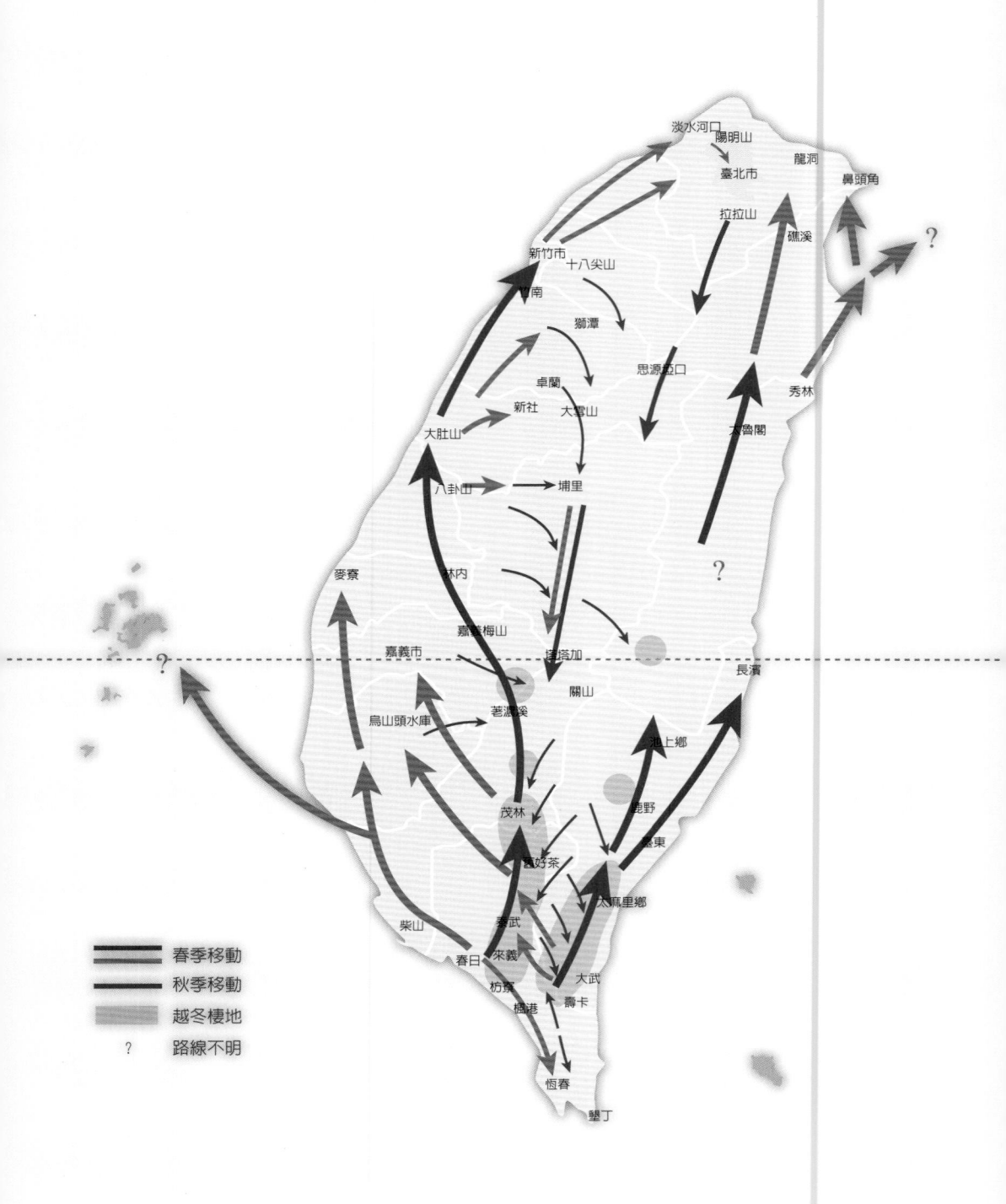

淡水河口
陽明山
龍洞
臺北市
鼻頭角
拉拉山
礁溪
新竹市
十八尖山
頭南
獅潭
思源埡口
秀林
卓蘭
新社
大霸山
大魯閣
大肚山
八卦山
埔里
?
麥寮
林內
嘉義梅山
嘉義市
搭加
長濱
?
烏山頭水庫
茗源溪
關山
池上鄉
鹿野
茂林
臺東
達好茶
柴山
太瓶里鄉
泰武
春日
來義
大武
枋寮
壽卡
楓港
恆春
墾丁

春季移動
秋季移動
越冬棲地
? 路線不明

紫斑蝶

詹家龍 著

晨星出版

目次

Chapter1 紫蝶之生

Chapter2 紫斑蝶的特色

Chapter3 紫斑蝶的奇幻旅程

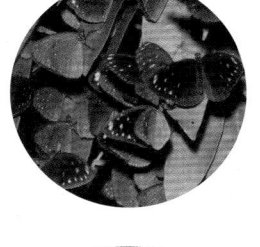

Chapter4 守護紫蝶

Chapter5 尋找紫蝶幽谷與帝王蝶谷

Chapter6 臺灣斑蝶個論

守護紫斑蝶

臺灣由於自然環境特殊，蘊育了豐富的動植物資源，已記錄者包括哺乳動物約 60 種、鳥類約 600 餘種、爬蟲類約 90 種、兩棲類約 30 幾種、淡水魚類約 300 餘種、昆蟲約 17600 種，其中特有種高達 60%。不過素有「蝴蝶王國」、「蝴蝶島」美譽的臺灣，最讓人震撼且深具特色的動物奇景之一莫過於每年冬天，成千上萬群聚在南臺灣高雄茂林等地山谷裡越冬所造就的「紫蝶幽谷」景況。因此大英博物館蝴蝶權威學者 Dick Vane-Wright 於 2003 年出版的《蝴蝶》一書中，將其舉世聞名的墨西哥帝王蝶谷並列為世界二大越冬蝶谷。

林務局有鑑於紫蝶幽谷保育的重要性，並落實「在地參與」的世界保育潮流，2000 年起便結合各方保育團體及高雄市茂林區當地魯凱族原住民，針對紫蝶幽谷生態進行研究。期間詹家龍先生除陸續解答紫斑蝶的諸多謎團外，更難能可貴的是他還拋棄外來者、旁觀者的角色，直接投入各項在地保育的工作，最後並獲得許許多多當地住民的信任而成為好朋友。他的努力，除了在 2002 年獲得有百萬元獎金的「福特環保獎」外，2008 年更進一步獲得日本方面的肯定，前往日本東京受頒「日本創意大賞——海外賞」的殊榮。

在看過本書後，可發現整個內容除了那些長期研究所累積的資料，讓本書充滿許多未見於過去文獻記錄的各種斑蝶幼生期、外部形態、分布、全年的族群動態、生態特色等新知，還整合了龐雜繁複的各項國內外文獻記錄，進行紫斑蝶發現歷史等等的論述，讓讀者了解前人的努力，更帶領讀者從世界的觀點來看臺灣紫斑蝶的特殊生態。最後詹家龍更現身說法，自述推動紫斑蝶保育工作及後來前往墨西哥帝王蝶谷與當地保育人士進行交流

的心路歷程。相信各位讀者在看完這本書後，當可觸類旁通的對生態學與資源保育兩者之間的關係有全新的體認。從整本書的字裡行間，讀者當可理解到：紫斑蝶雖是臺灣最常見的蝶種，但當牠們聚集在一起的時候卻會形成一股龐大的力量，以及紫斑蝶在臺灣這個小島生態系的平衡上所扮演的重要角色。這樣的理念也正符合林務局長期致力與世界保育潮流接軌，積極推動生物多樣性保育工作的最高指導原則，保護臺灣人賴以維生的各種生命型式。

因為《紫斑蝶》一書的出版，讓整個紫斑蝶的研究及保育又邁向了另一個新的開始，書中除揭露許多紫斑蝶生態祕密及未來有待研究的謎團外，進而體認生物多樣性保育之重要性。企盼這本書的發行，能夠帶動更多的國人一起來保護這個「紫色寶藏」，為我們後代的子子孫孫保留一片淨土。

詹家龍能夠這樣一路走來始終如一，朝著小時候訂下的目標去努力，實在是讓人感到很欣慰！希望未來有更多的人能夠秉持著這樣的精神，投入各項對臺灣永續發展來說極重要的百年大業，一起來恢復美麗之島──福爾摩沙的美名。

前行政院農業委員會林務局局長

謹誌

5

珍惜臺灣生態，蝴蝶風華再起

詹家龍先生自小對於蝴蝶等生物之習性觀察深感興趣，攻讀碩士期間亦進行關於「臺灣產喜蟻性灰蝶與螞蟻共生關係」之研究，並陸續進行雪霸國家公園等單位委託的「臺灣瀕臨絕種保育類寬尾鳳蝶」、「臺灣瀕臨絕種保育類大紫蛺蝶」等研究計畫；詹君亦曾進入高雄茂林魯凱族原住民部落推動「紫蝶幽谷之研究與原住民保育共生」計畫。後來於 2002 年獲頒百萬元獎金的「福特環保獎」後，將獎金全數作為推動蝴蝶生態保育工作。另於 2008 年赴日本東京，從資生堂名譽會長福原義春及東京大學名譽教授石井威望手中接獲「2007 日本創意大獎 ── 海外賞」獎座；獲獎理由為長期追蹤八萬多隻蝴蝶，確認出全臺第一條長達一百多公里的「蝴蝶遷徙廊道」。回顧過去，詹君長期以來踏遍臺灣各地，對於蝴蝶生態保育所做的貢獻，已廣受各界之肯定，並且迭獲重大獎勵。欣聞詹君將歷年來對於紫斑蝶生態觀察成果，彙集成紫斑蝶一書，個人在此首先表達誠摯的祝賀之意。

泰明自擔任公職以來，長期致力於高速公路工程建設與管理，亦試著站在大格局及大視野的宏觀角度來看待國道建設的生態工法，將工程設計概念與環境生態保育整合，不破壞、不過分擾動、取材自然，以達到保存或增加生物多樣性之目標。為落實此一理念，在得知詹君於 2006 年所發表的「臺灣產紫斑蝶屬之季節性移動」研究報告中，揭露了紫斑蝶每年春天清明節前後通過國道三號林內段時，與高速公路產生衝突並造成紫斑蝶大量傷亡後，深感人類必須與其他生物和平共處，即使只是一隻隻幼小的蝴蝶，故基於高速公路主管機關之立場，以及珍惜生命之理念，乃積極成立「辦理紫斑蝶遷徙減輕傷亡措施工作推動小組」，期以降低車流對紫斑蝶遷徙造成之傷害。旋於 2007 及 2008 年投入少量經費，首度嘗試在國道進行許

多的保育與導引措施，協助紫斑蝶順利遷徙，這項生態保護措施在實施期間除廣泛引起社會大眾關注，成為國內外媒體注目焦點外，各界長官更親自赴現場關注此一為保護紫斑蝶而暫時封閉國道之創舉。這一切不僅對於生態保育發揮正面的效益，更大大提升我國在國際生態保育上的正面形象。

詹君畢業於國立臺灣大學生態學與演化生物學研究所博士班，藉由其過去多采多姿之生態保育經驗，必能在不久的將來，獲得更高學術成就。在此之際，詹君出版紫斑蝶一書，其內容涵蓋紫斑蝶的生活習性、特色、遷徙過程、保育歷程等，並於書末詳細介紹臺灣目前存在之各種斑蝶及相關植物，資料相當豐富，可謂近年來紫斑蝶生態保育發展方向之重要文獻，讀者當可從中獲益良多，值得大力推薦。

前交通部臺灣區國道高速公路局長

謹誌

7

福爾摩沙的紫色寶藏

——從一隻南飛的紫斑蝶身上我看到了自然演化的力與美

當大自然用第一道冷鋒過境來宣告臺灣冬天的到來：一年一世代的大紫蛺蝶幼蟲沿著沙朴樹幹慢慢往下爬並沒入落葉堆中；寬尾鳳蝶則早已做好萬全準備的將枯枝狀帶蛹化在樹幹上；緋蛺蝶則一動也不動的在黃葉蕭瑟的森林裡這邊一隻在落葉堆上，那邊一隻在樹洞中⋯⋯。當大部分溫帶、亞熱帶地區的蝴蝶選擇以不變應萬變的方式留在原地度過寒冬，溫帶地區的帝王斑蝶和亞熱帶地區的紫斑蝶卻展現出與眾不同的因應方案。

被譽為是美國國蝶且為世人最熟悉蝴蝶之一的帝王斑蝶（*Danaus plexippus* Linnaeus, 1758）可說是蝴蝶遷移最著名的例子（Brown, 1996）。每年秋天，舉世聞名的帝王斑蝶以估計最高可達約五億隻的驚人規模，如候鳥般展開一場最遠可達四千公里以上的驚奇之旅。牠們以北美洲中西部的洛磯山脈為界，大致上分為東西兩個族群，一隻接著一隻，最遠從北美洲加拿大及美國的五大湖區，一路沿著山谷、河流或海岸的幾條固定路線，揮舞著薄翼抵達加州海岸及中美洲墨西哥市近郊特定的十幾處山谷，形成單一越冬棲地每公頃土地平均可達近千萬隻的世界級景觀。當牠們用那無法計數的紅色身軀，將森林裡每一株原本翠綠的歐亞梅爾杉化為一片火紅的時候，自然力總是超乎人類想像力的事實又再次被驗證。

幾乎同時間，世界另一端西太平洋小島「臺灣」的亞熱帶森林裡，成千上萬的紫斑蝶，也悄悄進駐那些主要分布在北迴歸線以南的高雄茂林等處低海拔山區特定山谷，形成另一個大規模群聚越冬的奇景「紫蝶幽谷」（The valley of purple butterflies）生態現象。和帝王蝶谷由單一蝶種形成越冬群聚大不相同的是，紫蝶幽谷是以四種紫斑蝶為主，青斑蝶類次之，有時則會有黑脈樺斑蝶類等共十二種其他斑蝶組成的混棲型群集生態。

▲落水死亡的端紫斑蝶雄蝶。

　　一生致力於蝴蝶研究並出版《斑蝶的支序學與生物學》（Milkweed butterflies-their cladistics and biology）曠世巨著的大英博物館蝴蝶學者范恩瑞 Dick Vane-Wright，在 2003 年 6 月出版的《蝴蝶》（Butterflies）一書中，更首度將墨西哥帝王蝶谷和臺灣茂林紫蝶幽谷並列介紹。普羅大眾因此第一次知道：這是一個在 1971 年冬天的臺灣，讓人全然意料之外的發現。

　　有關亞洲產紫斑蝶的季節性移動及越多生態，最早應是西元 1900 年 de Niceville & Manders 在印度、1905 年 kershaw 在香港，觀察到幻紫斑蝶形成群聚集團的情形，在 1916 年 Godfry 記錄了在泰國東北部的 Dong Rek 山區有多種紫斑蝶類群聚集團的現象，至 1930 年 Williams 整合了前人觀察記錄及自身的研究，首次較完整地揭露亞洲產紫斑蝶的越多生態。在臺灣，紫斑蝶的越多群聚現象最早是由成功高中教師，也是著名蝴蝶專家的陳維壽在 1971 年所發現，並將之稱爲「紫蝶幽谷」，之後，內田（1988）Wang &

9

冬季群聚枯枝休息的紫斑蝶形成良好的保護色。

Emmel（1990）Ishii & Matsuka（1990）陸續展開越冬斑蝶棲地的各項調查工作，李及王（1997）除進行越冬蝶谷蝶種的詳細調查外並進一步探討其生理狀態。

近年來則以澳洲產紫斑蝶屬越冬生態有較多的研究，分別有針對其越冬及季節性移動生態、定向飛行行為的探討；並發現牠們會在較潮溼海岸和較乾燥大陸內部，進行特殊的東西向季節移動。印度則在每年兩次雨季間的乾季會有大規模的季節性移動，並會在十至十二月間形成暫時性群聚的記錄，但直到目前為止仍被認為應屬於暫時的群聚集團。筆者及臺灣大學保育社賴以博於 2005 年首度證實在海南島亦存在著數量可達萬隻以上，由幻紫斑蝶、斯氏紫斑蝶以及小紫斑蝶所形成的越冬群聚集團，另外根據廣東昆蟲學會陳敬昌的調查資料顯示，廣東珠海一帶亦可見到和香港一樣的藍點紫斑蝶為主的群聚集團；白等人（1996）在廣東惠縣也曾觀察到冬季群聚集團。目前已知亞洲產斑蝶有群聚越冬現象的地區包含臺灣、中國大陸廣東、海南、香港及澳洲，而泰國、印度及斯里蘭卡則尚待進一步研究。（P.22）

群聚數量上，帝王斑蝶會在墨西哥形成單一谷地達千萬隻的越冬集團，北美西部加州單一谷地越冬集團在十萬隻以下。中美洲多明尼加的霧林帝王斑蝶 Cloud-forest Monarch（Anetia briarea）則由 Ivie et al. 1990 首度證實，會在秋季海拔近三千公尺處形成數十隻至上百隻不等的冬季群聚集團；至於毒蝶亞科 Heliconius spp. 的小規模群聚集團則與越冬無關，經研究後發現其為蝴蝶中罕見具有世代重疊類似社會性昆蟲的特殊群聚生態（Mallet. 1986.）。澳洲東北部昆士蘭一帶的幻紫、斯氏及小紫斑蝶，在南半球冬季五至七月間群聚集團數量從數千隻到數萬隻左右；近年香港鱗翅學會調查則顯示，當地越冬斑蝶以藍點紫斑蝶為主、幻紫斑蝶次之、端紫斑蝶僅有少量，另外有黑脈樺斑蝶、琉球青斑蝶及淡紋青斑蝶等，聚集數量約在千隻到數萬隻；印度及斯里蘭卡則有幻紫斑蝶及薔青斑蝶屬的群聚集團，但形成原因尚未確定。所以目前為止，臺灣紫蝶幽谷仍是僅次於墨西哥帝王蝶谷的第二大規模蝴蝶越冬群聚生態。

當年曾大量捕捉紫斑蝶出口的蝴蝶專家陳文龍及施添丁皆曾表示，早期有些大型紫蝶谷數量多到可採幾十萬隻越冬斑蝶後仍未見減少，而像這樣的山谷內，估計應該聚集了六十至百萬隻越冬斑蝶。蝴蝶專家陳維壽在早期更估算出，屏東山區一處最大規模越冬谷內聚集的斑蝶數量約有百萬隻，有時甚至可能高達近二百萬隻。

除了數量驚人，紫斑蝶所展現出來的特殊生態也同樣讓人震懾！不像人們刻板印象中，一整個冬天一動也不動的那種冬眠型態。事實上，只要冬日清晨第一道光線穿透林間縫隙進入紫蝶幽谷，越冬紫斑蝶們就會被喚醒：牠們會一隻接著一隻開始在樹冠層上張開翅膀慶祝了起來。一開始，牠們會緩緩的在空氣中、枝條之間、葉子上搧著翅膀；隨著陽光開始滲透進陰暗的山谷，紫斑蝶開始爭先恐後的去追逐光的線條，有時一動也不動的攤開翅膀去吸收太陽的能量，時而原地踏步似的小幅度擺動翅膀，或者高高低低的在山谷裡滑行，就像當地原住民魯凱、排灣族人世代相傳舞步般的「優雅」「從容」。

那些原本隱藏在紫斑蝶落葉般褐色翅膀裡的藍紫色物理鱗片，也開始隨著光線照射角度的轉變及舞動的不同瞬間，展現出從水藍、深藍、淡紫、純紫、濃紫、黝黑一直到粉紅的幻色。這是一種有如三稜鏡般能解構光線的

▲墨西哥安甘格爾帝王斑蝶群聚集團。

神奇自然魔法，一場在紫斑蝶翅膀上跳動的「光之舞」。

　　隨著冬日暖陽持續散發熱力，原本靜悄悄的山谷終究被掀起了一場群蝶狂舞的風暴，空氣中成千上萬的紫斑蝶就這樣不斷的往外溢出，地面上則停滿正伸出探針般口器在吸食地上殘留水份的紫斑蝶，而原本早已乾涸的溪溝，此刻彷彿因為紫斑蝶的滋潤而恢復了生機。

　　直到午後的太陽開始褪去耀眼外衣換上一抹殘紅，紫斑蝶這才收拾起絢

麗，一隻接著一隻掛在每一根垂下來的蔓藤、每一棵大樹及每一叢陰暗森林底部的灌木上，呈現出一種好似排練過的完美隊形，來度過一個沒有舞動的安靜夜晚。

在大自然演化力量的推動下，臺灣孕育出了近四百種蝴蝶，而早期大量出口的蝴蝶工藝品，更讓臺灣獲得「蝴蝶王國」、「蝴蝶島」的美譽。如果將臺灣比擬為一座無與倫比的生物演化冶金爐，那麼每年冬天在魯凱、排灣族故鄉的大武山腳下形成的紫蝶幽谷越冬現象，就是蝴蝶自然演化史上力與美的代表作。

綜觀紫斑蝶生態的複雜性我們當可深刻感受到，越來越多的證據被攤開來的同時，便越顯現出我們對紫斑蝶生態所知相當有限。

正當大量紫斑蝶在南部越冬的二月天當下，東海岸卻出現了涓涓細流的往北蝶道，數量雖少卻讓人玩味。就在前人訴說紫斑蝶如何進行孤單北返旅程的篇章已泛黃多年之後，一場又一場紫斑蝶大規模往北前仆後繼通過國道三號林內段的旺盛生命力卻深深的感動著世人。而那編號「JD2」的小

紫斑蝶在 2008 年春天飛越南部叢山峻嶺來到中部山區被再捕獲的喜悅還在沉澱時，中央山脈另一端的小紫斑蝶卻用大規模往南移動再度迷惑世人。春夏交界之際，紫斑蝶先在鵝鑾鼻施展了 U 形大轉彎的高超飛行技術，再用消失在恆春半島北部熱帶海岸林內的手法在世人心中留下一個大大的問號？

夏季新羽化的第一代紫斑蝶則用那讓人目絢神迷的幻色翅膀，在各地展開看似是分道揚鑣互不相干的旅程。但要不了多久，這些等不及夏季結束秋季開始的紫斑蝶，又無預警的、沒徵兆的、嫣然飄至南部涼爽的山谷間集結，形成看似與越冬集團如出一轍的聚集。在秋末初冬的某一天清晨，高雄茂林魯凱族的蝴蝶守護者又一如往年的來電告知紫蝶大駕光臨的喜訊。

隆冬十二月的聖誕節清晨，同樣的一棵樹掛著另一個世代的紫斑蝶，其組成分或許有些改變，但儷人的數量卻是依舊：那個無視於春、夏、秋三季的更替，堅持一直往南移動的高海拔山區塔塔加鞍部蝶道上的紫斑蝶雖在此時暫時停止移動了，但是明年春

▲海南島的紫斑蝶群聚集團。

天，牠們仍會繼續孜孜不倦的上演南移的戲碼，等著人們來解讀其中奧妙。

以上這些紛至沓來的眾多資訊，正考驗著每個人的知識味蕾，試問你自己會怎麼做呢？乾脆的一口吞下？或者大卸大塊慢慢品嘗箇中真味？如何將已知的事實一五一十的呈現在讀者眼前，並留下廣大的思考空間，讓讀者能夠以科學的態度去看待生命的各種可能性，是撰寫本書的意圖。因為唯有體認到生命最重要的定律就是：永遠都會有「例外」，沒有「絕對」，才能找到我們心中渴望的「真鑽」。

Chapter 1

紫蝶之生

一棵掛滿紫斑蝶的蝴蝶樹，
見證著臺灣某個角落，仍保有蓊鬱的森林。
一處紫斑蝶群聚越冬的山谷，
象徵著某個未解的紫色謎團，等待我們去揭露。
臺灣紫蝶幽谷，不只是魯凱、排灣族人的寶藏，
也是臺灣、全人類共有的財產。

2002 年冬季午後在高雄茂林紫蝶幽谷內群舞的紫斑蝶。

認識紫蝶

| 紫斑蝶緣起 |

紫斑蝶的分類地位為：

節肢動物門 Arthropoda

　昆蟲綱 Insecta

　　鱗翅目 Lepidoptera

　　　真蝶總科 Papilionoidea

　　　　蛺蝶科 Nymphalidae

　　　　　斑蝶亞科 Danainae

　　　　　　斑蝶族 Danaini

　　　　　　　紫斑蝶亞族 Euploeina

　　　　　　　　紫斑蝶屬 *Euploea*

全世界已知的斑蝶亞科共有 530
種，紫斑蝶屬約有 60 種。

註：斑蝶亞科其中約 370 種為美洲特產的透翅蝶族
（Ithomiini），此類群以往被獨立為一個亞科，如今已歸
入斑蝶亞科中，其另一個英名 Glasswing butterfly 和細蝶
相同，需注意以免混淆。

▲臺灣的第一隻紫斑蝶是由博物學家斯文豪氏所
採集的，圖：吳永華提供。

第一隻紫斑蝶

第一隻紫斑蝶是由生物分類學之
父林奈氏在 1758 年發表的藍點紫斑蝶
（*Euploea midamus*），當時他將所有
的蝴蝶都歸在鳳蝶（*Papilio*）中，紫
斑蝶則被歸入 *phalanga*。直到 1807 年
Fabricius 根據 *Papilio corus* 設立了紫斑
蝶屬（*Euploea*），之後並由國際動物
命名委員會（I.C.Z.N.）指定 *Euploea
phaenareta*，紫斑蝶屬至此正式成立。

臺灣的第一隻紫斑蝶

　　臺灣的第一隻紫斑蝶是由時任英國外交官兼駐臺領事的博物學家斯文豪氏所採獲，由與演化學之父達爾文齊名的生物學家華萊士和莫爾一起在1866年發表的斯氏紫斑蝶，這同時也是第一篇關於臺灣蝴蝶的研究報告，這隻標本現在收藏於英國的大英博物館內。另外，圓翅紫斑蝶在1877年由巴特勒發表；端紫斑蝶於1904年，大紫斑蝶（已滅絕）和小紫斑蝶於1908年由對臺灣蝴蝶研究有相當貢獻的Hans Fruhstorfer所發表。

斯氏紫斑蝶
Euploea sylvester swinhoei
Wallace & Moore, 1866

小紫斑蝶
Euploea tulliolus koxinga
Fruhstorfer, 1908

圓翅紫斑蝶
Euploea eunice hobsoni
Butler, 1877

端紫斑蝶
Euploea mulciber barsin
Fruhstorfer, 1904

| 紫斑蝶的多樣性 |

紫斑蝶英名 Crows 意指烏鴉蝴蝶，是一群在外部型態上呈現相當程度差異，有著多型性特徵的分類群，例如：端紫斑蝶有著滑翔翼般的長翅；圓翅紫斑蝶翅形渾圓；斯氏紫斑蝶則介於兩者之間；體型最大的大紫斑蝶翅長可達約 6 公分的大型蛺蝶水準，最小的小紫斑蝶則僅有 3 公分多一點，有如粉蝶般嬌小的體型。

另外，斯氏紫斑蝶雄性性徵是前翅背面有兩道性標，圓翅紫斑蝶及小紫斑蝶的性標在後翅背面前緣，端紫斑蝶則發展出一大片如地毯般的性標。

生態習性上，端紫斑蝶及小紫斑蝶部分個體能適應北部冬天較低溫，斯氏紫斑蝶及圓翅紫斑蝶則有著明顯的越冬蝶種特性。

多變的外型

如果將尺度放大，綜觀全世界的紫斑蝶，多型性特徵的傾向更為顯著。除了典型的紫斑蝶外型，產於菲律賓的托布勒紫斑蝶 E. tobleri 呈現出前翅是紫斑蝶型，但後翅卻是大白斑型的怪異蝶種，印度的米特勒紫斑蝶 E. mitra 則是有著樺斑蝶型斑紋的紫斑蝶。如果你知道大紫斑蝶在新幾內亞俾士麥群島亞種 E. phaenareta unibrunnea 是純白色的，你大概也就不會訝異於紫斑蝶屬普遍存在各地區的亞種間，有著極易讓人判斷為不同蝶種的多變外型。

食性的分化

在幼生期生態方面，紫斑蝶除了保有斑蝶亞科對夾竹桃科及蘿藦科的專化食性特質外，還成功的利用了另一類有乳汁的植物——桑科榕屬，這也是牠們為什麼能夠在擁有多樣性桑科榕屬植物的東南亞地區，大舉擴展其多樣性的重要原因。在斑蝶亞科裡面除了紫斑蝶，只有美洲的虎紋斑蝶屬（Lycorea）也會利用桑科植物。這樣的特性也造成紫斑蝶在食性的多分化：端紫斑蝶以跨科的方式進行寄主利用，圓翅紫斑蝶以桑科榕屬植物為主要標的，小紫斑蝶更進一步成為對盤龍木專化的單食性昆蟲。

大紫斑蝶（民答那峨）

大紫斑蝶（巴里島）

托布勒紫斑蝶（北呂宋）

圓翅紫斑蝶（北呂宋）

端紫斑蝶（北呂宋）

白帶紫斑蝶（北呂宋）

藍點紫斑蝶

黑岩紫斑蝶（巴拉望）

▲各種形態多樣化的紫斑蝶。

| 紫斑蝶的世界分布 |

紫斑蝶所屬的斑蝶亞科，是一類主要產於以南北迴歸線爲界的亞洲、非洲及美洲熱帶區域的熱帶起源蝶種，其中帝王斑蝶在北美洲以及大青斑蝶在日本溫帶地區的分布，則是斑蝶亞科中的兩個特例。

紫斑蝶屬除了有兩個特有種分布在非洲熱帶區印度洋上馬達加斯加東側的塞席爾群島及模里西斯島，其餘都只分布在東方區，並以東南亞洲爲分布中心向外擴張其族群。臺灣大致是紫斑蝶分布的北界，西界在南亞的印度西部、斯里蘭卡、錫金、尼泊爾，往東經過中南半島各國、中國大陸南方、

菲律賓、印尼及馬來西亞諸島、新幾內亞，一直到萬拿杜的新喀利多尼亞及斐濟爲分布的極東，澳洲則爲南界。日本的南西諸島（琉球群島）有不少被判定包含中南半島、臺灣及菲律賓的多種紫斑蝶迷蝶記錄，其中不少臺灣亞種在此地出現，這與有著最多探集記錄的八重山諸島中的與那國島緯度和花蓮縣相當，且最近距離僅約110公里兩點因素有直接關連。此外，端紫斑蝶及姬小青斑蝶臺灣亞種近年更在南西諸島的部分島嶼建立了一些族群。

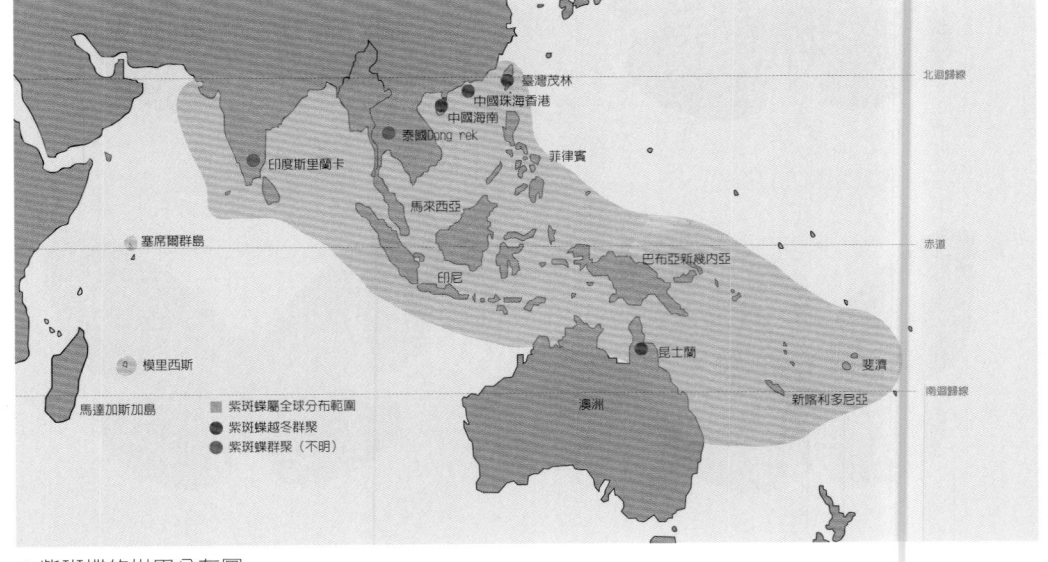

▲紫斑蝶的世界分布圖。

迷蝶

除了 5 種本土種紫斑蝶，臺灣在 1908 年之後又陸續記錄到 8 種 9 亞種：其中斯氏紫斑蝶菲律賓亞種、圓翅紫斑蝶蘭嶼亞種、圓翅紫斑蝶菲律賓關島亞種、小紫斑蝶菲律賓亞種以及幻紫斑蝶、黑岩紫斑蝶、白帶紫斑蝶、緣點紫斑蝶及 2007 年新記錄的藍點紫斑蝶（徐 2007）皆為未在臺灣定居的迷蝶或有問題的偶產種（亞種）。

此外在臺灣鄰近離島地區近年也有一些新的記錄：澎湖花嶼國小黃國揚分別於 1999 年暑假及 2007 年 7 月 4 日在澎湖花嶼各記錄到一隻白帶紫斑蝶；2007 年 10 月 10 日在花嶼首度記錄到幻紫斑蝶，之後在 2007 年 12 月 2 日到 2008 年 1 月 10 日間於馬公持續記錄到幻紫斑蝶成體。這兩種蝴蝶在澎湖的狀態究竟是屬於迷蝶、過境或是有穩定族群的蝶種，是個有待解開的謎團。金門及馬祖地區過往已有藍點紫斑蝶及幻紫斑蝶海南亞種的記錄，馬祖蝴蝶調查者陳登創 2004 年 7 月在馬祖南竿津沙採獲一隻斯氏紫斑蝶，則是該地區以往沒有發現的新記錄種。

▲上：藍點紫斑蝶。中：白帶紫斑蝶（黃國揚／攝）。下：幻紫斑蝶（黃國揚／攝）。

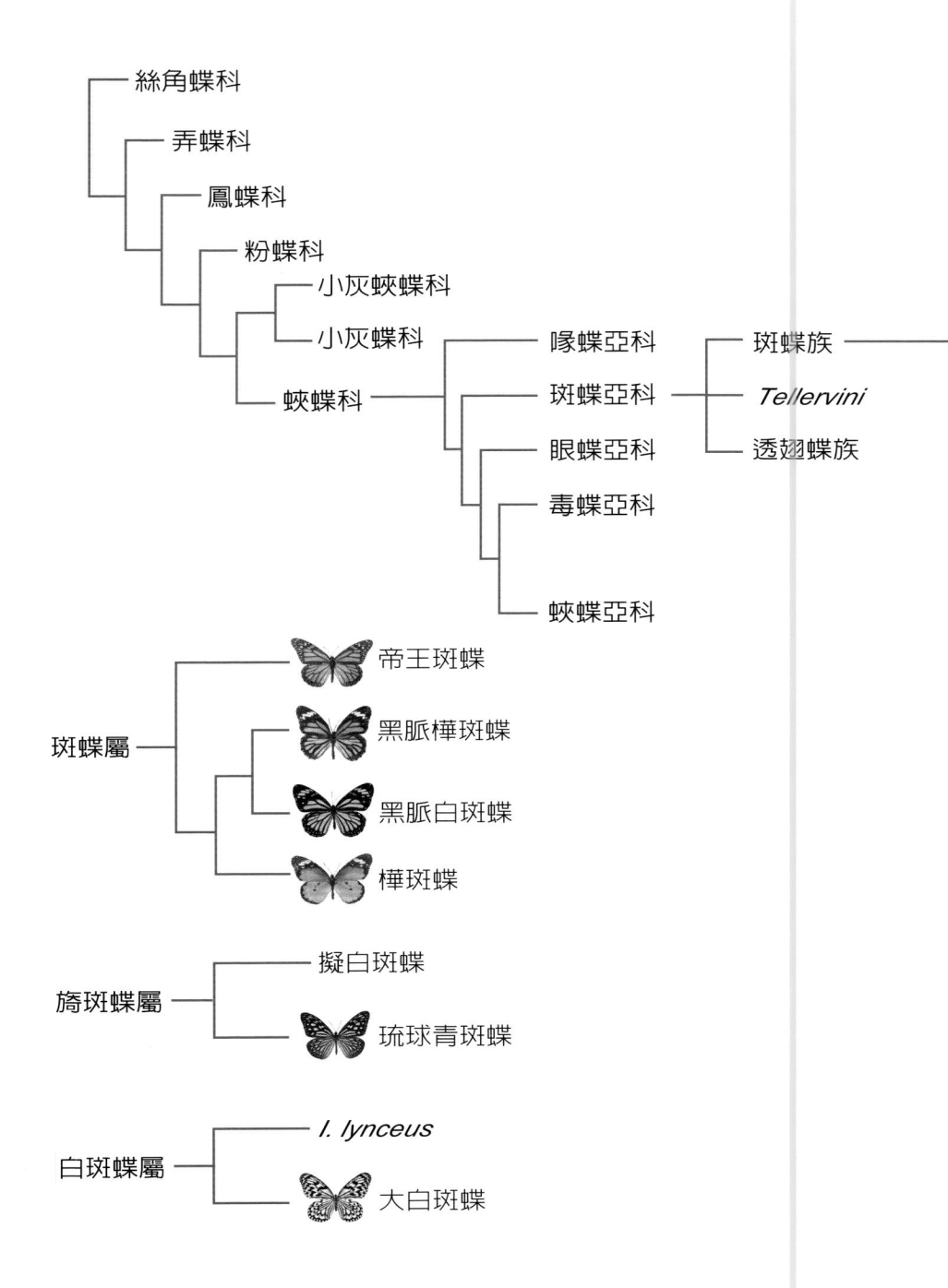

絲角蝶科
弄蝶科
鳳蝶科
粉蝶科
小灰蛺蝶科
小灰蝶科
蛺蝶科
喙蝶亞科
斑蝶亞科
眼蝶亞科
毒蝶亞科
蛺蝶亞科

斑蝶族
Tellervini
透翅蝶族

斑蝶屬
帝王斑蝶
黑脈樺斑蝶
黑脈白斑蝶
樺斑蝶

旖斑蝶屬
擬白斑蝶
琉球青斑蝶

白斑蝶屬
I. lynceus
大白斑蝶

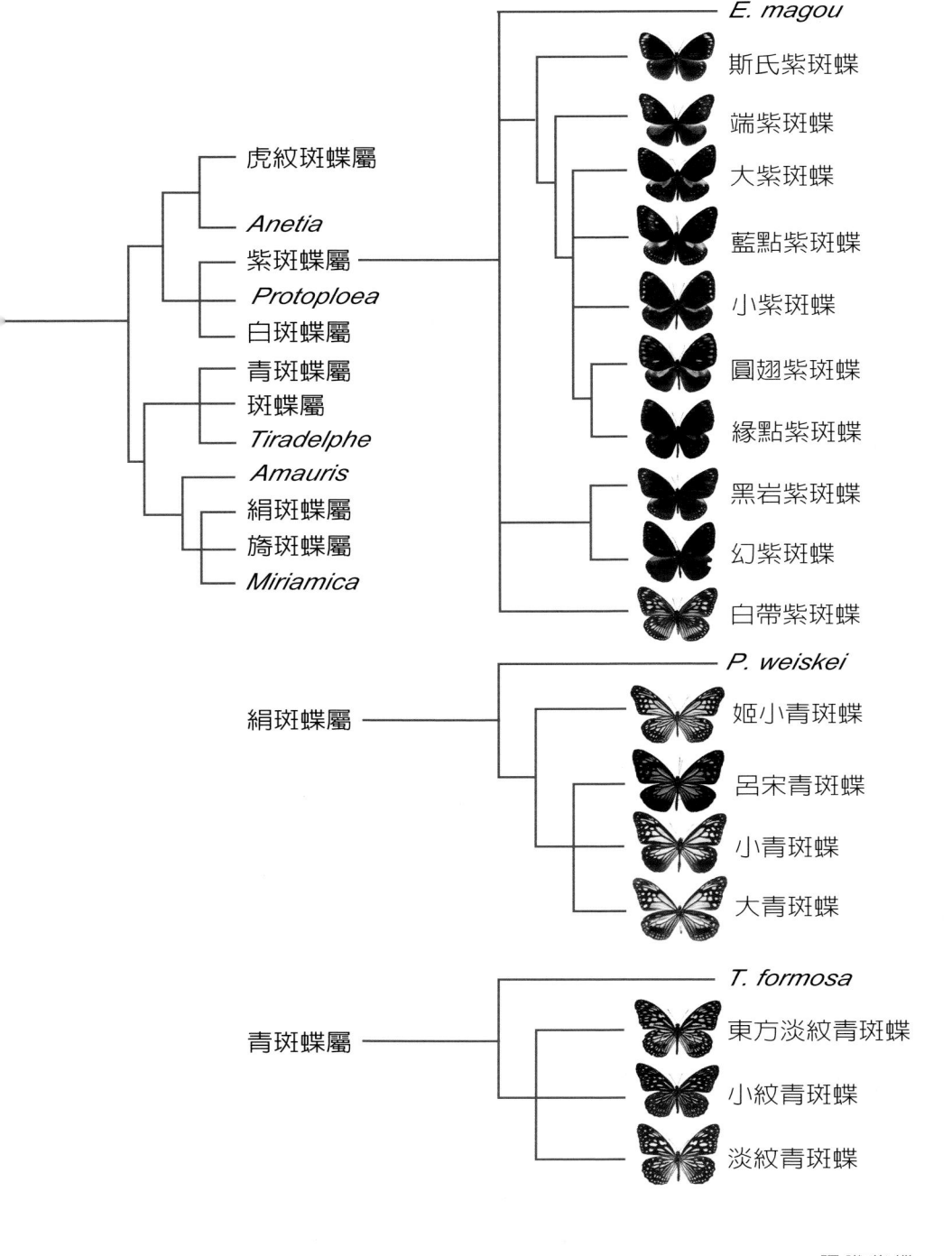

虎紋斑蝶屬

Anetia

紫斑蝶屬

Protoploea

白斑蝶屬

青斑蝶屬

斑蝶屬

Tiradelphe

Amauris

絹斑蝶屬

旖斑蝶屬

Miriamica

E. magou

斯氏紫斑蝶

端紫斑蝶

大紫斑蝶

藍點紫斑蝶

小紫斑蝶

圓翅紫斑蝶

緣點紫斑蝶

黑岩紫斑蝶

幻紫斑蝶

白帶紫斑蝶

絹斑蝶屬

P. weiskei

姬小青斑蝶

呂宋青斑蝶

小青斑蝶

大青斑蝶

青斑蝶屬

T. formosa

東方淡紋青斑蝶

小紋青斑蝶

淡紋青斑蝶

┃臺灣的斑蝶┃

加上其他斑蝶，總計臺灣曾記錄過的斑蝶亞科成員有 6 屬 23 種 29 亞種（包含白水隆在 1960 年記錄的 18 種），其中有 1 種應已滅絕種（I）、10 偶產種（迷蝶）（II）、3 偶產亞種（迷蝶）（III）及 2 疑問亞種（IV）；故臺灣已知的現存種有 6 屬 13 種 14 亞種。

臺灣斑蝶記錄及其分類地位	斑蝶亞族 Danaina	斑蝶組 (Danaina)	斑蝶屬 *Danaus* Kluk, 1802
			斑蝶亞屬 *Danaus* Kluk, 1802
			帝王斑蝶 *Danaus plexippus* (Linnaeus, 1758)　II
			虎斑蝶亞屬 *Salatura* Moore, 1880
			黑脈樺斑蝶 *Danaus genutia* (Cramer, [1779])
			黑脈白斑蝶 *Danaus melanippus edmondii* (Bougainville, 1837)　II
			樺斑蝶亞屬 *Anosia* Hübner, 1816
			樺斑蝶 *Danaus chrysippus* (Linnaeus, 1758)
			薔青斑蝶屬 *Tirumala* Moore, 1880
			淡紋青斑蝶 *Tirumala limniace* (Cramer, [1775])
			淡紋青斑蝶（菲律賓亞種）*Tirumala orestilla* (Fruhstorfer, 1910)　III
			小紋青斑蝶 *Tirumala septentrionis* (Butler, 1874)
			東方淡紋青斑蝶 *Tirumala hamata orientalis* (Semper, 1827)　II
	斑蝶亞族 Danaina	青斑蝶組 (Amaurina)	絹斑蝶屬 *Parantica* Moore, 1880
			姬小青斑蝶（絹斑蝶）*Parantica aglea maghaba* (Fruhstorfer, 1909)
			小青斑蝶 *Parantica swinhoei* (Moore, 1883)
			大青斑蝶 *Parantica sita niphonica* (Moore, 1883)
			呂宋青斑蝶 *Parantica luzonensis* (C. & R. Felder, 1863)　II
			旖斑蝶屬 *Ideopsis* Horsfield, 1857
			琉球青斑蝶 *Ideopsis similis* Linnaeus, 1758
	紫斑蝶亞族 Euploeina		紫斑蝶屬 *Euploea* Fabricius, [1807]
			斯氏紫斑蝶（臺灣亞種）*Euploea sylvester swinhoei* Wallace & Moore, 1866
			斯氏紫斑蝶（菲律賓亞種）*Euploea sylvester laetifica* Butler, 1866　III
			端紫斑蝶（臺灣亞種）*Euploea mulciber barsine* Fruhstorfer, 1904
			大紫斑蝶（臺灣亞種）*Euploea phaenareta juvia* Furhstorfer, 1908　I
			圓翅紫斑蝶（臺灣亞種）*Euploea eunice hobsoni* (Butler, 1877)
			圓翅紫斑蝶（蘭嶼亞種）*Euploea eunice botelianus* Murayama & Shimonoya, 1963　IV
			圓翅紫斑蝶（菲律賓、關島亞種）*Euploea eunice kadu* Eschscholtz, 1821　III
			小紫斑蝶（臺灣亞種）*Euploea tulliolus koxinga* Fruhstorfer, 1908
			小紫斑蝶（菲律賓亞種）*Euploea tulliolus pollita* Erichson, 1834　III
			幻紫斑蝶 *Euploea core anymone* (Godart, 1819)　II
			黑岩紫斑蝶 *Euploea swainson* (Godart, [1824])　II
			白帶紫斑蝶 *Euploea camaralzeman cratis* Butler, 1866　II
			緣點紫斑蝶 *Euploea klugii* Moore, [1858]　II
			藍點紫斑蝶 *Euploea midamus* (Linnaeus, 1758)　II
			白斑蝶屬 *Idea* Fabricius, 1807
			大白斑蝶（臺灣亞種）*Idea leuconoe clara* (Butler, 1867)
			大白斑蝶（綠島亞種）*Idea leuconoe kwashotoensis* (Sonan, 1928)

I：已滅絕　II：偶產種　III：偶產亞種　IV：疑問亞種

| 臺灣斑蝶的動物地理學 |

臺灣在斑蝶動物地理分區上屬於印太平洋區（Indo-pacific）的菲律賓、臺灣及琉球群島組，這裡已知約有四十種斑蝶。

臺灣距離中國大陸 150 公里、巴丹島 200 公里、東邊的琉球南方的石垣島約 110 公里，在地理上有其獨立性，再加上在如此北方島嶼卻擁有遠高於同緯度亞熱帶地區的高多樣性，且為紫斑蝶屬分布北界且是三個斑蝶動物地理小區邊緣族群的交匯帶等因素，在 Ackery & Vane-Wright（1984）的研究中，特別將臺灣本島及附近的島嶼，龜山島、澎湖、綠島、蘭嶼獨立為臺灣區塊（Taiwan zone）加以討論，由此可知臺灣在整個斑蝶亞科分布上的特殊地位。

其中值得注意的是琉球地區（Ryukyu zone）雖僅有特有亞種階層的大白斑蝶八重山亞種 *Idea leuconoe riukiuensis* 一種，但本區或因調查詳細而有著豐富的迷蝶記錄，其中除了姬小青斑蝶、斯氏紫斑蝶及端紫斑蝶外，都被鑑定為和臺灣是不同亞種，如緣點紫斑蝶緬甸亞種 *Euploea klugii erichsoni*

中間隔著海南島亞種 *E. k. minorata* 及華南亞種 *E. k. burmeisteri*，卻在該區有過採集記錄；幻紫斑蝶印支亞種 *E. core godartii* 在本區的記錄亦是類似情形。

臺灣地處亞熱帶、熱帶交匯處及多高山的特性使得氣候條件變化大，因此造就出適合各種不同種類斑蝶的棲地類型及氣候條件；地質學上的特殊狀態（亞洲大陸板塊與菲律賓海洋板塊交界處）及大陸型島嶼的本質，促使斑蝶得以透過史前幾次冰河時期造成海平面下降形成的陸橋遷入臺灣；夏季盛行的颱風也讓一些斑蝶得以用迷蝶的方式抵達臺灣。邊緣族群的特質、氣候條件、地理位置及冰河期的多重影響，都是亞熱帶的臺灣擁有高多樣性斑蝶種類的重要原因。

Ackery & Vane-Wright（1984）指出臺灣在這個類群裡和菲律賓的關係最近，原因主要和離臺灣最近的巴丹島（Batan）亦有白帶紫斑蝶、黑脈白斑蝶及大白斑蝶有關，唯前兩個蝶種經進一步查明已知皆為迷蝶或偶產種。

但如果進一步將菲律賓的北呂宋獨

立出來進行比較後發現：

1. 北呂宋與臺灣有 9 個共通種（其中包含 2 個共通亞種），臺灣採獲來自該地區的迷蝶有 8 種。

2. 琉球產 5 種斑蝶（4 個共通亞種）及 12 種迷蝶在臺灣皆有記錄，且其中 5 種迷蝶應為來自臺灣的個體。

3. 印支亞區的中國大陸除了大白斑蝶及大紫斑蝶之外的 12 種（6 個共通亞種）臺灣產斑蝶皆可發現，臺灣採獲來自該地區的迷蝶則有 3 種（包含 1 種疑問記錄）。

不論就共通種階層代表的較高階動物地理分區意義，或是亞種階層所代表近程兩地基因交流頻度來看，臺灣產斑蝶和中國大陸的關係是最密切的，而冰河時期所形成的陸橋在此應扮演主要角色：北呂宋則次之，氣流因素造成迷蝶入侵臺灣在此可能是關鍵因子：琉球則受到臺灣的影響，這個部分應就兩地交流情形是單向或是雙向來加以研究闡明。

不過目前我們對於臺灣產紫斑蝶的源頭有哪些地方仍未完全確定，其中又以澎湖近年的一些迷蝶記錄最耐人尋味，而大白斑蝶各亞種間的關係及綠島亞種獨特的成蝶及幼蟲型態的成因，則是一個難解的習題。

▲臺灣及鄰近區域紫斑蝶的分布關係。

紫斑蝶的特徵

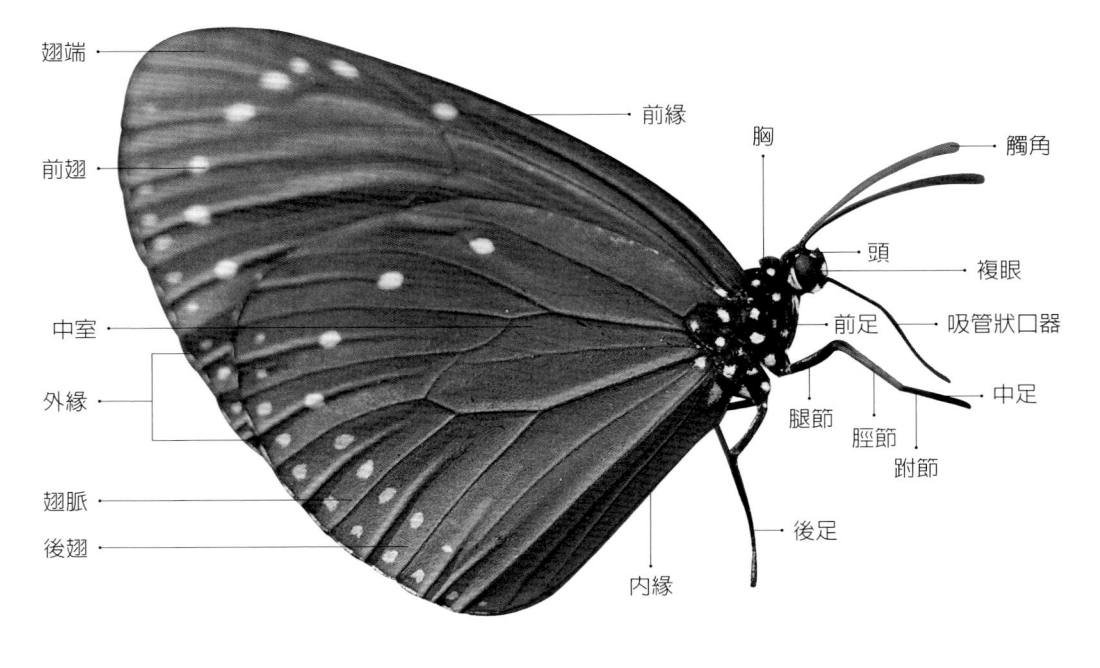

翅端

前緣

胸

觸角

前翅

頭

複眼

中室

前足

吸管狀口器

外緣

中足

腿節

翅脈

脛節

後翅

跗節

後足

內緣

▲紫斑蝶的構造（小紫斑蝶）。

｜成蝶型態｜

　　紫斑蝶為中大型蛺蝶，重量約 0.2-0.5 公克，翅長約 3-5 公分，全身覆滿鱗片，身體分成頭、胸、腹三個部分。頭部黑色球體狀，有一對大型光滑無毛的複眼，觸角棍棒狀，並列著生於上方，下方則有一對由小顎鬚合併成的虹吸管式口器，下唇鬚由下往上彎曲，上覆黑白相間的短毛。胸部黑色，上面點綴著白斑，前、中、後胸各有一對步行足，惟前足短小不具步行能力而折疊收放在前胸，故看似只有四足。中、後足則適於掛附在物體上並具備在地面緩行的能力。

| 翅膀與翅脈 |

二對翅膀生於中、後胸，前翅為近直角三角形略有弧度，後翅扇形；不同種類紫斑蝶翅形上有些差異。端紫斑蝶翅形類似滑翔翼，圓翅紫斑蝶則渾圓，斯氏紫斑蝶則介於兩者之間。有些種類更會因不同性別而在翅形上有所不同，一般而言雄蝶前翅後緣線條往往凸出，雌蝶則相當平直，其中又以圓翅紫斑蝶最具代表性。

翅脈呈網狀，脈型特色為後翅亞前緣脈（Sc）和徑脈（R）基部癒合沒有前緣室，前緣脈位於亞前緣脈＋第一徑脈（Sc+R$_1$）上，且不和徑分脈（Rs）連接。

翅膀背面散布具金屬光澤的藍紫色系物理鱗片，尤以前翅為甚，且一般來說雄蝶色澤較雌蝶來的深。翅膀的顏色會隨著光線強弱或觀察者角度的改變，呈現從黑、褐到寶藍色金屬光澤的連續變化，這同時也是紫斑蝶外觀上有別於其他斑蝶的最明顯特徵。對於一些捕食者來說這種色彩具有顯著的警戒色效應，這可從不同類群的蝶類，甚至鱗翅目昆蟲普遍有擬態紫斑蝶的現象可供驗證。

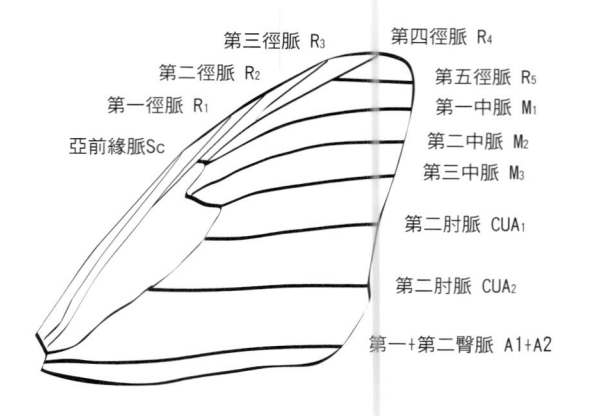

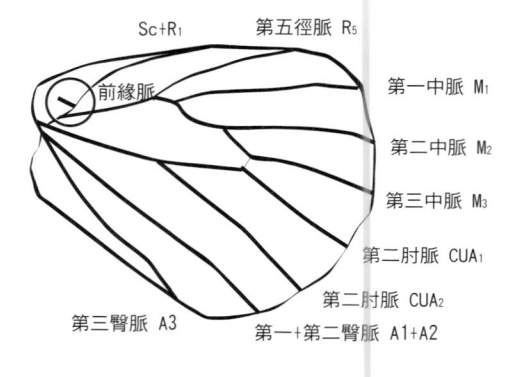

▲紫斑蝶的脈相。

但是在翅膀腹面的色調上，紫斑蝶則反其道而行的呈現有如枯葉般色調的褐至黑色的化學色鱗片，當其合翅棲息在森林中一動也不動時具有良好的隱蔽色，而這種反差往往也可達到混淆並迷惑捕食者視覺的效果。

斑紋

紫斑蝶的翅面上同時散布著許多白色或帶有藍色調大小不一的斑紋，少數種類如端紫斑蝶雌蝶會出現如薔青斑蝶屬的虎紋。這些斑紋的排列方式大致可分為：雙列型 —— 在翅膀外緣有兩列白斑，如小紫斑蝶、圓翅紫斑蝶及斯氏紫斑蝶；散布型 —— 前翅白斑分布範圍達翅面一半或以上區域，如端紫斑蝶及大紫斑蝶。

紫斑蝶或許是因為自身有毒蝶種的特性，在穆氏擬態（P.74）自然法則的運作下出現：生活在同一個區域內的不同種紫斑蝶之間，會趨向於有著類似斑點及外型的趨勢。

雖然不少蝴蝶會因性別的關係而出現外型有明顯差異的性雙型現象（Sex dimorphism），但紫斑蝶則呈現不論外觀或體型上皆無明顯差異（端紫斑蝶為極少數的例外）的特性。所以紫斑蝶的性別，最主要得靠性標（Sex mark）、毛筆器（Hair pencils）等第二性徵才能加以辨別。

但是生活在同一個區域內的同種紫斑蝶不同個體的斑紋，卻又存在一定程度的變異，這和有些蝴蝶往往只靠一個斑紋的有或無便可鑑定種類是不大相同的。是否與紫斑蝶的求偶機制仰賴化學溝通為主有關？又或者代表其他的意含？也都有待進一步研究確認。

▲雙列型斑紋：小紫斑蝶（前翅）

▲散布型斑紋：端紫斑蝶（前翅）

| 性標 |

　　紫斑蝶雄蝶在前、後翅特定部位具有發香鱗（Androconia）組成的性標（Sex mark），這是一種普遍出現在雄性蝴蝶如小灰蝶、弄蝶及鳳蝶科翅膀上的結構。發香鱗是用來散發性費洛蒙吸引雌蝶的特殊結構，而性標便是紫斑蝶用來散發或協助散發性費洛蒙所衍生出來的構造，它不僅位置及生長方式隨著不同種類而有很大的差異，就連釋放的性費洛蒙和毛筆器也不盡相同。

斑蝶亞科性標之分類

形狀	蝶種	位置	圖列
毛叢狀	小紫斑蝶 圓翅紫斑蝶	後翅背面前緣及前翅背面後緣	
地毯狀	端紫斑蝶	後翅背面前緣	
帶狀	斯氏紫斑蝶	前翅背面後緣	
痣狀	絹斑蝶屬	後翅臀區	
絨毛狀	琉球青斑蝶	後翅內緣	
瘤狀	樺斑蝶 黑脈樺斑蝶	後翅臀區	
口袋狀	小紋青斑蝶 淡紋青斑蝶	後翅臀區	

|腹部與毛筆器|

　　紫斑蝶的腹部呈圓筒狀，黑褐色帶有藍色或綠色金屬光澤，側方各節有白紋，氣孔大多爲黑褐色。雄蝶腹部末端只有一孔，外生殖器爲一對片狀的把握器；雌蝶則有兩孔，腹末爲產卵用的泄殖孔，倒數第二節下方則爲連接儲精囊的交配孔。

　　雄蝶腹末另有一對毛筆器，是斑蝶亞科成員的一項重要共同衍徵。其爲黃色或褐色管狀著生毛叢的結構，平時收縮在腹腔內，求偶時才用體液壓壓出外翻，釋放出帶有強烈氣味的斑蝶素以吸引雌蝶青睞。由於散發的特殊氣味也具有忌避效果，所以在被天敵捕捉時往往也會將毛筆器外翻，作爲驅敵之用。

　　斑蝶亞科毛筆器的化學物質成分各不相同，因此氣味也有所差異：端紫斑蝶帶有果香，斯氏紫斑蝶有濃烈的古龍水味，小紫斑蝶濃淡適中，圓翅紫斑蝶則混合了以上三種氣味，其他如淡紋青斑蝶則帶有中藥人蔘味。

　　毛筆器型態也會隨物種不同而有差異，其中又以大白斑蝶兩對具有各自獨立腔室的毛筆器最爲特別。臺灣產大白斑蝶雖也有第二對毛筆器，但相對甚小，很容易被忽略。除了斑蝶，其他鱗翅目蛾類如煙芽夜蛾（*Heliothis virescens*）及桃蛀野螟蛾（*Conogethes punctiferalis*）亦有類似的結構及功能，但其並不同源，而是屬於一種同功器官。

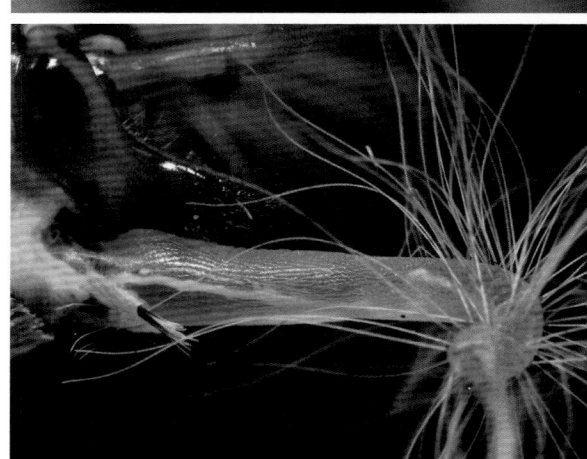

▲上：圓翅紫斑蝶毛筆器。下：大白斑蝶第二對毛筆器，位於基部，形甚小而常被忽略。

幼生期特徵

| 卵 |

紫斑蝶的卵爲黃色炮彈狀，頂部鈍或漸尖，上有十數條縱紋及橫稜將表面分割成基部方形往頂部漸圓的凹刻痕；其他斑蝶的卵則爲梭形白色，底部平，端部尖，表面凹刻痕爲方形。

產卵

三月初，臺灣南部特定山谷內順利度過寒冬考驗的紫斑蝶，除了亮麗的翅膀已然褪色，那些翅膀缺了一角的則是逃過白頭翁、紅嘴黑鵯等鳥類攻擊的個體，但更多的是逃離蜘蛛網禁錮的那些鱗粉剝落嚴重的倖存者。從一個個已然耗盡脂肪體而乾癟如紙片般薄的肚子看來，不禁讓人懷疑牠們能否完成這即將展開的一場長途飛行。

此時在南部盛開的水錦樹小白花爲紫斑蝶帶來能量，這段期間紫斑蝶熱烈的採擷豐盛的花蜜，爲即將來到的長征注入了一股希望。

四月初，陸續通過國道三號雲林林內段車流考驗的紫斑蝶，儘管有些個體已經成爲呼嘯而過的車陣亡魂，但那些倖存者在目賭到臺灣中北部各地低海拔山區亞熱帶森林裡各種植物正熱烈冒著新芽的盛況，依然毫不遲疑的展開最實際的產卵行動來宣告：紫斑蝶開始進駐全臺了！由於紫斑蝶初生幼蟲僅能以嫩葉爲食（幹花榕及臺灣天仙果因葉片質地柔軟，爲已知的兩個例外），且其所偏好的寄主老葉質地大多相當堅韌無法取食，所以雌蝶總是要花費大量時間一再確認後，才會以每次一顆的方式在寄主植物嫩芽或新葉上產下如芝麻大小的卵。紫斑蝶幼蟲常會出現取食同類卵或是小幼蟲的現象，這也是雌蝶一次只產一顆卵的可能原因。

有時我們也會發現，紫斑蝶已經做出產卵動作但又放棄的例子，或是紫斑蝶在人工飼養情況下產卵不易的情況，都可讓人充份了解到雌蝶對產卵條件的嚴格設定。其他種類斑蝶的寄主植物或許因爲沒有明顯季節性生長

▲基隆友蚋春天的圓翅紫斑蝶正將卵產在新生的菲律賓榕嫩葉上。

的現象，或是老葉質地較柔軟可食，因此雌蝶產卵時並不會特別偏好新芽。有些種類如大青斑蝶的初生幼蟲，就能直接取食像牛嬭菜那樣的肥厚老葉。

產卵的因子

　　現今我們已經知道，顏色是不少雌性蝴蝶在遠距離搜尋產卵地點的主要誘因，在找到疑似寄主植物後，雌蝶會不時停在葉片上展開近距離接觸，此時化學物質的刺激就扮演重要角色。

　　在帝王斑蝶的研究例子中，用來累積體內防禦物質的有毒植物鹼強心配醣體（Cardiac glycosides, CGs）正是誘發帝王斑蝶產卵行為的主要物質。另外，Haribal *et al.*（1999）在溫室內培養帝王斑蝶的寄主植物馬利筋，並將馬利筋萃取物以海棉製成的人工葉片進行產卵試驗，結果發現帝王斑蝶雌蝶之所以偏好將卵產在嫩芽及花部的原因，和嫩葉中含有高濃度的類黃酮（Flavonoids）有關。這也說明了，類黃酮也是讓雌蝶偏好在嫩芽上產卵的誘導化學物質。

幼蟲期

　　紫斑蝶的卵約經過三天發育後，一齡幼蟲便會咬開保護牠的卵殼展開生命的序曲。孵化後幼蟲第一件事就是取食卵殼，卵殼被認為具有補充幾丁質的作用。幼蟲取食葉片前，會先啃食葉柄讓乳枝流出，等一段時間後再進行取食的行為；其他斑蝶也會出現同樣的現象，但不同種類間的食痕型態各異，黑脈樺斑蝶、大白斑蝶及大青斑蝶的小幼蟲甚至會形成特殊的環狀食痕。

　　幼蟲平時通常棲息在葉背下，較大幼蟲有時會棲息在藤莖或鄰近枝條上。當受到外界刺激干擾時，會出現將胸部膨脹蜷縮高舉形成獅身人面狀（Sphinx）並伴隨著左右搖晃，其作用為讓自己的體型看起來比較大，同樣現象廣泛出現在許多鱗翅目昆蟲的幼蟲期，為一種威嚇捕食者的防禦行為。

▲孵化後的小紫斑蝶一齡幼蟲會轉身將卵殼吃掉。

| 幼蟲身體構造 |

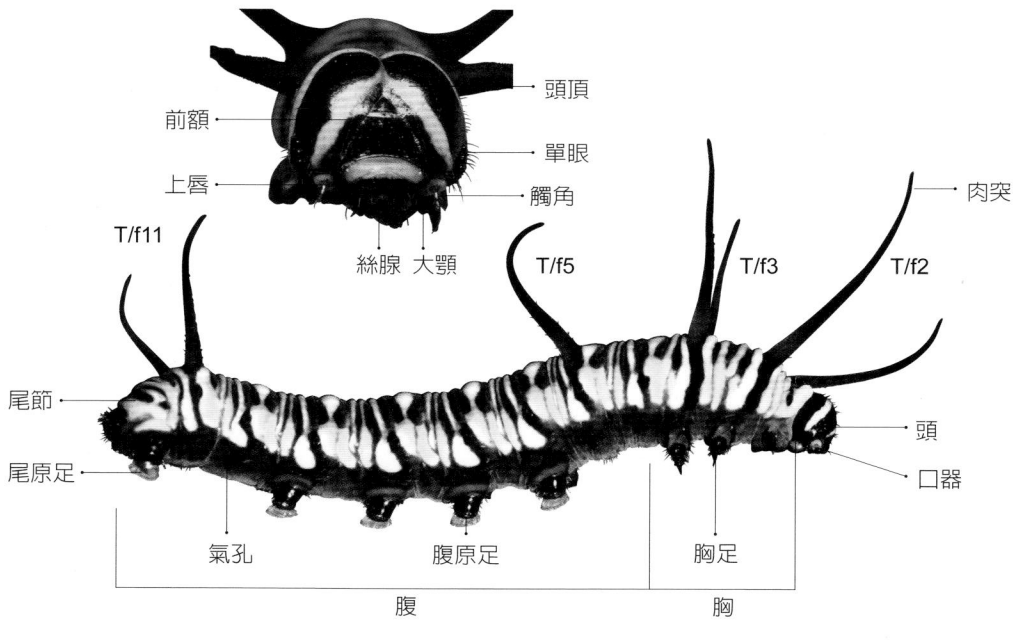

▲紫斑蝶幼蟲身體結構（端紫斑蝶）。

　　紫斑蝶幼蟲期共 5 齡。身體構造分為頭、胸、腹三部分。頭部球形，單眼數個排列在下側方，口器咀嚼式中間有一絲腺，大顎發達。身體光滑呈長筒狀，各體節側方有一對氣孔；胸部三節，腹方生有三對分節胸足。腹部十節，第 3-6 節各有一對腹原足（prolegs），尾端則有一對尾原足。

肉突

　　一齡幼蟲全身散布一次剛毛列（Primary setae），二齡之後則在頭部散生二次剛毛列（Secondary setae）。背側方有數對肉突，出現在頭後方第 2, 3, 5, 11 節。臺灣產斑蝶亞科肉突共有五型，以往這些肉突的對數及生長位置被認為具有系統分類學上的意義，但根據 Ackery & Vane-Wright 的分析結果則不支持此論點，且有些種類如大白斑蝶更會有不同地區亞種族群，肉突對數變異極大的情形出現。

註：肉突雖是斑蝶亞科幼蟲的重要特徵，但不少美洲特產的透翅蝶族種類並不具備。

型式	肉突	蝶種
T/ f2,11 型	二對	帝王斑蝶、小紋青斑蝶、淡紋青斑蝶、大青斑蝶、小青斑蝶、姬小青斑蝶、琉球青斑蝶
T/ f2,5,11 型	三對	樺斑蝶、黑脈樺斑蝶
T/ f2,3,11 型	三對	斯氏紫斑蝶、小紫斑蝶
T/ f2,3,5,11 型	四對	圓翅紫斑蝶、端紫斑蝶、藍點紫斑蝶
T/ f2,3,5,10,11 型	五對	大白斑蝶

臺灣產斑蝶亞科肉突生長型式

（數字代表從頭後算起的節數，例如前胸為 1）

▲大白斑蝶幼蟲。

▲斯氏紫斑蝶幼蟲。

幼蟲食性

圓翅紫斑蝶大致僅以桑科榕屬植物爲食，端紫斑蝶食性則相對較廣，除能夠取食含有毒植物鹼的蘿藦科、夾竹桃科植物外亦可以無毒的桑科榕屬植物爲食，上述兩者皆爲寡食性（Oligophagous）；斯氏紫斑蝶及小紫斑蝶在臺灣則爲單食性（Monophagous），前者以蘿藦科羊角藤（武靴藤）爲寄主，後者以桑科盤龍木屬盤龍木爲唯一寄主。

這段期間幼蟲唯一的工作就是不斷的吃，就像一臺除草機般。紫斑蝶幼蟲除了會吃卵殼，蛻皮後幼蟲也有將舊皮全數吃掉的習性。一至四齡期間每一齡期費時甚短，往往在一至兩天就已經發育完全。每次蛻皮前幼蟲會維持一段時間一動也不動，等到舊頭殼與身體交接處開始分離並隱約可見新頭殼在裡面已然成形，便是幼蟲要蛻皮的前兆。經過第四次蛻皮後，一隻身上頂著數對長肉角的五齡（終齡）幼蟲便會成形，這個階段幼蟲生長倍率會有如吹汽球般，比之前四個齡期幼蟲大上許多，整個過程從初生一齡到完全成長的終齡幼蟲，體型約增長了一百倍以上。

▲圓翅紫斑蝶幼蟲有將蛻皮吃掉的習性。

化蛹

　　經過二至三週的發育期，完全成長的紫斑蝶終齡幼蟲準備要化蛹了！此時牠會四處尋找適當的化蛹場所，牠們大多直接在寄主或附近植物葉背中肋上化蛹，一些地被植物如姑婆芋、山棕葉下表面中肋處常可發現牠們的身影，此外也有枝條、牆壁天花板上甚至垂直壁面上化蛹的情形。

　　找到適當地點後，幼蟲會織出一塊厚厚的絲墊在上面，然後用尾鉤將自己吊在上面成為 L 形的前蛹，此時牠的顏色會開始慢慢變淺。大約經過一天的時間，肉突會逐漸乾癟下垂，這表示牠已經準備要化蛹了。經過一波又一波蠕動後紫斑蝶迅速蛻下舊皮，此時牠會展現出一種高超的技巧：牠必需在蛻皮最後階段迅速將尾鉤從舊皮中抽出，然後在這短短的一眼瞬間準確的鉤上絲墊，稍有遲疑，蛹體將

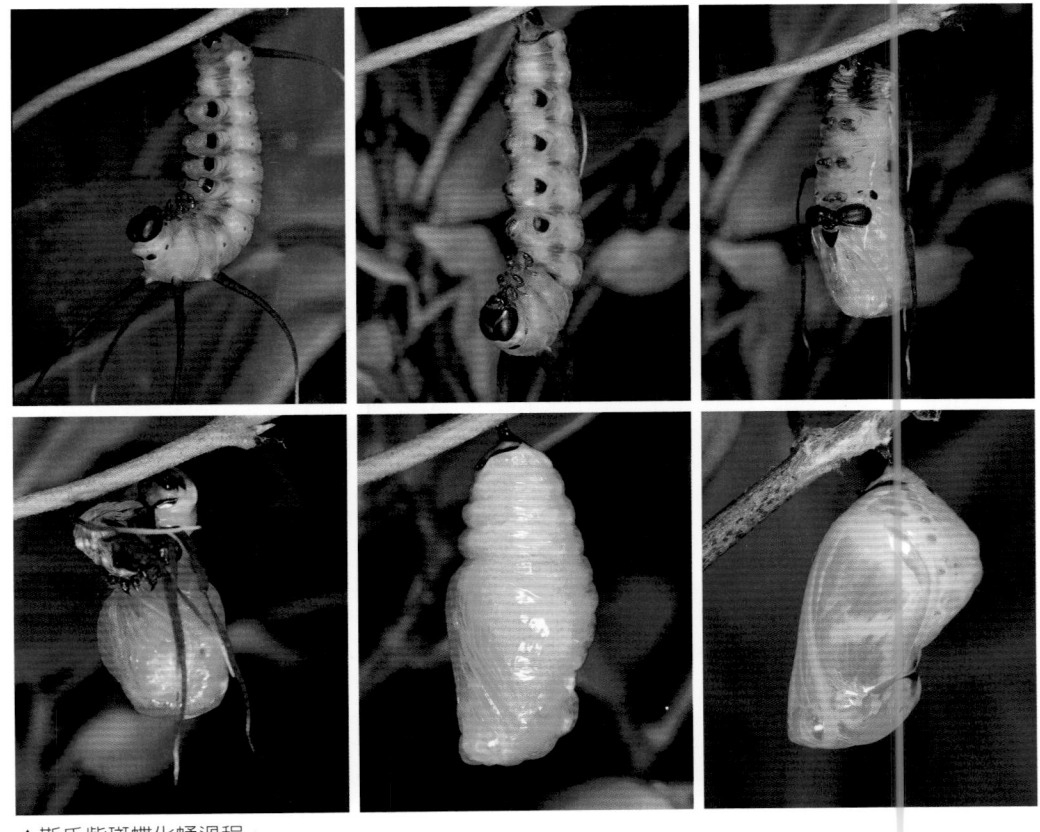

▲斯氏紫斑蝶化蛹過程。

會跌落至地上死亡。順利上鉤後，蛹體會進行連續多次扭動尾部以牢固附著在絲墊上。

當隔天早上清晨的光線再度降臨，蛹體在體液折射下散發耀眼金屬光澤時，被投射在紫斑蝶鏡面蛹裡的每個人都可以明白感受到：裡面正孕藏著一個非凡的生命！

蛹期

體長約 24mm，長橢圓形表面光滑，後胸處最窄、第三腹節處最寬、中胸次之，全身散發耀眼的物理色金屬光澤；蛹體背側方會出現終齡幼蟲肉突生長位置所留下來的深色痕跡，其對數和肉突的數目相呼應（簡雅惠，2006 觀察記錄）。紫斑蝶化蛹方式為頭下尾上如吊燈般只靠腹末尾鉤（cremaster）支撐掛在絲墊上，為典型的蛺蝶科垂蛹（吊蛹：Pupa suspensa）；鳳蝶、粉蝶科則是在腰際有絲帶的帶蛹（Pupa succincta）並反過來以頭上尾下的方式化蛹。

蛹的顏色

紫斑蝶蛹的顏色在不同種類各不相同：小紫斑蝶為銀色，圓翅紫斑蝶為金黃或綠色，端紫斑蝶為橘色，斯氏紫斑蝶則帶有珍珠光澤；即使是同一種的不同個體亦會出現多樣的色澤變化，其原因似和化蛹的場所有關；但最令人驚奇的莫過於就算是同一個體，在發育階段的前、中、後期也會呈現出截然不同的色彩。

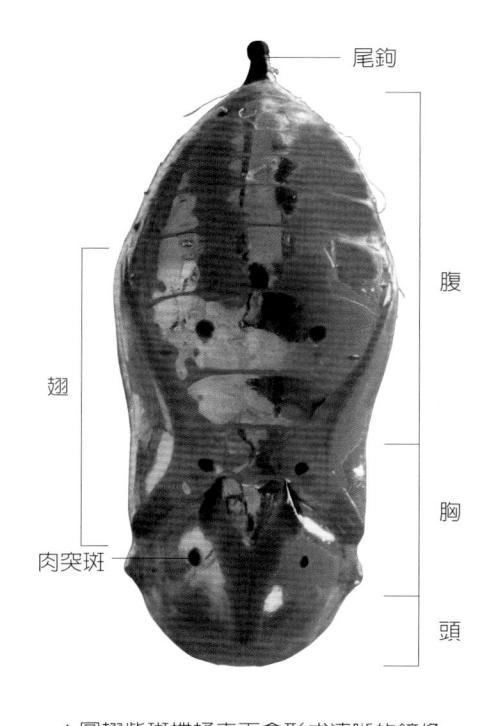

尾鉤

翅

腹

胸

頭

肉突斑

▲圓翅紫斑蝶蛹表面會形成清晰的鏡像。

| 羽化 |

　　大約經過一周左右的蛹期，紫斑蝶會展開一場將過去稚嫩不成熟外型拋棄，塑造一個能夠展翅高飛成熟外型的一場革命。首先我們會目睹到翅膀已然成型，接著是腹眼、觸角，等到氣孔也清晰可見就是準備出來的時候。透過腹部的起伏，可知道裡面那隻紫斑蝶的身體結構已成功轉化為成蟲態了。

　　整個僵持局面一直到原本緊緊相連腹節突然被鬆脫後，才終於像被解除穴道的武林高手般，不一會兒功夫，紫斑蝶開始奮力將四足前伸，然後在推開蛹殼的那一剎那，腹部接著展開一波波劇烈的蠕動好讓身體往下掉，就在脫離束縛並伴隨著開始墜落的那一瞬間，牠得快速轉過身來向上伸出四足，抓住那僅容一爪的節間微小縫隙。這個動作必需快又精準，如稍一不慎墜落地面，之前的努力都將白費。

　　成功掛在蛹殼上的紫斑蝶會開始將體液注入翅脈，讓皺成一團的翅膀得以迅速伸展開來，整個過程約在十分鐘內就會完成，成蝶之後會一動也不動的掛在蛹上，靜靜等待翅膀變硬。紫斑蝶的羽化主要在天還未亮之前的幾個小時進行，但是亦偶有少數在白天羽化的例子。

　　就在初夏薰風開始吹起的一個清晨薄霧時分，歷經一夜掙扎求生的紫斑蝶，前一刻還靜靜的沐浴在旭日光輝中，下一刻卻又輕輕巧巧的揮動著翅膀向藍天的深處飛去。一場才剛要開始被人類解讀的不可思議旅程，又在紫斑蝶的翼下再度被展開了。

▼圓翅紫斑蝶的羽化過程。

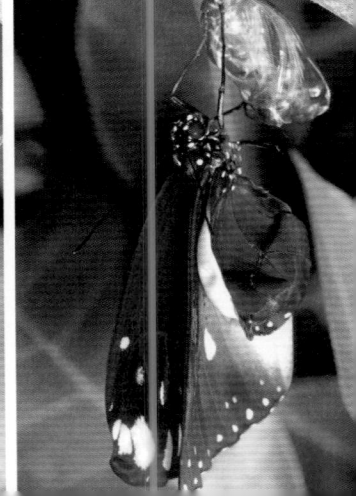

紫斑蝶的生活

| 飛行 |

四種紫斑蝶依飛行模式的差異可分為振翅（Flapping）、滑翔（Gliding）及翱翔（Soaring）。振翅是指規則的拍動翅膀，主要出現在離地幾公尺的地方；滑翔及翱翔這兩者則較難分辨其差異，兩者同樣都會呈現翅膀打開呈一定角度維持不動的狀態，但前者會隨著往前推進而逐漸降低高度，後者則會逐漸提升高度。翱翔行為通常出現在河谷，山谷甚或人造水泥建築等，具有強烈上升氣流的地方。

▼端紫斑蝶雄蝶有著如滑翔翼般的狹長翅形。

飛行路徑

依飛行路徑可分為直線、繞圓、轉換、輕拍、不規則等幾種類型。當紫斑蝶持續朝同一個方向飛行且身體沒有明顯的往左或往右轉動的情形便稱為「直線振翅飛行」（straight flapping flight）；當紫斑蝶在近地面進行定向飛行時會出現此行為，並不時會伴隨著「直線滑翔飛行」（straight gliding flight）；當定向飛行個體飛行高度離地面甚高時，紫斑蝶除了會進行直線滑翔飛行外還會進行「直線翱翔飛行」（straight soaring flight）。進行翱翔行為的個體有另一特性就是在有上升氣流的地方，常會伴隨著繞圓的方式飛行。上述飛行方式皆具有方向性，故統稱為「定向飛行」。

「轉換式飛行」（Variable flight）是穩定的改變飛行方向，轉換角度通常少於 45°，主要是定向飛行中的紫斑蝶為了尋找上升氣流的行為，這種行為通常都是出現在兩種飛行模式轉換的過渡期。

「輕拍」（Tip）為離地數公尺處輕柔拍動翅膀移動的飛行方式，此時大多為在進行覓食行為，雌蝶則亦可能是在搜尋寄主產卵。

「不規則飛行」（Erratic flight）是躲避捕食者或受驚擾時的飛行方式，會出現突然的或左或右、忽上忽下的改變方向，有時甚至會出現突然快速振翅加速、下沉或上升的情形。上述飛行方式則因不具方向性且為非定向飛行期間的行為，故統稱為「不定向飛行」。

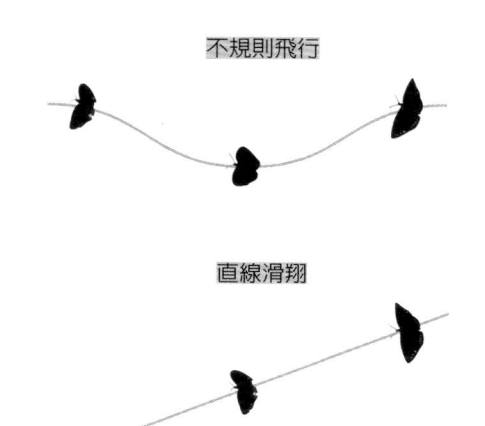

不規則飛行

直線滑翔

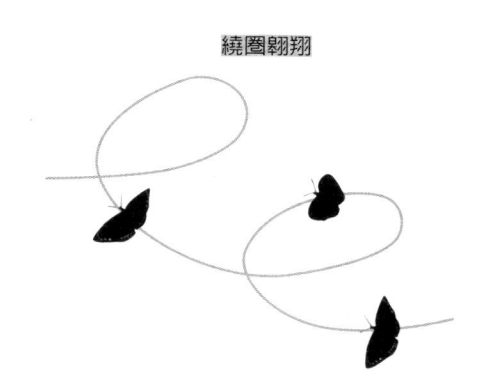

繞圈翱翔

▲紫斑蝶飛行的方式。

| 求偶 |

紫斑蝶來到南部山谷越冬期間，會在初冬及冬末春初出現集體求偶交配的現象，其中春末集體交配的現象在美洲帝王斑蝶身上也可見到。帝王斑蝶越冬後期頻繁交配求偶行為現象經由 Goehring & Oberhauser（2002）的研究後發現，光周期的變化和溫度的改變扮演著主要的觸發機制；後來更進一步證實，帝王斑蝶交尾行為的發生，也是導致生殖滯育結束的關鍵因子。

帝王斑蝶的求偶方式

在帝王斑蝶的例子中，由於其為單一種類的越冬群聚，且即使是在非越冬棲地亦僅有總督蛺蝶及皇后蛺蝶有類似斑紋，故發生無效雜交的機率甚低，使得帝王斑蝶不採費洛蒙的化學溝通方式。雄蝶採取熱烈的追逐並以強壓制的方式進行交配，交配期間則由雄蝶帶頭飛。所以說，帝王斑蝶不像其他斑蝶會有求偶的過程，而且時可見到雄蝶追求並試圖和其他雄蝶交配的情況，不過追求雌蝶的情況還是占多數，這說明牠們只具備一定程度分辨不同性別的能力。但是在紫斑蝶越冬地，面對的則是比帝王斑蝶複雜許多的複合蝶種混棲現象，因此對於紫斑蝶來說，費洛蒙的化學溝通在求偶過程中扮演著極為重要的角色。

紫斑蝶的求偶方式

一般來說，紫斑蝶雄蝶首先會四處飛行搜尋雌蝶蹤跡，有些種類並會伴隨著將毛筆器伸出來灑布在空氣中吸引雌蝶，有的則會來回在一個固定區域內滑翔飛行並持續伸出毛筆器，此種現象在非越冬期間的圓翅紫斑蝶最為明顯。等到尋找到雌蝶後，雄蝶會逐步逼近，待雌蝶降落後便開始在其上空滯留進行定點飛翔，此時會伴隨著摩擦性標將性費洛蒙撒落的動作，費洛蒙在此時扮演抑制雌蝶飛行衝動的功能；有些種類在後期甚至會進一步將毛筆器外翻以釋放大量性費洛蒙。

斑蝶素

雄蝶散發性費洛蒙的主要作用是釋放由有毒植物鹼 PAs（P.69）所合成，有如春藥般作用的性費洛蒙「斑蝶素」，讓雌蝶接收到這些物質後會

▲端紫斑蝶求偶時會在雌蝶上方原地振翅釋放斑蝶素。

進行質與量的判斷：雄蝶精胞內的求偶禮物（Nuptial gift）是否富含能夠作為防禦物質的有毒植物鹼 PAs？這隻雄蝶是否具有能夠讓後代有較高存活機會的基因？之後雌蝶才會決定要接受或拒絕。對於雌蝶來說，接受雄蝶的交配還有一個附帶的好處：使自己獲得防禦用的 PAs 植物鹼毒性。這是因為雄蝶的精胞內含物存在著不少 PAs 植物鹼，所以接受雄蝶的精胞也可以讓牠獲得毒性而增加雌蝶整體族群的存活機率。

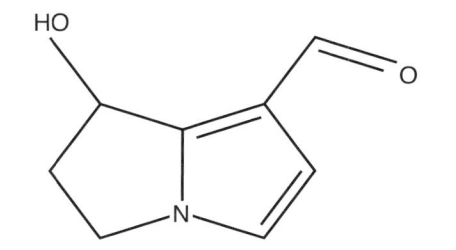

▲羥基斑蝶素（hydroxydanaidal），紫斑蝶屬、薔青斑蝶屬、絹斑蝶屬、琉球青斑蝶及黑脈樺斑蝶具有此種斑蝶素。

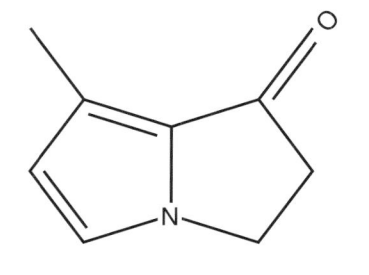

▲斑蝶素（Danaidone），大白斑蝶、薔青斑蝶屬、絹斑蝶屬、琉球青斑蝶、樺斑蝶及黑脈樺斑蝶具有此種斑蝶素。

| 交配 |

如雌蝶接受求偶，雄蝶會降落在雌蝶身旁將腹部彎到側邊呈 90 度，並以步行的方式慢慢接近雌蝶，若雌蝶接受則會抬起翅膀並接受交配。此時雄蝶會將交尾器伸入雌蝶腹部下方的交配孔，並用如鉗子作用般的性器官「抱器」將雌蝶腹末牢牢夾緊。

之後便由雄蝶將雌蝶拖著飛走，避免其他雄蝶干擾。這段期間雄蝶扮演主動的角色，大多是由雄蝶掛在樹枝或葉片上，雌蝶則倒掛著靜靜休息，這和鳳蝶科大多由雌蝶帶頭飛的情況有所不同。紫斑蝶整個交配的時間至少要數小時，雄蝶有時會移動位置形成空中交配的現象，甚至有些會出現邊交配邊訪花的情形，在一些極端的案例中則會有雄蝶死亡並導致雌蝶陷入無法分離的絕境。在帝王斑蝶的情況，會藉由延長交配時間等到天色暗下來以後才會終止交尾分開來的交配守衛行為（Mate guarding），這種行為被認為具有生物學上所謂精子競爭（Sperm competition）的重要意涵。因為如此一來，隔天早上雌蝶便會利用牠的精子受精並產卵。至於紫斑蝶及臺灣產其他斑蝶是否也有類似帝王斑蝶的情況，至今尚無相關研究可資驗證。

關於蝴蝶的交配次數，在一些鳳蝶科的絹蝶亞科、青帶鳳蝶（*Graphium sarpedon*）、麝香鳳蝶（*Atrophaneura alcinous*）（*Byasa alcinous*）及鳳蝶屬（*Papilio*）的一些種類一生大多只交配一次，原因在於雄蝶交配後，副腺分泌物會形成交尾塞（Mating plugs），將雌蝶的交配孔堵住造成物理性的阻隔；但即使是這樣，有些種類雄蝶交尾器仍會發展出特別的構造用來移除交尾塞。

▲這隻端紫斑蝶雌蝶腹部交配孔可見到數個由雄蝶留下的精胞突出物。

紫斑蝶則是採取雌多次交配（Polyandry）的策略，其一生當中則會與雄蝶多次交配。要確定紫斑蝶雌蝶是否已經交尾，最直接有效的方法是從外部觸摸腹部的交尾囊檢查精胞的數目，因為目前仍無相關文獻指出，紫斑蝶會利用任何物理阻絕的方式來防止雌蝶再交尾（Simmons, 2001）。但在野外觀察中我們仍可發現，有些紫斑蝶雌蝶的交配孔會被成分不明的分泌物黏住或交配孔出現雄蝶精胞外露的針狀結構，這兩者是否具有交尾塞的功能？被黏住交配孔的個體是特例還是常態？這樣的機制是否能成功阻止其他雄蝶交配？上述這些假設皆應停留在臆測階段，尚待進一步的研究來闡明。

　　整體而言，雄蝶尋找配偶的刺激因子有物理也有生化機制，一開始的視覺刺激對雄蝶尋找配偶扮演重要角色，包含色彩型式、形狀大小甚至紫外光都可能是辨識要素，所以有些蝶種只要符合上述條件的任何移動物體甚至落葉，也可能引起雄蝶的追逐。等找到目標以後，嗅覺便扮演鑑識的角色，雌蝶藉由氣味來判斷種類及是否適合交配；此時費洛蒙為短距離甚至是接觸性的方式由觸角接收。

▲交配中的紫斑蝶由雄蝶帶雌蝶飛，圖中正在吸蜜的是端紫斑蝶雄蝶。

| 天敵 |

寄生蜂

　　那些攝食含有毒植物鹼的紫斑蝶幼蟲，體內的毒素雖然讓許多掠食者敬而遠之，但在共同演化（Coevolution）力量的作用下，反倒促使一些寄生性天敵「寄生蜂」演化出解毒酵素，而成為紫斑蝶的頭號殺手，所以相較之下，紫斑蝶類幼生期的天敵種類就相對較多，且呈現相當高的專一性。不同種類紫斑蝶各有不同的寄生性天敵，目前已知在臺灣產紫斑蝶屬中有三種幼蟲寄生蜂、一種蛹寄生蜂及一種蛹寄生蠅。其中已知圓翅紫斑蝶的寄生蜂分屬小蜂科（Chalcididae）的紫蝶粗腿小蜂（*Brachymeria euploeae*），姬蜂科（Ichneumonidae）的黑紋黃瘤姬蜂（*Theronia zebra diluta*）（周 ,1994；周未發表）。

蜘蛛

　　在南部越冬地內目前尚未發現有專化取食紫斑蝶的天敵，僅知一些廣食性的天敵如人面蜘蛛的觀察記錄顯示會取食紫斑蝶，但亦有不少在紫斑蝶掛網後將網子切斷讓其離開的行為。Albert 等人（1996）針對澳洲的幻紫斑蝶及其他幾種斑蝶的研究報告中指出，一種球網蛛（*Nephila maculata*）會將將網子剪斷，讓含有 PAs 植物鹼的斑蝶離開，但對於在實驗室以不含 PAs 的植物腰骨藤（*Ischnocarpus frutescens*）飼養出來的幻紫斑蝶則會直接被吃掉，但仍會出現只吃身體特定部位的現象，或許仍有一些其他的化學物質會影響取食意願。

▼左：斯氏紫斑蝶的蛹寄生粗腿小蜂。
　右：斯氏紫斑蝶的幼蟲寄生姬蜂。

鳥類的捕食

鳥類天敵方面，目前在越冬谷內曾有過捕食記錄的有朱鸝、白頭翁；非越冬棲地則有白頭翁、紅嘴黑鵯、大卷尾及小卷尾的觀察記錄；另外在金門地區也有觀察到栗喉蜂虎取食藍點紫斑蝶的記錄。

專食性的演化

1970 年代發現墨西哥帝王斑蝶之初，研究者對於帝王斑蝶在墨西哥被捕食的死亡率，竟遠高於之前在加州越冬地的觀察感到不解？之後經 Linda 及 Brower 等人一系列的研究才知道，雖然墨西哥當地近四十種鳥類，其中超過一半從不吃帝王斑蝶，史考特金鶯（Scott's oriole）和史黛拉藍鴉（Stellar's jay）這二種鳥也只是偶爾會隨機吃，但是黑頭桑鳽（black-headed grosbeaks）和黑背金鶯（black-backed orioles）卻會大量捕食帝王斑蝶。

不過這兩種鳥吃帝王斑蝶的方式有些不同：黑頭桑鳽會吃掉整個腹部，且對於有毒的強心配醣體植物鹼（cardenolides）不敏感，並能夠容許中等程度的這些化學物質在消化道內。

黑背金鶯在吃了小量的有毒植物鹼後便會嘔吐，並會藉由切開身體挑內部軟組織吃，避免因為吃了有儲存毒性的表皮而中毒，由於雌蝶毒性高，黑頭桑鳽於是較不偏好吃雌蝶。整體來說帝王斑蝶在越冬地 60% 死亡原因是

▲上：在大花咸豐草上伏擊的蟹蛛抓到小紫斑蝶。下：被蜘蛛網纏住的小紫斑蝶。

這兩種專食性鳥類的捕食，整體族群則有 7-44% 是因此死亡，而 2.25 公頃的族群每年約有二百萬隻死亡。

此外在帝王蝶谷可見五種鼠類中的攀爬黑耳鼠（*Peromyscus melanotis*）也會吃帝王斑蝶，該鼠類每年在地面吃掉 4-5.7% 的族群量。這種鼠類更是目前已知唯一可以克服帝王斑蝶化學防禦的哺乳動物，並將其作為足量且有效的食物來源。這也是為何帝王蝶會在掉落地面後往上爬的原因之一：除了可避免地表低溫外也可減少被捕食機率。

另一方面，他們還發現帝王斑蝶群聚集團中心比邊緣的捕食率要來的少，且群聚也增強其有毒特性的保護功能，這也讓我們了解為什麼墨西哥會聚集大量帝王蝶的誘因，為什麼帝王蝶一直重覆上演占據群聚集團中間位置戲碼的可能原因也有一部分被闡明。

至於臺灣的紫斑蝶越冬情況是：棲地周邊鳥種不少但在谷中卻不常見鳥蹤。究竟只是單純的因為該地區不適合鳥類的棲息？或者紫斑蝶有忌避的效應？則尚待進一步研究。不過截至目前為止，仍無觀察記錄支持紫斑蝶越冬期間存在著如帝王斑蝶般，有特定且具備相當程度專化的鳥類或鼠類等天敵捕食的現象。此外紫斑蝶受驚擾時會產生的群舞行為，是否有著像 Calvert（1994）指出，帝王斑蝶越冬期間遭遇外來干擾時利用群舞行為躲避天敵攻擊的作用，也有待未來的相關研究來加以驗證。

▲野外常可見白頭翁捕食紫斑蝶。

| 假死 |

紫斑蝶最讓人不禁要嘖嘖稱奇的就是，牠們會展現出自然界一些動物常可見的假死現象（Feigning Death：Thanatosis）。對於動物為什麼要假死的原因生物學界至今仍是眾說紛云。一般而言，假死對昆蟲來說，其中一個可能的功能是避敵：方式乃藉由靜止不動加上本身的保護色或偽裝，達到融入周遭環境的效果，讓那些以動態視覺方式判斷並進行捕食的捕食者無法找到牠們。最後要附帶提一點的是：紫斑蝶假死的習性，對研究者來說有一個很重要的意外功能，那就是可以讓標放工作得以在低干擾度的情況下順利完成。

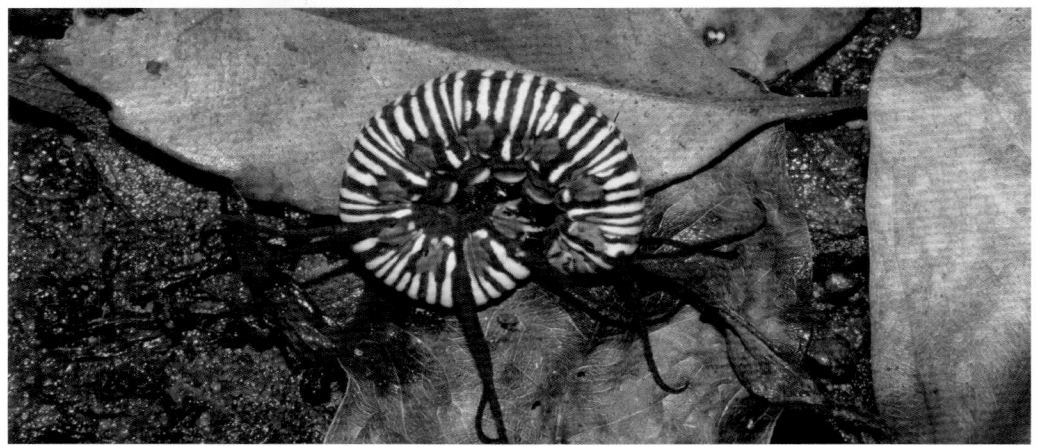

▲上：被捕捉後假死的紫斑蝶。下：紫斑蝶終齡幼蟲也有假死的習性。

| 吸泥水行為 |

紫斑蝶雄蝶非越冬期間有時可見到在水泥建物、岩壁及溪邊三三兩兩的個體進行吸泥水行為（Mud-pudding）。這是一種廣泛存在於許多鳳蝶、粉蝶科及一些小灰蝶科雄蝶的現象。

以前的蝴蝶專家認為蝴蝶在吸水的同時會伴隨著大量排水，因而認定是一種散熱作用。但這樣的解釋並無法解釋為什麼進行此行為的個體幾乎都是雄蝶？為什麼牠們會對一些動物的尿特別感興趣？

後來在進行相關的生理研究及實驗後始證實，其為雄蝶藉此獲得鹽份、銨基酸（ammonium ions）等物質混在精胞（spermatophore）中作為送給雌蝶的求偶禮物，因此而提高了生殖成功率。但應注意的是，紫斑蝶在越冬期間頻繁出現的吸水行為卻是不分性別的，帝王斑蝶亦有此行為的觀察記錄。其原因目前仍未確定，已被提出的至少有兩個假說：一、越冬期間進行脂肪水解之用；二、補充水份以維持身體正常含水量。至於何者為真或兩者皆非，則尚待進一步的研究加以證實。

▲吸水中的紫斑蝶群。

| 壽命 |

除了脂肪體的累積，要順利完成越冬的另一個條件就是壽命。帝王斑蝶越冬群聚個體存活時間可達約八個月以上，夏季非越冬個體存活時間則大約爲二個月。越冬群聚個體之所以會出現生殖滯育，目前已知和荷爾蒙中控制生長的青春激素（Juvenile hormone）合成被抑制有直接關係（Herman & Tatar,2001）。

一年的世代數

臺灣產紫斑蝶目前我們已知其所進行的也是一個跨世代的旅程，從春季三、四月間離開越冬谷回到繁殖棲地，產下新的第一代紫斑蝶卵那一刻起，一直到紫斑蝶在南部形成越冬群聚之間這段時間紫斑蝶究竟歷經幾個世代？不同種類紫斑蝶之間是否有所差異？目前我們對這個問題所知仍相當有限，

▲ 2005 年春末在苗栗竹南繁殖地自然死亡的斯氏紫斑蝶。

僅確認四種紫斑蝶皆爲多世代蝶種，至於是否有？是怎樣的世代重疊？則尚待完整的研究來釐清。

紫斑蝶的壽命

目前我們已知臺灣產四種紫斑蝶的越冬地個體在生理狀態上皆有明顯的脂肪累積現象。同樣的，越冬紫斑蝶能夠順利度過冬天的另一個不可或缺特徵就是：成蝶要有夠長的壽命。臺灣的紫斑蝶最早在九月就會出現越冬

個體，然後最晚到隔年五月初仍可發現去年的越冬個體。根據標放再捕獲記錄顯示，目前已知成蝶壽命最長的是一隻由高如碧所標記的「rk918」圓翅紫斑蝶，其自 2005 年 9 月 18 日初秋在新北市竹坑標記後，一直到隔年 4 月 21 日才在宜蘭縣蘇澳由臺灣博物研究室吳東南再捕獲，這證實了圓翅紫斑蝶壽命至少可達 216 天（約七個月），這是繼苗栗竹南再捕獲「FY1030」斯氏紫斑蝶存活 184 天的記錄後，另一隻存活時間超過半年的紫斑蝶。在平均室溫約 25℃的情況下進行人工飼養結果顯示：紫斑蝶卵期約 2-3 天，幼蟲期約 15-21 天，蛹期 7-10 天，圓翅紫斑蝶的整個生命周期則可超過八個月。

相較之下，在紫斑蝶類越冬棲地內極為罕見的大青斑蝶雖然會進行日本——臺灣之間長達二千公里的旅程，但其除了在冬季無脂肪累積現象外，亦無明顯的生殖滯育現象，並且可在此時發現幼生期各階段個體。野外調查的標放資料顯示：其壽命在實驗室情況曾有過 166 天的記錄，但標記再捕獲記錄僅為 118 天（約 4 個月）。此外在冬季期間亦有不同階段幼生期及成蝶世代重疊的現象。由以上這幾個生態觀察記錄可知，大青斑蝶並非像紫斑蝶那樣是以成蝶為主要狀態越冬的蝶種。

◀苗栗竹南再捕獲的「FY1030」斯氏紫斑蝶。

從土壤裡的紫斑蝶蛹接受著第一道光的溫柔摩挲

我們開始瞭解沼澤這至光的縝密

每一動的不動，等的自的誕生

也也是古老的在山谷裡的潛踏行

就會聽見人世代相傳養承的「曆進」、「曆進」、「從容」。

Chapter2

紫班蝶的特色

幻色

|成色原理|

紫斑蝶翅膀上的顏色大致可分爲腹面及背面基鱗的化學色（色素色：Pigment color），以及背面前翅覆鱗及部分種類腹面覆鱗的物理色（結構色：Structural color）。由於後者具備隨光線照射及觀察角度而改變顏色的特性，因此又被稱爲「幻色」（Iridescent color）。

化學色不會因爲陽光照射角度的關係而改變顏色，其主要類別有：1. 黑色素（melanin）主要呈現出灰、黑、褐色；2. 類胡蘿蔔素（carotenoids）呈現紅、黃色；3. 紫質素（porphyrin）呈現琥珀色。

物理色會因爲陽光照射角度而改變顏色，沒有陽光時則變成褐色，其類

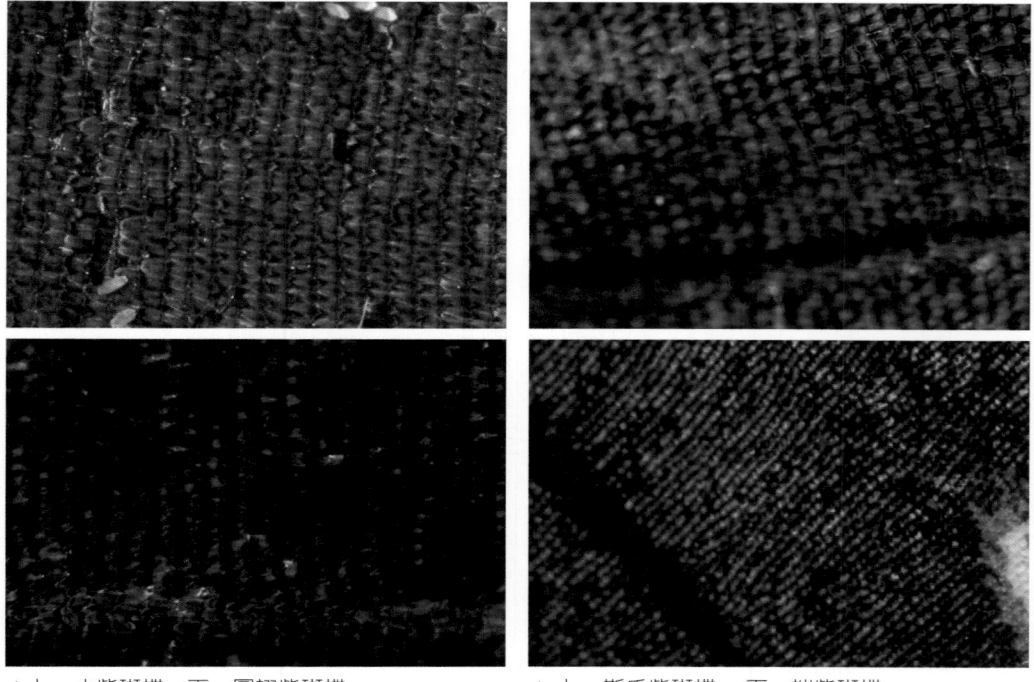

▲ 上：小紫斑蝶；下：圓翅紫斑蝶。　　　▲ 上：斯氏紫斑蝶；下：端紫斑蝶。

別有經黎曼繞射產生藍、靛、紫、紫外色，經光柵繞射效應產生虹彩及金屬色。

　　事實上，牛頓在1730年便注意到此現象，並針對孔雀羽毛的幻色加以分析後得知其成因為干涉作用（thin-film interference）的結果。但是直到Anderson & Richards（1942）及Gentil（1942）首度證實產於中南美洲的蛺蝶科摩爾浮蝶（*Morpho*. spp.）顏色是經由鱗片溝槽狀結構造成光的干涉而形成，幻色才開始被廣泛討論。其成因可歸納為：

1. **光柵繞射**（實例：光碟片）。這是一種特殊的干涉現象，其原理為具有不同波長光線通過鱗片表面許多等同於物理實驗的狹窄光柵般的刻痕後，被解離成不同顏色的光線並反射回去之現象。
2. **干涉**（實例：肥皂泡沫）。光線通過如物理雙狹縫實驗般結構後，發生兩個波互相干涉的現象。物理色主要是源自這些葉片狀凹槽構造對光線的干涉現象，並和繞射共同作用而形成。
3. **散射**（實例：藍天）。因為能階差與入射光線能量不相等，而可見光對於不同介質有不同的穿透性，造成有的波長被吸收有的波長則往四面八方反射回去。由於物理鱗片粒子直徑比入射光波長小而造成波長較短的藍、紫光容易被反射，較長波長的紅光則不受影響通過或被吸收。
4. **化學色**（實例：染料）。翅底化學色會將綠、紅色光吸收掉，避免反射後造成干擾。

｜紫斑蝶的幻色｜

　　紫斑蝶幻色形成原理和摩爾浮蝶一樣，主要都是經由多層次干涉所造成，但稍有不同的是紫斑蝶的多層次結構是呈如網狀般的構造，且鱗片種類共分為有幻色的覆鱗（Cover scale）以及只有化學色的基鱗（Basal scale），其中後者作用和摩爾浮蝶翅底色素色一樣，都是用來吸收波長較長的光線，避免因反射作用而干擾藍紫色光澤。簡言之，「化學色」藉由消滅大部分的顏色，來呈現牠認為最美的顏色；「物理色」則提供一個精心打造的舞臺，讓光線表演了一場精采的光之舞。前者往往

隨時間逐漸衰敗，後者只要結構本身或質地沒被破壞，就會一直璀璨下去。

　　細分臺灣五種紫斑蝶的幻色，可知牠們不僅在不同種類上色澤大不相同，就連同種不同性別也會有些微差異。端紫斑蝶雄蝶呈現的是四種紫斑蝶中最耀眼的，有如梵谷筆下星月夜般的寶藍色；雌蝶則是擁有如西藏高原海子般亮麗，但又淡淡的一抹湖水藍。斯氏紫斑蝶雄蝶有著如藍幕般，讓人感到並非自然存在的深藍色；雌蝶則呈現出有如人們想像中的法國雅維儂農莊葡萄園黃昏時刻，一大片秋熟果實讓空氣中洋溢著甜蜜果香的濃郁深紫。

　　圓翅紫斑蝶雄蝶身上則是一襲英國宮廷騎士的翻花袖勁裝般，有著內斂光芒的黑；雌蝶則有如中國上海仕女身上穿的旗袍般，有著黝黑發亮絨布質感的黑藍。小紫斑蝶則是四種紫斑蝶中有著最多顏色變化的種類。雄蝶在大部分角度看來是一片不起眼的黑褐色，但在特定角度下卻會不期然的冒出綜合端紫斑蝶的珠寶光、斯氏紫斑蝶的純粹與圓翅紫斑蝶的深邃這三種特質的藍；雌蝶則是光線的魔術師，牠並

不追求讓人第一眼就印象深刻的演出，而是實實在在的將所有的藍色系發揮到淋漓盡致，從最深的藍到最淺的藍、最濃的紫到最淡的紫，最後甚至還會突然迸出一抹讓人意料之外的粉紅。

　　至於已經滅絕的大紫斑蝶臺灣亞

▲上：沒有光線照射的小紫斑蝶翅膀呈黑褐色。
下：用閃光燈拍攝時則呈現寶藍色金屬光澤。

種，有著迥異於其他地區亞種的暗褐色調，卻神似大紫斑蝶菲律賓亞種那樣有如流經其側的「黑潮」般變化多端之樣貌。雄蝶一開始是在尾部抹上一塊珊瑚礁海岸線般的淡綠，接著便丟出一大把深邃的「黑潮藍」，而那些點綴其上的淺藍斑恰似不斷翻攪的白浪；雌蝶則呈現出日落餘輝，把太平洋上空的藍天覆蓋上一層濃紫色的美景。等到你終於小心翼翼的打開標本箱，連蟲帶針抽起翻面後，眼前展開的又是另一番風景：世界上所有紫斑蝶中絕無僅有，介於物理色與化學色之間的藍斑，像繁星點綴在夜空般黝黑的翅面上，則堪稱是紫斑蝶屬中獨一無二的「絕色」。

除了紫斑蝶，亦有不少蝴蝶具有這種物理鱗片。如臺灣產的鳳蝶科碧鳳蝶類，蛺蝶科孔雀青擬蛺蝶（*Junonia orithya*）、琉球紫蛺蝶（*Hypolimnas bolina*），小灰蝶科的綠小灰蝶族（*Theclini*）及藍灰蝶亞科（*Polyommatinae*）的多數種類等等。儘管這些種類各有其讓人目絢神迷的美麗色彩，不過若從演化的角度來看，八重山紫蛺蝶（*Hypolimnas anomala*）可說是獨樹一格，其所展現的被認爲是幻色演化歷程中最讓人驚奇的一幕──「顯微結構的擬態」。雌蝶不僅在色澤上與擬態模型端紫斑蝶微妙微肖，就連鱗片構造上都有著高相似性的多層次結構（Multi-layer type structure）。

▲收藏在日本大阪市立自然博物館，1942 年恆春半島採集的大紫斑蝶標本。

黃金蛹

蛹的拉丁文 Chrysalis 源自希臘文的黃金，目前已知僅紫斑蝶屬及非洲的修士斑蝶屬（Amauris）蛹體會整個泛著鏡面般的金屬光澤，其他斑蝶則僅是點綴著一些金屬斑點而已。臺灣產蝶類如蛺蝶科線蛺蝶亞科的白三線蝶、單帶蛺蝶、臺灣綠蛺蝶等，毒蝶亞科的紅擬豹斑蛺蝶、黃襟蛺蝶等，以及蛺蝶亞科的紅蛺蝶、黃三線蝶等，也會有或多或少的金屬光澤斑紋。不過紫斑蝶蛹更勝一籌的地方在於，一開始的初蛹是單一化學色，接著會逐漸變成黃金或銀般的鏡面質感，然後在羽化前一兩天又會再度變色，最後當我們檢視留下的空蛹殼後會發現，原來牠的體表竟是完全透明的。

|成色原理|

根據 Steinbrecht & Pulker （1980）研究幻紫斑蝶蛹的成色原理我們可知，紫斑蝶蛹體內表層堆疊著許多特殊的構造，可以將超過 70% 的 550-800nm 波長的光完全反射回去形成鏡面效果，但 550nm 以下波長的反射比在黃金層（golden cuticles）則會迅速下降。

整個反射層在電子顯微鏡下可見

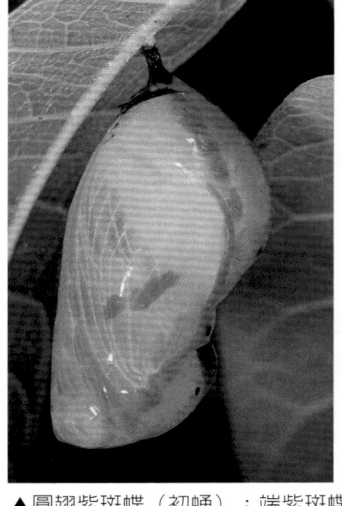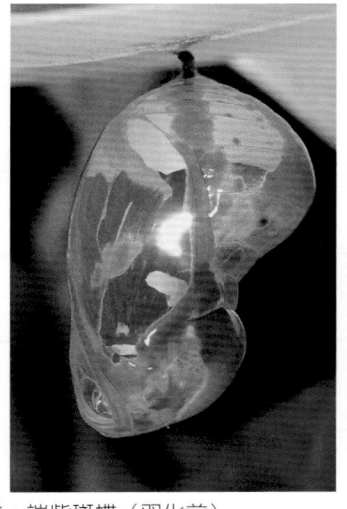

▲圓翅紫斑蝶（初蛹）；端紫斑蝶；端紫斑蝶（羽化前）。

許多明顯且不同密度的層次（可達 250 對），這是位於內層的反射區，又稱為金屬層（Multiple Endocuticular Thin Alternating Layers）。其由外到內可分為：C 層為有層次且有不同厚度變化方式排列，D 層則是密度極高的薄片堆疊在一起。而這兩層的折射（refractive）指數大約是在 1.58。

整體而言，金屬層結構上造成的干涉現象是黃金蛹形成的主因，而且其中並沒有化學色參與的成分。至於顏色為什麼會隨著蛹的發育而改變，則和上述這些層是在化蛹後才逐漸形成，並在羽化前逐漸崩解而得到充份的解釋。

｜生物學上的意義｜

Land（1972）曾針對黃金蛹的生物學意義提出多種解釋：偽裝──藉由鏡面的成像作用使其具備類似周遭環境的顏色及花紋，並使其外形輪廓（contours）被破碎化而不易被捕食者辨認出來；警戒色──有些紫斑蝶會取食含有 CGs 植物鹼的有毒植物，並將其儲存在體內，所以這些閃亮的金屬色是警告鳥類等視覺性捕食者有毒的訊

▲紫斑蝶羽化後的空蛹殼是透明的。

息；結構的偶然──像許多貝殼的內層結構一樣並非作為展示色（Advertising color）之用，純粹只是因為結構特性而造成的一種意外效果。

以上的推論目前仍無一定論，這可由一些研究報告中將黃金蛹以警戒色或保護色稱之可知，Malcolm 及 Rothschild（1983）的報告中更指出幻紫斑蝶幼蟲體內雖有 CGs 植物鹼，但在蛹及成蟲階段卻又會消失。

或許黃金蛹的祕密，就像一顆顆埋藏在珠母貝中的白珍珠、黑珍珠、粉紅珍珠般讓人難以發現，在還沒有找到那顆「最美珍珠」之前，潛水員們就會一次又一次冒險闖入黑潮禁地，繼續探索這埋藏在海底的祕密。

生化戰

|性費洛蒙|

　　為了在求偶時獲得雌蝶的青睞，紫斑蝶雄蝶擁有多種能夠散發性費洛蒙的器官，其中最引人注目的就是腹末那一對能夠分泌性費洛蒙的「毛筆器」。毛筆器除了作為求偶之用，特殊的氣味也具有忌避效果，故在被天敵捕捉時，四種紫斑蝶皆會迅速將毛筆器外翻散發刺鼻的氣味作為驅敵之用；大白斑蝶、小紋青斑蝶及淡紋青斑蝶也有同樣的現象，三種絹斑蝶屬的斑蝶則不會伸出，惟大青斑蝶偶有翻出毛筆器的情形，且很有趣的是只會伸出

一支；樺斑蝶、姬小青斑蝶、大青斑蝶、小青斑蝶及琉球青斑蝶則僅見過在求偶時會翻出毛筆器；黑脈樺斑蝶尚未見到有外翻毛筆器的情形；帝王斑蝶的毛筆器已退化形甚小，不具明顯的功能。

　　目前在斑蝶亞科毛筆器上共發現有十四種類型化合物：碳水化合物（hydrocarbons）、醇（alcohols）、醛（aldehydes）、酮（ketones）、酯（esters）、內酯類（lactones）、羧酸（carboxylic acids）、氧化羧

▲圓翅紫斑蝶毛筆器。

酸（oxidized carboxylic acids）、芳烴化合物（aromatics）、砒咯啶植物鹼衍生物（pyrrolizidine alkaloids, PAs）、單（monoterpenes）、倍單（sesquiterpenes）、一些類（terpenoids）及四氫類（tetrahydrofurans）。其中許多物質很少或之前從未被發現過，甚至有些是在自然界中絕無僅有的類型或尚未被命名的化合物。

在一些斑蝶亞科成員如樺斑蝶，大青斑蝶、小青斑蝶等的雄蝶，會停棲在枝條上伸出毛筆器，將性費洛蒙以塗抹的方式轉換到性標上的費洛蒙粒子轉換行為（Pheromone transfer particles, PTPs）的觀察記錄。

整體來說，斑蝶素是斑蝶亞科普遍存在且最重要的一種性費洛蒙，這可由帝王斑蝶沒有斑蝶素這點理解到，為什麼帝王斑蝶雄蝶的求偶是以強迫壓制方式達到交配目的。臺灣產四種紫斑蝶的性費洛蒙則是另一種成分不同的羥基斑蝶素，薔青斑蝶屬、絹斑蝶屬、琉球青斑蝶及黑脈樺斑蝶則是兩種斑蝶素皆有，大白斑蝶則沒有羥基斑蝶素。

｜CGs 的毒藥｜

自從 Ehrlich 及 Raven（1964）在探討植食性昆蟲與植物在演化上的關係時，提出共同演化（Coevolution）後便引起廣泛的研究與討論。現今廣為大家接受的定義則是由 Janzen（1980）提出：兩種生物彼此間受到對方影響而產生特徵的改變，且這樣的改變是同時發生的。但由於演化的歷程是過去發生的事情，無法重現植食性昆蟲對植物利用廣泛有著專化現象的成因，於是後來研究者陸續提出序進演化（Sequential evolution）、群落演化（Community evolution）、配對式共同演化（pairwise coevolution）、普及式共同演化（diffusive coevolution）來詮釋或質疑這個理論。

像紫斑蝶這類幼蟲專門取食含有特定類型有毒植物鹼的昆蟲，其食性專化的現象便常被拿來討論兩者間是否有共同演化的關係。由於斑蝶亞科幼蟲嗜食的蘿藦科、夾竹桃科或桑科 Moraceae 植物皆會分泌大量乳汁，故其英文名稱為「乳草蝶」（Milkweed butterflies）。雖然蘿藦科及夾竹桃科植物大都富含強心配醣體（Cardiac glycosides,CGs），有些種類亦含有PAs植物鹼，但是牠們在攝食過程中不僅不會中毒，反而會把它濃縮並儲藏在體內作爲禦敵武器，所以說那些以夾竹桃或蘿藦科寄主爲食的紫斑蝶在幼蟲期便具有毒性。但是取食不含CGs有毒植物鹼的桑科榕屬或盤龍木屬植物的紫斑蝶（儘管垂榕被認爲是有毒的，但這應是對人類而言），在這個階段則應是不具毒性的，這在幻紫斑蝶相關研究中已被證實；至於臺灣四種紫斑蝶毒性則尚無相關研究，有待進一步驗證。

整體來說，四種紫斑蝶在寄主植物選擇上各有特色：圓翅紫斑蝶及小紫斑蝶取食的是無毒的榕屬植物，斯氏紫斑蝶則取食有毒的羊角藤，端紫斑蝶則三科植物都會吃。

此外，即使是以蘿藦科馬利筋屬植物爲寄主的帝王斑蝶幼蟲，也會因爲取食寄主種類甚或同種植物但生長地區不同或是成蝶攝取PAs植物鹼的情況，而產生毒性程度不一甚至完成無毒的情況，此外舊蝴蝶個體也要比年輕個體毒性弱，其被捕食率差異從6-85%，而且CGs的濃度對於帝王斑蝶幼蟲來說也不是越多越好，必需在200-500μg/g以下爲合理承受範圍，太高的濃度也會讓幼蟲無法承受毒性（Harborne 2001）。

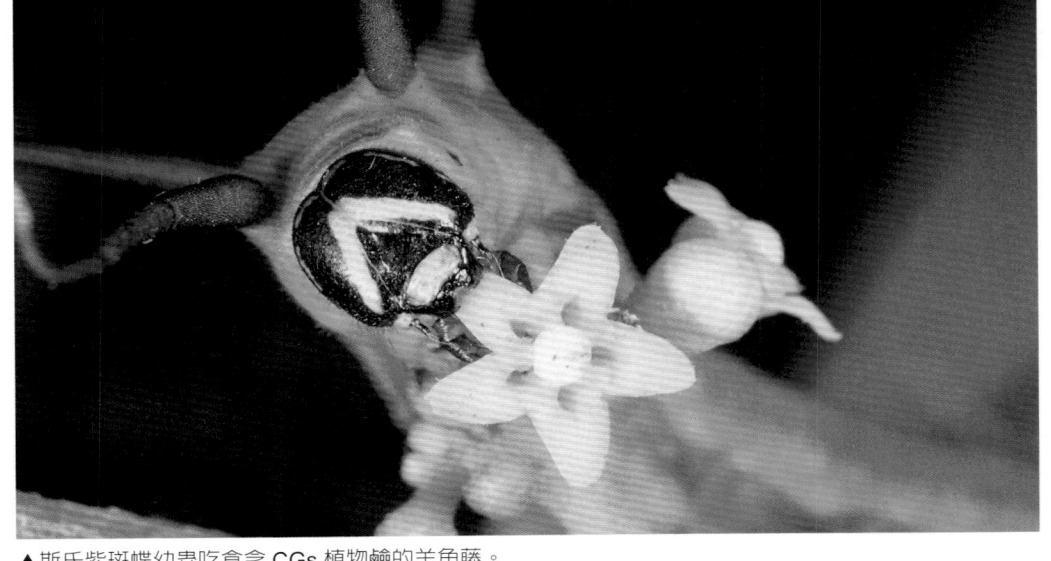

▲斯氏紫斑蝶幼蟲吃食含 CGs 植物鹼的羊角藤。

|PAs 的誘惑 |

紫斑蝶所屬的蛺蝶科蝶類，大多以腐果、樹液甚或動物性物質為食，這和鳳蝶、粉蝶、小灰蝶及弄蝶科以花蜜為主要食物來源的食性，相較下可說是蝴蝶中的異類。但是紫斑蝶等斑蝶亞科蝶類，卻又反其道而行的全數以花蜜為食，且雄蝶更進一步發展出，藉由攝取許多動物視為有毒物質避之惟恐不及的植物次級代謝物砒鉻碇植物鹼（Pyrrolizidine alkaloids, PAs）來保護自己的特殊覓食習性，所以紫斑蝶可說是異類中的異類。而這樣的特性也可能是為什麼以桑科榕屬這類不含 CGs 有毒植物鹼為食的紫斑蝶，卻會在成蝶階段具備毒性，且成為一些鱗翅目昆蟲擬態對象的主要原因。

砒咯啶植物鹼基本上是植物用來防禦的次級代謝物，特別對哺乳動物的毒性特別強，會破壞肝臟功能，因此不同目昆蟲會取食作為自身防禦物質，研究者特稱之為「嗜植物鹼性」（Pharmacophagy）或「PA 昆蟲」。

PA 植物

雄性紫斑蝶之所以會偏好取食各種菊科澤蘭屬的腺葉澤蘭、田代氏澤蘭，紫草科的狗尾草、白水木等的花朵以及這些植物的枯葉、受傷或枯死的枝條、曝露的根部組織，甚至一些動物組織也都會出現大量雄性紫斑蝶聚集吸食的觀察記錄。原因除了作為防禦物質外，PAs 更是紫斑蝶雄蝶合成性費洛蒙「斑蝶素」的重要先驅物質，因此在這上面吸食的個體以雄蝶為主。

除了成蝶之外，一些斑蝶亦可在幼生期取食一些含有 PAs 的寄主植物葉片上獲得。澳洲的幻紫斑蝶便被證實若以一種爬森藤屬（*Parsonsia straminea*）植物飼養時，新羽化個體便含有大量的 PAs，同樣情形在以爬森藤為食的大白斑蝶身上亦可見。而這也應是為什麼大白斑蝶可以在網室大量繁殖，斯氏紫斑蝶卻必需經常供應澤蘭屬植物花蜜才能維持族群正常繁殖的原因。

▲澤蘭花蜜富含 PAs，紫斑蝶雄蝶吸食後身上沾滿花粉為其傳粉。

|Bt 的危機|

斑蝶雖然堪稱是昆蟲界的生化戰專家，但牠還是在地球上「最頂尖」的生化戰專家所發起的一場戰事中敗陣下來！

1999 年，美國康乃爾大學教授 John E. Losey 帶領的研究小組發現，帝王斑蝶吃了灑上基因轉殖玉米（Bt Corn）花粉的幼蟲寄主植物馬利筋葉子後，四天內有近半數的個體死亡。這件事不只震驚了美國人，也在世界各地引起廣泛討論：基因改造食物是否真的安全無虞？

Bt 玉米乃是將一種昆蟲的病源──

蘇力菌（Bacillus thuringiensis, Bt）使昆蟲染病的基因群切入玉米基因中進行融合後，而達到病蟲害防治的效果。蘇力菌是第一種被用來基因轉殖至作物中，並於 1990 年代末期開始廣泛種植在美國各地，並於 1998 年達到三百六十萬公頃種植面積。

以往這樣的轉基因作物被認為是非常專一且存在於植物體內，故應該是對非標的生物影響極小。但問題在於玉米花粉中亦含 Bt 基因，且其是靠風擴散。由於帝王斑蝶的主要寄主馬利筋在玉米田鄰近區域很常見，如此一

來便造成玉米花粉會散布在葉片上。Pleasants *et al.* （2001）的調查顯示，帝王斑蝶寄主植物上的玉米花粉在開花末期會達到最高，且這些葉子上面的短毛會將花粉保留住。

　　儘管整個事件後來因為進一步證實，在野外的情況，並不會達到實驗室中造成帝王斑蝶相當程度死亡的花粉覆蓋量而落幕，但這也讓人想起了一個有趣的對照：長期的演化讓斑蝶對植物化學防禦產生各蒙其利的共同演化，人類則成為自私基因的俘擄，以毀滅的方式加入了這個戰場……。

▲紫草科白水木富含 PAs 植物鹼的枯枝會吸引大量紫斑蝶前來取食。

警戒色

基於斑蝶家族幼蟲寄主以有毒植物為主，所以其身上醒目的白、黑、黃、紅色縱紋及成蝶翅膀上炫目的色彩，被認為皆是用來警告鳥類等以視覺辨識獵物的捕食者牠們身懷劇毒的「警戒色」（Aposematism：Warning coloration）。

警戒色最早被討論是由達爾文在寫給華萊士的信中表示：鮮豔及對比明顯的顏色是應用在性擇上的重要演化機制，但是讓人不明白的是，沒有任何生殖活動的幼蟲為什麼也會有這麼鮮豔的顏色？華萊士在 1868 年的回信中指出，John Jenner Weir 曾在自己的鳥舍中觀察到鳥類不會取食一種白蛾，而這種蛾的幼蟲就有很鮮明的色彩，這項研究最後在 1869 年被發表，而成為第一篇警戒色的實驗報告。

經過一個世紀的討論與研究後，有關警戒色的演化機制大致上被認為是這樣：對於鳥類等視覺性捕食者來說，鮮豔的個體比具保護色個體容易發現，而有毒或無毒則是多樣化存在於不同個體間，於是在演化初期那些鮮豔又好吃的個體會先被吃掉，在經過長期的選汰之後只留下鮮豔又不好吃的個體，於是鮮豔與有毒之間的關係就會越來越緊密。

總括來說，紫斑蝶身上對比鮮明的紋路及色澤，對有毒個體而言是一種有效的警戒色，對無毒個體而言則是一種可以混淆捕食者判斷的穆氏擬態。但在此我們也必需體認到，生命的型式是多樣性的，大自然中並不存在絕對的觀念，而紫斑蝶就是一個很好的例子。

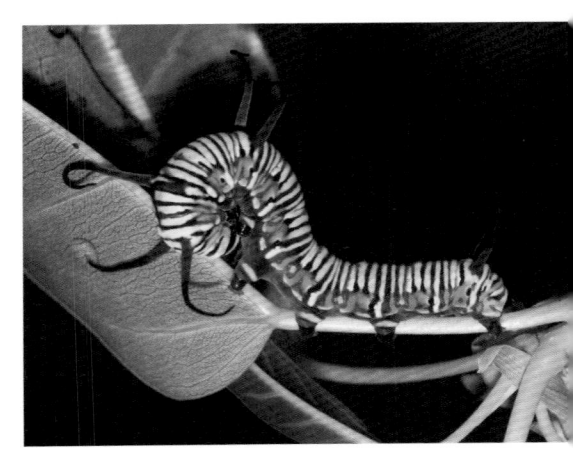

▲淺色型圓翅紫斑蝶幼蟲將身體前半部捲起來，有如獅身人面狀的警戒狀態。

模仿

| 模仿的類型 |

　　爲了避免掠食者的捕食，紫斑蝶的防護策略大致可分爲：

1. **保護色及僞裝**：當紫斑蝶將翅膀合起來休息時，褐色的翅膀讓牠們具備著和環境色調如枯葉一致的保護色（隱蔽色：Crypsis）而融入環境中；有些蝴蝶則會進一步模擬背景環境中的樹葉、樹皮甚至鳥糞等的形態，而形成絕佳的僞裝，如枯葉蝶。整體而言在這裡所謂的模仿對象乃爲環境中的非動物。

2. **警戒色**：當紫斑蝶受到驚擾飛起來的時候，具備金屬光澤的藍紫色則會成爲警戒色。體內具有毒性或能夠分泌忌避性物質的蝴蝶，爲讓捕食者快速記住其外型減少被捕食的機率，而發展出對比鮮明的色彩及花紋的警戒色，如各種斑蝶或麝香鳳蝶類。

3. **擬態**：一種生物模仿另一種生物的外型。由於有毒蝴蝶的花紋型式，宛如蝴蝶界的一塊免死金牌，演化力量驅使特定類群的動物外型趨於一致的擬態群之現象。如果將帝王斑蝶視爲是美洲地區貝氏／穆氏擬態經典範例，那麼亞洲的紫斑蝶亦不遑多讓。目前我們已知鳳蝶科，蛺蝶科的眼蝶亞科、蛺蝶亞科，甚至斑蛾科，都存在著擬態紫斑蝶的現象；臺灣已知應爲擬態斑蝶亞科的蝴蝶共有 2 科 7 屬 10 種。

　　但這三者間亦有模糊地帶，如模仿枝條的竹節蟲或是像蘭花的東南亞蘭花螳螂（*Hymenopus coronatus*），則會有植物是環境一部分或是生物定義上的爭論。但毫無疑問的，兩個沒什麼親緣關係的生物卻有著雷同外型，一直是讓世人感到訝異不已的主題：訝異的原因並非第一眼看到的「像」，而是在於最後發現竟然「不是」！

　　擬態便可說是這類模仿的極致表現，擬態的類型除了視覺之外還有聲

音或化學擬態。模型、擬態者及捕食者則是擬態成立三要素；擬態者要遠比不可口擬態模型來的少則是運作法則；最後一點也是最重要的一點：兩者必需是會同時出現在同一個地方的同域物種（Sympatric species）。

| 擬態 |

擬態（Mimicry）一詞自希臘文衍生而來，並在 1851 年變成生物名詞，模仿（Imitate）亦是從其轉變而來的。這個現象最早是由 Bates（1862 年）指出，些物種會藉由模仿一些味道不好物種的外形，而減少被捕食者攻擊機率的現象，後人將之稱為貝氏擬態（Batesian mimicry）。目前我們所說的琉球紫蛺蝶雌蝶、紫蛇目蝶、斑鳳蝶及雌紅紫蛺蝶雌蝶等無毒的蝴蝶為避免被天敵捕食，便各自演化出類似端紫斑蝶、小紫斑蝶、青斑蝶類及樺斑蝶的外型，使天敵誤以為牠們有毒而不敢加以捕食的現象便是貝氏擬態。

另一方面，有毒的蝴蝶彼此間也會有外型高度相似現象，並將之稱為穆氏擬態（Mullerian mimicry），其作用為增強警戒色效果，讓捕食性天敵更容易知道這樣的外型都是有毒的。如紫斑蝶彼此間或樺斑蝶與黑脈樺斑蝶有著類似的花紋，都是屬於穆氏擬態。

種內擬態（Browerian mimicry）是由 Lincoln P. Brower 及 Jane Van Zandt Brower 所提出，指的是具備警戒色的同一物種族群內僅有部分為不可口個體的「貝氏擬態」，另外亦有人將之歸類為自體擬態的範疇。例如有部分帝王斑蝶個體其實並不具毒性，原因主要和北美州乳草存在著北方族群毒性比南方輕微的現象，甚且有些乳草本身其實是不具毒性的有關；另外一個值得注意的例子是在加彭（Gabon）有一種性雙型的天蠶蛾類（Anaphe），猴子會挑無毒的雄蛾吃而不吃雌蛾。由於不同種紫斑蝶或同種不同個體所取食的植物毒性並不一致，所以種內擬態亦很有可能發生在紫斑蝶身上，相當值得對此進行進一步的研究。

另外有些蝴蝶研究者會將種內擬態視為自體擬態（Automimicry）範疇。不過自體擬態通常是指生物身體的一部分像另外一部分，如一些小灰蝶科尾部的假眼配合絲狀尾突形成的「假頭」。

帝王斑蝶與總督蛺蝶的戰爭

　　但需注意的是，儘管貝氏擬態被描述至今已超過 140 年，但至今仍有些爭論。其問題為：演化是一個長久的歷程，難以去用實驗證實這個趨同演化（convergent evolution）的歷程。反對派中最著名的學者 Vladimir Nabokov 指出，生長於北美洲的總督蛺蝶（Limenitis archippus）與擬態模型帝王斑蝶，其只是基於兩者間有類似共同結構導致高機率相似的可能性。這論點同樣被質疑的是：為什麼自然界會出現大量的擬態複合群（Batesian/Mullerian complexes）的例子？不同目（Order）的生物如甲蟲、椿象、蛾類、胡蜂、蜜蜂及蠅類，卻形成外型有高度相似性的同一個擬態複合群。

　　Ritland 等人（1991）進一步將這兩種蝶及另一種皇后斑蝶（Danaus gilippus）腹部剪下來，讓鳥在無法辨識翅形下來決定要不要吃。餵食紅翅黑鸝（Agelaius phoeniceus）後顯示，吃帝王斑蝶及總督蛺蝶的比例大致相當（約 40%），皇后斑蝶則更可口（70%），而且以楊柳科植物為寄主的總督蛺蝶毒性甚至更勝一籌。

　　就目前來說，判定兩種生物像不像大都以人類視覺判斷，但鳥類、蜘蛛、蜥蜴等蝴蝶主要捕食者的視覺系統，是由四種不同視色素錐細胞構成，可以說牠們有著可分辨紫外光的能力，人類僅有三種視色素錐細胞且不具紫外光色錐。如果人類能看到顏色範圍是平面三角形，鳥類看到的範圍就是四面體或三角錐體。要真正解決此問題首先得釐清，哪些有毒哪些無毒及影響毒性的生理要素，接下來要排除人類覺得像，而從主要捕食者的視覺判定像不像？以及選汰的作用方式。

比比看誰像誰
斑鳳蝶、大青斑蝶、黃領蛺蝶
擬白斑蝶、大白斑蝶
白條斑蔭蝶、青斑蝶類、紅星斑蛺蝶
斑蛾科 Cyclosia midamia（東南亞）、端紫斑蝶雄蝶
八重山紫蛺蝶、端紫斑蝶雄蝶
黑端豹斑蝶、黑脈樺斑蝶
紫蛇目蝶、小紫斑蝶
端紫蛇目蝶（馬來西亞）、端紫斑蝶雌蝶、琉球紫蛺蝶
黃星鳳蝶、絹斑蝶類
雌紅紫蛺蝶、樺斑蝶
琉球紫蛺蝶、端紫斑蝶

斑鳳蝶
Chilasa agestor matsumurae

斑蛾科
Cyclosia pieridoides
（東南亞）

圓翅紫斑蝶

圓翅紫斑蝶

斯氏紫斑蝶

擬白斑蝶
Ideopsis gaura（菲律賓）

斑蛾科
Cyclosia midamia（東南亞）

八重山紫蛺蝶
Hypolimnas anomala

圓翅紫斑蝶

大白斑蝶
Idea leuconoe

淡紋青斑蝶

黃星鳳蝶
Chilasa epycides melanoleucus

黑脈樺斑蝶

斑馬青鳳蝶
Graphium macareus
（馬來西亞）

琉球青斑蝶

黃領蛺蝶
Calinaga buddha formosana

端紫斑蝶

樺斑蝶

白條斑蔭蝶
Penthema formosanum

端紫斑蝶

圓翅紫斑蝶

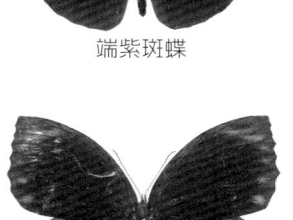

黑端豹斑蝶
Argyreus hyperbius （雌）

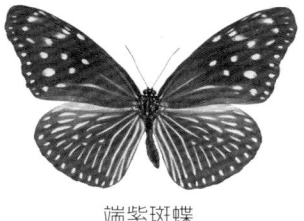

紫蛇目蝶
Elymnias hypermnestra hainana

端紫蛇目蝶
Elymnias casiphone saueri
（馬來西亞）

雌紅紫蛺蝶
Hypolimnas misippus （雌）

琉球紫蛺蝶
Hypolimnas bolina kezia

小紫斑蝶

小紋青斑蝶

紅星斑蛺蝶
Hestina assimilis formosana

斯氏紫斑蝶

越冬蝶谷

| 三種蝴蝶谷 |

　　蝴蝶谷可說是世人對大自然最美好的意象之一，就字面上意思指的大致是：很多蝴蝶聚集的山谷。蝴蝶谷一詞往往被廣泛運用，實際上這只是為了描述大量蝴蝶出現在特定區域內的一個形容詞。整體而言，所謂的蝴蝶谷並非生物學名詞，所以同一種蝴蝶往往會因為處於不同的生命階段，而被定義成不同類型的蝴蝶谷。其形成原因大致如下：

1. **生態型**（食草、蜜源型）：山區特定範圍內盛開著大量蝴蝶喜好的蜜源或生長著許多幼蟲的寄主植物，而吸引大量蝴蝶前來訪花或在短時間內繁殖而出現大發生的現象。如每年初夏五六月間陽明山國家公園境內大屯山盛開的島田氏澤蘭，吸引成千上萬大青斑蝶群聚訪花的現象，或者是高雄市美濃因早期種植大量淡黃蝶幼蟲食草鐵刀木所形成的黃蝶翠谷。

2. **蝶道型**：特定種類蝴蝶如鳳蝶科、粉蝶科的大部分種類以及小灰蝶科部分種類雄性個體進行吸泥水行為，這些雄蝶常會沿著溪邊尋找合適地點吸水，由於其皆有固定飛行路線且常成百上千的聚集在一起吸水，故稱為蝶道型蝴蝶谷。新北市烏來山區的青帶鳳蝶類、高雄市美濃淡黃蝶聚集而成的黃蝶翠谷、臺東縣知本溪等地的雲紋粉蝶及雲林縣林內的春季蝶道便是屬於這個類型。

3. **越冬型**：蝴蝶為了越冬而大量聚集在一個山谷的現象。生態型及蝶道型因子所形成的蝴蝶谷在臺灣及世界各地都有分布，越冬型蝴蝶谷則很少見，墨西哥的帝王蝶谷及臺灣的紫蝶幽谷則屬此類。

▲夏季臺北大屯山頂盛開的島田氏澤蘭吸引大量的大青斑蝶前來。

▲夏初高雄六龜溪邊可見到大量群聚吸水的淡黃蝶雄蝶。

▲春季臺北福山溪畔的青斑鳳蝶、青帶鳳蝶、寬青帶鳳蝶、斑鳳蝶、升天鳳蝶、木生鳳蝶、黑鳳蝶雄蝶的吸水集團。

| 混棲型越冬集團 |

　　儘管臺灣紫蝶幽谷在數量上不及墨西哥帝王蝶谷，但是以紫斑蝶為主，青斑蝶類次之的多蝶種群聚同一棲地越冬現象，卻是臺灣斑蝶越冬生態和帝王斑蝶由單一蝶種形成越冬集團截然不同的地方。我們已知可能出現紫蝶幽谷內的蝴蝶共有十二種，其中主要是以在黑褐色翅膀上鑲著如絨布般質感紫色鱗片的小紫斑蝶、端紫斑蝶、圓翅紫斑蝶及斯氏紫斑蝶，其次是翅膀上散布著許多水藍色斑點的小紋青斑蝶、淡紋青斑蝶及琉球青斑蝶。

　　經調查臺灣地區十九處斑蝶越冬棲地族群結構顯示，不同地點斑蝶種類及所占比例各不相同。以高雄市茂林瑟捨谷及臺東知本地區為例，前者以小紫斑蝶為主，後者小紋青斑蝶則為優勢種。不過整體來說近年來的調查顯示，四種紫斑蝶仍是臺灣紫蝶幽谷的主要成員，在其中十六處所占的總比例皆超過 90%，另外三處東部棲地小紋青斑蝶所占比例卻超過 80%；淡紋青斑蝶、琉球青斑蝶在部分越冬地的比例可達 5% 以上；至於大白斑蝶、大青斑蝶、小青斑蝶、黑脈樺斑蝶則大都在個位數或在 1% 以下；樺斑蝶則

是唯一仍未在紫蝶幽谷內有觀察記錄的臺灣產斑蝶。

此外，這些斑蝶在越冬期間不僅對棲地選擇各不相同，即使同一越冬棲地內之群聚形式也是有規則可循，其中又以斑蝶族的淡小紋青斑蝶、小紋青斑蝶及琉球青斑蝶會各自在特定位置形成獨立的群聚集團最為明顯。

整體而言，紫蝶幽谷中越冬紫斑蝶數量多寡依次為斯氏紫斑蝶＞小紫斑蝶＞圓翅紫斑蝶＞端紫斑蝶，在東部一些越冬地則會出現以小紋青斑蝶為主的情形。其中值得注意的是，早期職業捕蝶人陳文龍指出：臺灣曾有過以黑脈樺斑蝶為主族群的越冬谷地，根據近年香港鱗翅學會的觀察記錄也顯示該類型越冬群聚存在於香港，但在臺灣近年的調查中則不復見。四種紫斑蝶越冬集團在不同年分除了會有數量上的變動外，蝶種組成比例上似乎也有一些變化。在比較過 Ishii & Matsuka（1990）1978 至 1980 年在西部越冬地調查，李及王（1997）1993、1994 年在西部及東部的調查以及近年詹等人（2000-2007）在整個南部及東部越冬地廣泛調查資料後顯示：斯氏紫斑蝶在

▲以端紫斑蝶為主的越冬集團。

2000-2007 年比例是最高的：1993、1994 年是最低的。端紫斑蝶在 1978 至 1980 年是最低的；1993、1994 年卻是最高的；2000-2007 年則是最低的。圓翅紫斑蝶在 2000-2007 年排名第三，且在東部越冬地的族群比例較西部高，經常會有數量僅次於斯氏紫斑蝶的情況，依過去調查資料，本種在越冬谷中呈現優勢種狀態。小紫斑蝶在 1993、1994 年排名第三，2000-2007 年不僅為全部越冬地中排第二，更是西部越冬地中最多的蝶種。至於為何會有如此大的年間族群變動，由於其牽涉的變因甚多，尚待未來進行跨界合作研究才有可能一窺其奧妙。

Chapter3 ____

紫斑蝶的奇幻旅程

北方森林的葉子紅了　紫斑蝶告別秋天去旅行
出雲山下著雪　幻色沉睡在冬天的山坳
遠方的海洋吹著南風　帶來了春天的空中婚禮
紫斑蝶　帶不走夏天的狗尾草

▲高雄茂林群飛離谷的越冬紫斑蝶。

跨世代的旅程

| 帝王斑蝶的遷移 |

　　同屬一年多世代蝶種的紫斑蝶與帝王斑蝶生態中最讓人感到驚奇的一幕，莫過於那一場又一場如接力賽般的跨世代旅程！鳥類或哺乳動物的遷移，大都由老一代帶領著新一代進行越冬地及繁殖地往返的任務，其中經驗的傳承是遷移得以順利完成的重要因素。

　　但是帝王斑蝶在離開越冬地展開春季遷移後，一直要到大約第四代出現後，才會再回到最北方的加拿大五大湖區繁殖地。這個世代的帝王斑蝶卻可以在沒任何經驗傳承之下，展開最遠長達四千公里的旅程，抵達墨西哥市近郊幾個特定的山谷越冬，有時甚至可準確無誤回到當初牠們的祖父甚或曾祖父輩，曾經棲息的越冬山谷（Urquhart, 1978）。

　　帝王斑蝶與紫斑蝶雖受限於生命長度及形式，經驗傳承可能性的大門因此被關上，卻也讓牠們轉而去開啟另一扇門「本能」。

　　自從德國生物學家阿紹夫 Jurgen Aschoff, 1913-1998 無意間發現自己的體溫會呈現 24 小時規律的周期變化後開始發想一連串實驗，並在 1960 年證實了生物時鐘的阿紹夫法則（Aschoff's Rule）後，這個與地球自轉同步的神祕份子，陸續被揪出是許多以往難以解釋「自然奇蹟」的幕後黑手。近年來生物學家針對帝王斑蝶的導航機制陸續有突破性進展，證實其是藉由生物時鐘的概日韻律及太陽羅盤共同組成的「時間補償太陽羅盤」來進行導航（Perez & Jander, 1997 ; Pennisi, 2003; Mouritsen

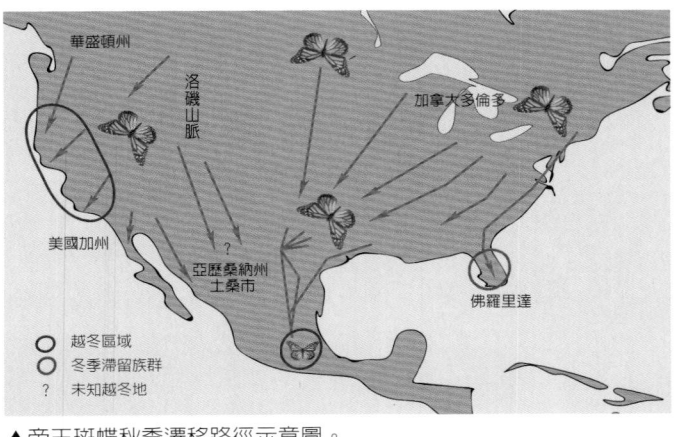

▲帝王斑蝶秋季遷移路徑示意圖。

▲墨西哥麥古格爾青跨山區越冬帝王斑蝶群舞的盛況。

& Frost, 2002；Zhu *et al.* 2008）。

德國生物學家 Mouritsen 及加拿大生物學家 Frost 在 2002 年發表的實驗結果顯示，如將秋天正在南移的帝王斑蝶，以人工光源進行提早或延後光照時間的處理再拿到野外釋放：日照時間提早 6 小時（1:00-13:00）的個體會往東南方飛，正常光照時間（7:00-19:00）處理的個體會往西南方飛，延後 6 小時（13:00-1:00am）的個體則往西北方飛；最後牠們進一步將上述不同處理的個體在陰天的時候釋放，飛行方向則呈現隨機的狀態。這個實驗說明了，帝王斑蝶的遷移方向是由概日韻律加以調節，且不支持「地磁定位說」。

美國麻州大學教授 Steven M. Reppert 團隊在 2008 年發表的研究結果（Zhu *et al.* 2008），則進一步提供了「時間補償太陽羅盤」的分子理論基礎。他們比較之前已被證實在果蠅及倉鼠體內，有著發條般能夠提供時鐘動力的「時鐘分子」 —— 隱花色素（cryptochrome, CRY）後發現，帝王斑蝶除具有與果蠅同樣的 CRY，還有另一種和倉鼠類似但從未被發現過的

CRY2。而 CRY2 在概日韻律與太陽羅盤導航之間扮演著「連結者」的角色，也就是說這樣的機制解釋了：即使從日出到日落太陽持續改變位置，但是概日韻律卻可藉由 CRY2 與太陽羅盤進行溝通，而達到維持定向飛行的行為。不過更令人驚訝的是，帝王斑蝶這個被認為是「祖傳古老」的概日韻律，整體運作模式竟和果蠅大不相同，且可以說：反而和人類比較類似！

至於紫斑蝶進行定向飛行時的導航機制，目前仍無相關研究，有待未來進行如「時間補償太陽羅盤」等的相關研究，來了解是否如此？或另有原因？不過從以上的例子我們可知：紫斑蝶與帝王斑蝶雖不像鳥類可以一代又一代的將經驗傳承下去，但這可是一點也不會造成牠們的困擾，因為牠們光靠簡單的本能，就可以完成那些所謂高等動物的高難度任務。

大青斑蝶的跨海旅程

| 飛過滄海的蝴蝶 |

蝴蝶在人類眼中似是一群「飛不過滄海」的柔弱生命，但事實並非如此：2000 年 6 月 19 日，臺灣大學昆蟲系昆蟲保育研究室研究生李信德在陽明山國家公園大屯山頂標上「1032C NTU」的大青斑蝶，12 天後在日本九州鹿兒島揖宿被日人中峰 浩司捕獲。2001 年 11 月 25 日，屏東科技大學學生許國聖與其友人林文信在臺東縣達仁鄉與屏東縣獅子鄉交界的壽卡山區採集昆蟲時，一隻來自日本大阪，左前翅標記有

「IK」、左後翅標記有「SOA 118」的雄性大青斑蝶，用那讓人驚奇的 2000 公里飛行能力震撼世人。

日本早於 1980 年代開始進行大青斑蝶標放調查，當初只是想了解大青斑蝶在高原地區與平地低山帶之間的移動情形，直到一隻從種子島標放個體跨海飛越七百公里抵達日本本州三重縣的記錄才開始引發人們對其長距離移動能力的關注；後來一隻從日本本土飛抵八重山群島與那國島的再捕

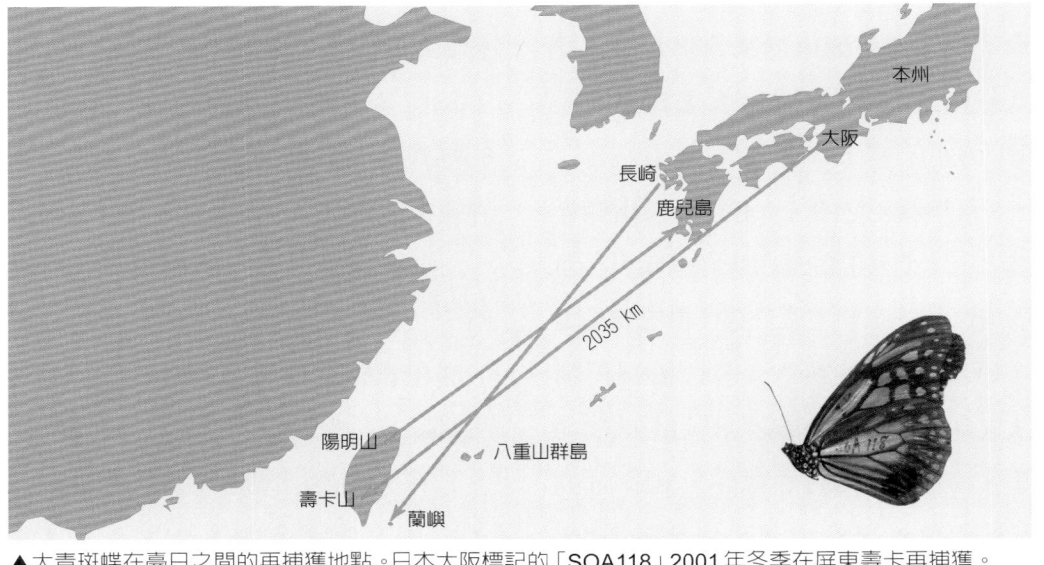

▲大青斑蝶在臺日之間的再捕獲地點。日本大阪標記的「SOA118」2001 年冬季在屏東壽卡再捕獲。

▲大屯山頂群飛的大青斑蝶。

獲記錄再度引發日本研究者的好奇心：除了其距離臺灣僅百餘公里，更因為臺灣和日本的大青斑蝶有著隸屬同一個亞種的事實。

　　每年春夏之際，大量的大青斑蝶會被大屯山頂盛開的島田氏澤蘭吸引，而形成萬蝶齊舞的生態景觀。根據魏及楊（1990）、魏（1995）進行標幟再捕法之估算，其最高族群量可達285,000隻，同樣的數據以Bailey's Method的估算則約為142,813隻；並根據這些資料推估出6月22日及24日之間為族群數量的高峰期。接著大約在每年6月下旬前後便會失去蹤跡，這也讓日本的蝴蝶研究者們大膽預測，這裡的大青斑蝶應該至少有一部分會飛往日本。

　　直到2000年，日本蝴蝶學者福田晴夫及大阪市立自然史博物館金至等人開始與臺灣的國立臺灣大學教授楊平世、該研究室之博士生李信德及臺北教育大學教授陳建志合作，並在不久後出現臺灣標記的大青斑蝶「1032C

NTU」在日本的再捕獲及日本標記的「SOA118」在臺灣再捕獲，才首度證實大青斑蝶的確會在臺灣、日本之間進行跨海移動，並在 2000-2008 年間出現 10 餘隻再捕獲記錄。

　　儘管大青斑蝶在經過日本人二十幾年的調查後仍有許多未解之謎，而臺灣近年的研究也發現大青斑蝶在夏季除了往日本移動，也有往南邊或其他方向的情況。但其在日本整體族群的季節性移動情形大致如下（佐藤，2007）：每年春季以幼生期狀態在日本本土南方越冬的大青斑蝶會陸續羽化成蝶，此時在日本本土的本州中部以南也會出現來自南方（包含來自南西諸島）的再捕獲記錄；夏季大青斑蝶則會出現在日本境內各地，並有往北高原繁殖棲息的現象，這段期間再捕獲記錄的飛行方向分歧，其中並包含多筆由臺灣大屯山往北飛到日本本土的記錄。

　　秋季日本本土的大青斑蝶會由山區往平地、由北往南移動，這段期間再捕獲記錄主要呈現往南的趨勢；晚秋的時候會出現不少移動到南西諸島的記錄，同時在臺灣北部龜山島、東南部及蘭嶼地區在 2006、2007 年也都有過來自日本本土的再捕獲記錄。

　　2007 年 11 月 17 日，國立臺灣師範大學教授徐堉峰在臺東蘭嶼再捕獲一隻寫著日本字的大青斑蝶雄蝶，交由國立臺灣大學昆蟲系教授楊平世進行確認後發現，其為 1500 公里外的日本昆蟲愛好者野下廣人於 11 月 1 日在日本長崎上五島標記的七隻大青斑蝶之一。以這隻蝴蝶從標記到再捕獲歷時 16 天來計算，這隻大青斑蝶至少以大約每天移動將近一百公里的方式往南飛（申，2007）。

　　當然實際上這隻大青斑蝶每天移動距離也有可能是少於 16 天，所以究竟大青斑蝶為什麼要以這麼快的速度往南飛？牠是如何辦到的？類似這樣的南飛旅程耗費時間究竟可以多短？這些大自然未解的謎團目前都有待確認，但可以肯定的是，這些問題都將一一化為「追蝶人」們心中的疑問與繼續不斷追下去的動力。

遷移、擴散或移動

所謂遷移（Migration）牽涉的往往是大量族群移動的現象，常被詮釋為用來避開捕食者、減少競爭、利用特定時期的豐富資源、躲避寒冬、離開過度極端的乾溼季節的適應性行為。

加州大學戴維斯分校教授 H.Dingle 在其所著的《遷移：移動中的生命》（Migration: The Biology of Life on the Move）一書中對遷移的定義如下：1.持續不斷重覆的現象；2.直線向外的；3.不因通常會讓牠們停止前進的資源而分心；4.明顯的啟程和抵達行為；5.有能量補充的支持。

據此原則，Dingle 將熱帶地區澳洲及印度的幻紫斑蝶呈現以東西向為軸線，在較乾燥的內陸及較潮溼的海岸進行東西向的季節性移動現象，歸類成是一種以溼度為梯度且為短距離遷移的例子（Dingle,1992），一般人們對遷移的認知主要來自溫帶地區北半球的鳥類及帝王斑蝶，隨著緯度進行春天往北秋天往南的南北向季節移動則視為是長距離的遷移。

至於擴散（Dispersal）這個經常被拿來與遷移相比較的字眼，其定義為：個體從出生地或生活領域（Home range）往外移動的現象（Stenseth and Lidicker 1992, Holekamp and Sherman 1989）。也就是說：擴散是帶有隨機性的、非自主性的、沒有方向性的、沒有周期性的意涵。舉例來說，無翅的蚜蟲母代因為大量繁殖擁擠而產生有翅形個體飛離出生地，藉此擴張族群的現象。不過有些學者則將擴散一詞界定為是單向移動的同異名，且和遷出是可互相替代的名詞。

就像早期的研究者認為，只有到墨西哥越冬的帝王斑蝶東部族群是在遷移，至於在加州海岸越冬的西部族群進行的則是擴散。近年來的標放資料及相關研究顯示，西部的帝王斑蝶也會進行長距離遷移，且根據分子資料及觀察記錄顯示，東西兩邊的族群也存在著相當程度的基因交流現象（Brown, 1996）。

從上述的一些例子會隨著不同的看

▲ 2005 年夏季新羽化的第一代斯氏紫斑蝶在苗栗竹南繁殖地大規模往外移動盛況（徐志豪／攝）。

法，而被認定是遷移或擴散可知，隨著不同研究者對這兩個名詞在定義看法上的差異，便會產生完全不同的觀點。Watson 更於 1992 年指出，這兩者間存在著許多模糊不清的界線，並且往往將不同的事情用在不同的功能群或不同的事情用在相同的功能群，也就是將個體行為與族群行為混淆。

所以有關紫斑蝶的季節性移動模式究竟該歸屬於哪一些研究者定義的「遷移」？或是哪一些研究者所謂的「擴散」？還是介於兩者之間？或屬於「其他」？這都有待未來進行更多的研究來闡明。

| 紫斑蝶之謎 |

在探討臺灣產紫斑蝶的全年動態前，首先我們必需了解到：

1. 臺灣為一混棲型的冬季群聚集團，不同種類紫斑蝶存在著不同的行為模式與特性。

2. 屬於特有亞種的紫斑蝶，主要族群的移動範圍被局限在約 400 公里長的臺灣島內，帝王斑蝶則是可達4000公里以上的跨洲旅程。

3. 紫斑蝶的越冬地是在冬季日均溫約 22°C，海拔約 500 公尺以下的亞熱帶森林，帝王斑蝶則是在海拔約 3000 公尺晚上會降至接近 0°C的高山針葉林。

4. 根據調查資料顯示，基本上四種紫斑蝶在全臺各地平地至低海拔山區皆有繁殖記錄。寄主植物廣布全臺的圓翅紫斑蝶及端紫斑蝶，在中海拔山區也有繁殖記錄；斯氏紫斑蝶主要繁殖區域在恆春半島及臺灣西部平原至低山帶，最北可至臺北盆地周遭及東北角

▲高雄茂林春季離谷的紫斑蝶會在空中形成一條明顯蝶道。

海岸，宜蘭及花蓮地區目前沒有記錄到寄主植物羊角藤的分布，詳細情形尚待進一步查明；小紫斑蝶的情形和斯氏紫斑蝶類似，但在東北角地區目前無寄主植物盤龍木的記錄。

5. 根據陳（2007）在玉山國家公園中高海拔山區玉山國家公園的塔塔加鞍部定點調查資料指出，除了冬季在該地區沒有紫斑蝶移動的記錄外，其他季節在塔塔加鞍部記錄到的紫斑蝶類一律是往南移動；宜蘭思源埡口、桃園拉拉山鞍部的記錄則會有，在同一天或僅僅相隔數天卻分別出現往北及往南兩個截然不同方向的移動記錄。

關於帝王斑蝶的旅程，在歷經百年的研究後仍有許多模糊地帶與未解之謎；大青斑蝶的研究則隨著臺日之間族群交流情況的揭露而有了一些突破；屬於臺灣產紫斑蝶跨世代旅程的完整故事內容，在前後人歷經約三十年的研究雖有了一些成果，但未知的部分卻也因此顯得更多了！以下的部分為筆者就前人的努力成果以及近年來在高雄茂林魯凱族人、臺灣大學保育社、臺灣蝶會眾多義工及友人的協助下，所獲得的一些調查資料進行臺灣產紫斑蝶全年動態的簡介：

▲高雄茂林瑟捨越冬棲地大量離谷的紫斑蝶。

春季動態

| 現象 |

2001 年 3 月 18-23 日，來自遙遠南方潮溼的空氣滋潤著高雄茂林紫斑蝶褪色的紫色翅膀，清晨的光線緊接著也開始展現熱力，枯黃色的刺竹葉子在徐徐薰風的伴隨下，在藍天之間漂浮並翻轉著……。被高雄茂林當地村民稱為「蝴蝶媽媽」的郭良慧，就這樣站在村子旁的縣道上目擊著早期職業捕蝶人陳文龍所說的：每年春天，紫斑蝶會依循固定路線離開越冬棲地的蝶道。統計結果顯示，3 小時內定向飛行往北的斑蝶約一萬隻，這段期間在三條蝶道上進行定向飛行的斑蝶數量將近十二萬隻。

不過此大規模的定向飛行在發生前並非毫無徵兆：每年 3 月初左右，高雄茂林生態園網室內的越冬紫斑蝶出現大量往北面集中所引起的一陣陣騷動，便在無意間洩露了這個祕密……。

關於越冬紫斑蝶春季移動的型式，陳（1977）首先提出紫斑蝶在春天不會形成蝶道而是個別擴散出去；張（1984）則近一步表示，春季移動期間紫斑蝶會邊飛邊產卵，而且有部分個體會留在恆春半島。

2004-2008 年的再捕獲記錄顯示，斯氏紫斑蝶最遠再捕獲距離臺東大武——苗栗竹南（255km）；圓翅紫斑蝶最遠再捕獲距離臺東大武——臺北龍洞（291km）；端紫斑蝶最遠再捕獲距離臺東大武-臺北木柵（299km）；小紫斑蝶最遠再捕獲距離茂林——八卦山（125km）。

2007 年進一步針對臺灣西部低山帶紫斑蝶春季動態與經緯度關係加以比較後顯示，3 月中至 4 月初在南部低山及平原帶，定樣區蝶流量達 1 分鐘 200-500 隻以上的中高蝶流量記錄，出現在北緯 24.2° 以南的高雄六龜、臺南白河、雲林林內觸口、彰化八卦山及臺中都會公園這四個地區，1 分鐘超過 500 隻的最大蝶流量則於 3 月底出現在北緯 23.2 雲林縣林內觸口，再往北數量即會開始減少且變的不明顯，惟在

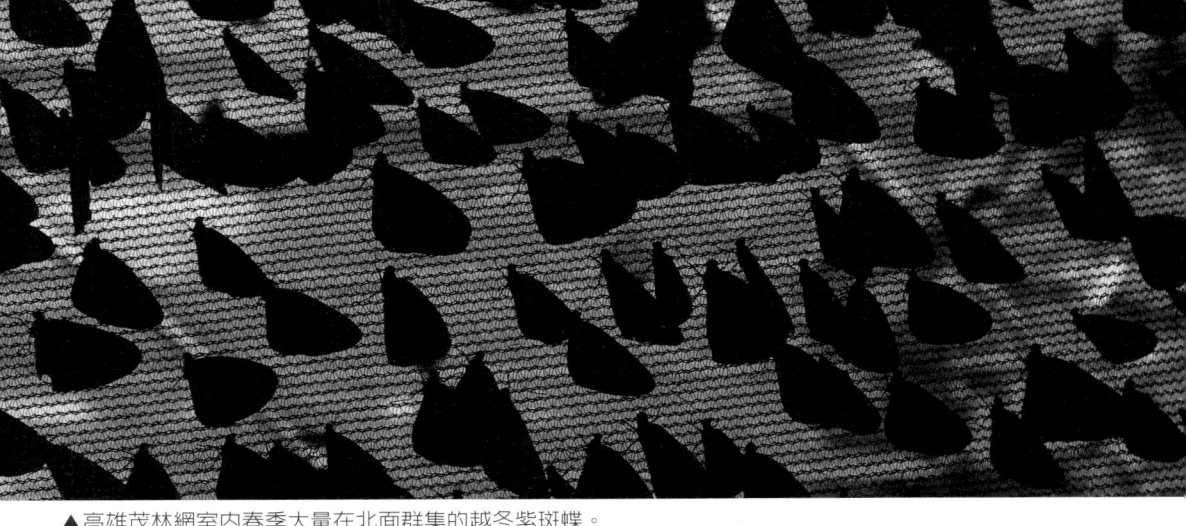

▲高雄茂林網室内春季大量在北面群集的越冬紫斑蝶。

部分地區如臺北五股一帶亦曾有過1分鐘達百隻以上的蝶流量，類似情形並由在臺北市唭里岸山陽明大學校園針對斑蝶動態進行多年觀察的李榮文首度證實。

　　與經度之間關係的統計結果則顯示：春季定向飛行熱點集中在東經120.5-120.6°之間的低山帶至靠近平原處，而整個蝶流量往東不論記錄點或個體數便會急劇下降，特別是在120.8°之後的1000公尺以上中海拔山區，僅有零星蝶流量觀察記錄。

　　綜合上述調查結果及近年累積資料可知，每年3月中旬至4月初前後，紫斑蝶主要在中央山脈兩側低海拔山區集體往北定向飛行，並在中南部低海拔山區及中北部部分地區特定區域出現高密度集中的蝶道現象。西部蝶道出現區域為中央山脈南段、玉山山脈尾稜及阿里山山脈西側的低海拔山區，平原地帶則呈現大面積零星個體移動的現象，中部以北的區域則大多為零星的蝶流量；東部地區則沿著中央山脈東側低海拔山區移動，海岸山脈也曾有過紫斑蝶春季移動的記錄，但詳細情形則所知甚少；其中值得注意的是，2001年3月下旬，紫蝶義工郭良慧在臺東安朔、尚武一帶皆觀察到紫斑蝶從海上飛來的記錄，之後數年並持續有相同的觀察記錄，或為在南方的越冬紫斑蝶經由海上的移動路徑，類似的出海或上岸情況在一些濱海地區亦可見到。

時間

　　2004-2008 年調查資料顯示，春季蝶流量每年有一段固定的高峰期，高雄茂林為 3 月 21 日到 3 月 29 日間，通過中部雲林林內地區最大蝶流量則落在 3 月 23 日至 4 月 5 日間。進一步訪談當地多位居住此地 40 年以上的長者皆表示，從小就看過這種「黑蝴蝶」會大量通過這裡，而且由於最大量時間都在 4 月 5 日清明節前後，所以稱之為「清明蝶」。不過在此之前，部分地區如東北部一帶，最早甚至在 2 月初吳東南便有記錄過每分鐘個位數蝶流量的紫斑蝶往北移動的情形。

　　在日消長上，紫斑蝶的定向飛行主要出現在上午時段，有時則會持續至下午，以雲林林內 2006-2007 年的調查結果可知，最早在上午 7 點後即開始出現定向飛行，爾後數量逐漸增加並在 11 點前後達到飛行高峰，此時段占總蝶流量的 53%，其次為 10 點的 20% 及 9 點的 19%，其他時段則皆低於 3% 的蝶流量。不過在一些特定情況下，如上午氣候不佳但下午放晴，或屬於當日紫斑蝶移動集團後半段動態的路徑，則在下午時段亦可見到定向飛行行為。

▲春季的雲林林內可見到不少紫斑蝶的中繼休息站。

地點

目前已知的春季蝶道地點有屏東大漢山、來義、霧臺，高雄茂林、寶來，臺南曾文水庫、仙公廟，嘉義塔塔加鞍部、達那伊谷、石卓、梅山，雲林古坑、林內、湖本，彰化縣八卦山，臺中大肚山區，臺東安朔、尚武、大竹溪口、知本、利嘉林道、龍田，花蓮立霧溪、富世村，宜蘭蘇澳，臺北軍艦岩、五股。

數量

近年來針對雲林林內地區調查結果顯示，在 2005 年 4 月 3 日由紫蝶義工曾振楠首度記錄到最高每分鐘達 11544 隻蝶流量，單日單一蝶道蝶流量達 1055760 隻以上。數量最少的 2007 年僅有往年的 5-10%，最高定樣區 1 分鐘蝶流量在 3 月 29 日出現超過 500 隻的記錄，當日通過數量達近四萬隻次，之後定向飛行蝶流量皆低於 50 隻，4 月 16 日之後的觀察個體數降至個位數或零。總計在 2007 年 3-4 月春季移動期間共有約二十萬隻次斑蝶通過國道三號林內觸口段。

2007 年南部高雄茂林地區的春季

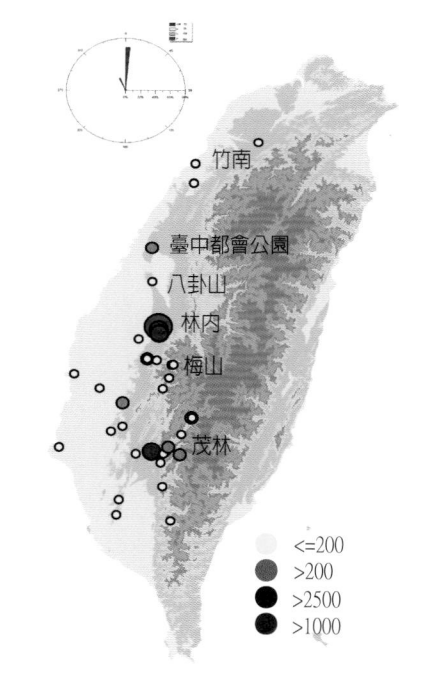

▲ 2007 年春季西部平地至低海拔山區紫斑蝶屬定向飛行之記錄（單位：隻／5 分鐘蝶流量）及飛行方向之風玫瑰圖（隻數／5 分鐘蝶流量／方向）。

移動僅有零星記錄，並未出現 2005 及 2006 年每分鐘 1000 隻以上的大規模定向飛行個體，即使是在西部較東邊的高雄藤枝、六龜山區的定向飛行蝶流量亦僅達 1 分鐘 100 隻以上的規模。由此可知，不同年分在雲林林內及南部高雄茂林春季移動的數量會呈現明顯的族群波動。

組成分

　　關於這段時間的蝶種組成比例方面，2004-2008 年所累積超過 30 隻再捕獲記錄顯示，斯氏紫斑蝶共再捕獲 25 隻所占比例超過一半以上，圓翅紫斑蝶 5 隻，端紫斑蝶 1 隻，小紫斑蝶 3 隻。斯氏紫斑蝶及圓翅紫斑蝶在中央山脈兩側皆有再捕獲記錄，西部越冬集團目前只有在西部有再捕獲。

　　中部地區雲林林內及臺中都會公園 2006-2008 年間的標放記錄顯示，參與蝶種在 2006 年為斯氏紫斑蝶 74% ＞小紫斑蝶 12% ＞圓翅紫斑蝶 10% ＞端紫斑蝶 4%，2007 年斯氏紫斑蝶 65% ＞圓翅紫斑蝶 15% ＞小紫斑蝶 12% ＞端紫斑蝶 8%，2008 年則是小紫斑蝶 54% ＞斯氏紫斑蝶 32% ＞圓翅紫斑蝶 8% ＞端紫斑蝶 6%；東部地區東北角龍洞 2006 年的調查資料則呈現與西部不同的狀態，依序為：圓翅紫斑蝶 57% ＞斯氏紫斑蝶 29% ＞端紫斑蝶 14%，小紫斑蝶則僅有 1 筆記錄，比對早期相關記錄亦呈現小紫斑蝶在花蓮、宜蘭採集記錄不多的現象。

　　上述資料顯示，春季蝶道的參與蝶種不僅在不同年分會有明顯的變化，即使是在同一個年分，東西部參與的蝶種亦會有差異。另外在春季移動的前

▲鞍部地形是蝶道常出現的地點。

中後期參與的蝶種也會有所變化，根據 2006-2008 年針對雲林林內的調查資料顯示，初期的蝶種以小紫斑蝶爲主，中期則以斯氏紫斑蝶爲主，圓翅紫斑蝶則隨著時序推進呈現逐漸增加的趨勢，端紫斑蝶則因取樣數不多而看不出明顯差異，整體而言以前中期數量較多。

　　至於不同性別參與情形的時序變化上，趙（2005）的報告中指出斯氏紫斑蝶雌性個體會先離開，但在雲林林內的採樣中則顯示四種紫斑蝶不分性別皆會參與春季移動的行列且前後期並無明顯差異。或許斯氏紫斑蝶在遷出越冬地之後和越冬地的動態有所不同，未來應針對移動路徑進行性別比

▲進行定向飛行的紫斑蝶。

例調查，以了解兩地數據有所出入的真正原因。

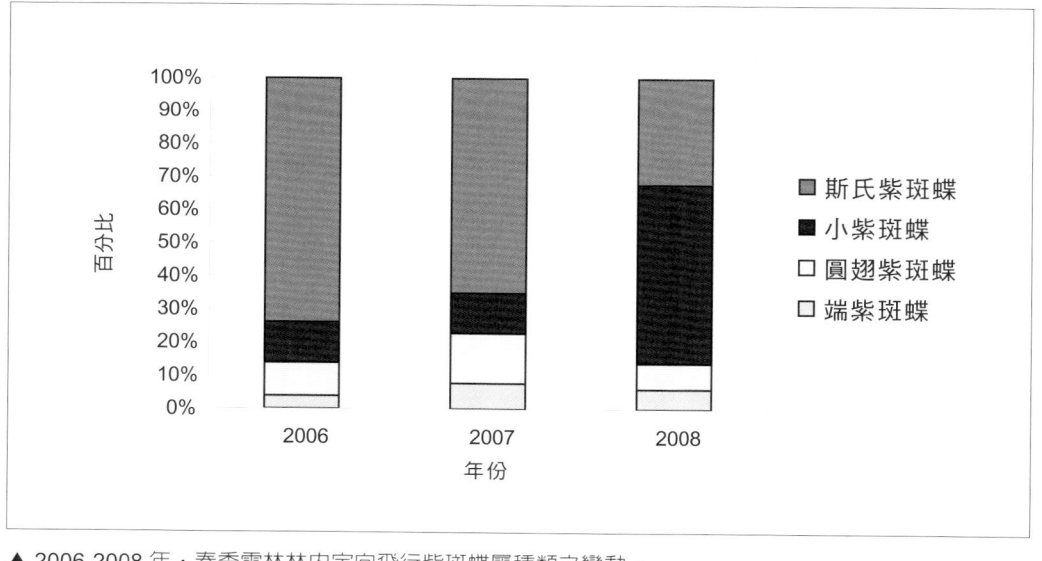

▲ 2006-2008 年，春季雲林林內定向飛行紫斑蝶屬種類之變動。

| 飛行方向的分歧 |

現象

　　儘管 4 月中旬前後仍可觀察到紫斑蝶往北的現象，但在此時也會出現一些方向分歧或滯留的情形，其可能原因之一和斑蝶往北定向飛行的終止有關。如吳東南曾在苗栗苑裡火炎山（2002 年 4 月 30 日）及屏東來義（2002 年 4 月 24 日）觀察到少量南移的紫斑蝶。

時間地點

　　這段期間的再捕獲記錄則有：2005 年 2 月 3 日由紫蝶義工施依萍在屏東枋山標放的「SYP23」斯氏紫斑蝶在南方 41 公里處的墾丁國家公園管理處被拍攝到；2006 年 4 月 30 日在臺南官田社子村再捕獲來自高雄茂林的「JH10」斯氏紫斑蝶，該區域分布著不少羊角藤且當日在現場也觀察到斯氏紫斑蝶雌蝶產卵記錄；斯氏紫斑蝶「VC317」則是 2006 年 3 月 17 日在雲林林內坪頂標記後 22 天在原地再捕獲；另外 2006 年 4 月 1 日調查期間於雲林林內觀察到圓翅紫斑蝶在正榕上產卵，同年 4 月 8 日在彰化八卦山、苗栗竹南皆觀察到斯氏紫斑蝶產卵現象。

數量

　　在這些分歧的飛行方向中，要以恆春半島出現的另一波大規模移動最為引人矚目。此現象最早是由臺灣博物研究室吳東南於 2005 年 5 月中旬在恆春半島間記錄到，紫斑蝶會從恆春半島東側北邊進入往南出海，然後在鵝鑾鼻半島出現 U 形大轉彎後，再度回到陸地上並經由社頂公園往北的大規模移動現象。

　　紫蝶義工廖素珠及義守大學教授趙仁方等人則進一步在 2008 年 4 月中旬前後於臺東市觀察到每分鐘蝶流量超過 500 隻的大規模小紫斑蝶往南移動現象。趙（2008）並據此表示，這是因為小紫斑蝶往北飛一段時間，在找不到寄主植物後便折返往南移動。

　　4 月中旬與 5 月中旬這兩段在恆春半島上演的族群移動是否每年固定或僅是偶發性？這段期間個體是否為越冬紫斑蝶在春季後期的動態？或者與北移個體無關？特別是後者，是否為新羽化第一代紫斑蝶的移動？或另有原因如氣候的異常所造成？由於目前掌握資料仍不足，有待未來進一步驗證。

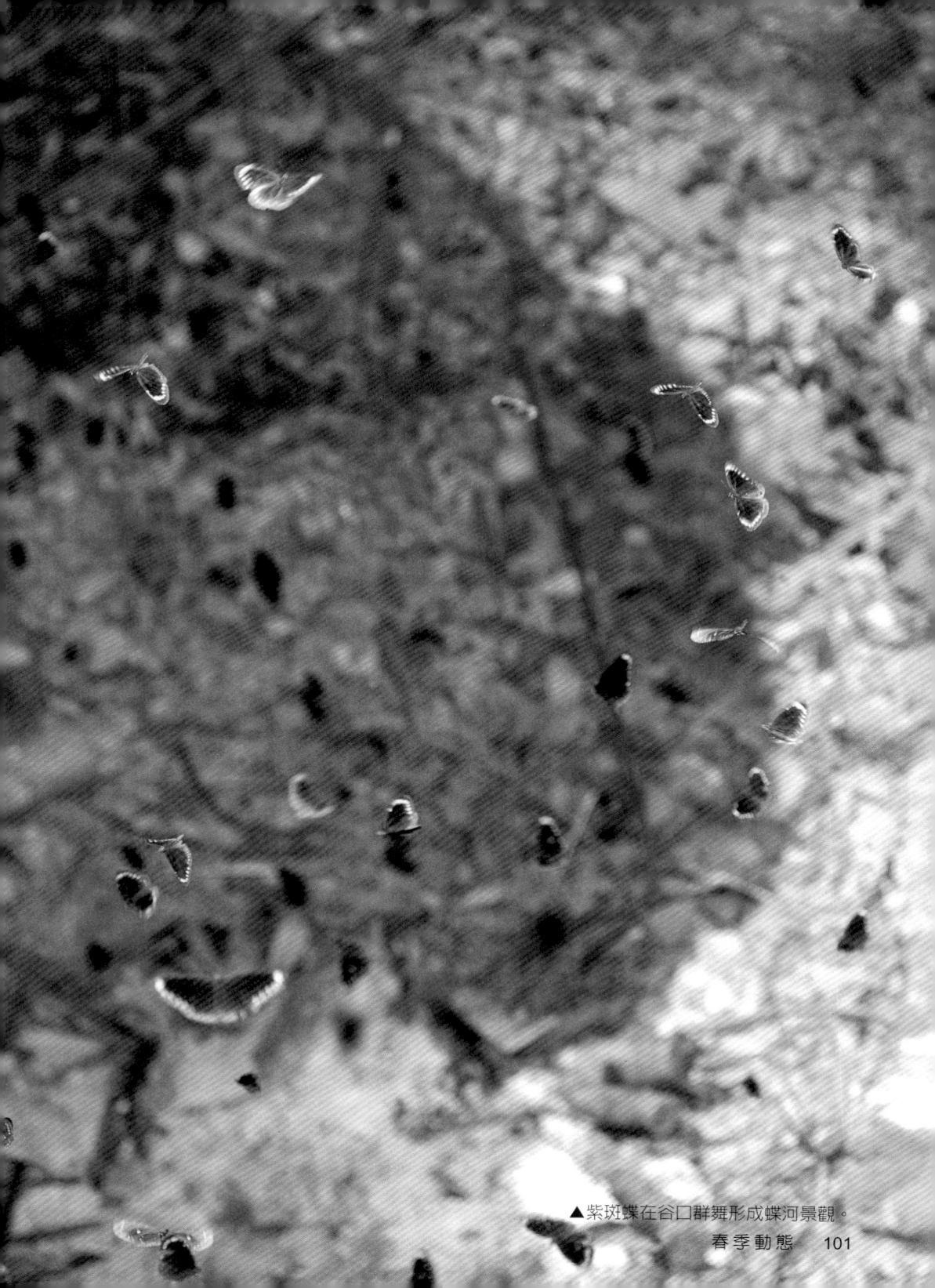

▲紫斑蝶在谷口群舞形成蝶河景觀。

| 夏季動態 |

現象

　　2007 年在西部低山帶的調查結果顯示，夏季的紫斑蝶移動方向雖以北方爲主，但在部分地區如北部桃園拉拉山及宜蘭思源埡口則會出現在不同時間各別往南或往北移動記錄。其他地區根據詹等人（2006）的調查資料則顯示，在臺北盆地及宜蘭地區則有往東南方移動的記錄，花蓮地區則由荒野保護協會花蓮分會記錄到往南的大規模移動記錄。夏季紫斑蝶在臺灣西部低山帶的整體移動趨勢，除了恆春半島低海拔山區，其他記錄則呈現往較高海拔移動的情形；這可由接下來一直到夏末 9 月，臺灣各地低中海拔地區甚至高海拔山區會開始出現數量不少的紫斑蝶，部分富含蜜源的區域則會出現數百隻紫斑蝶群聚訪花的景觀可知。

時間地點

　　2004-2005 年春末夏初（5-7 月）紫斑蝶定向飛行觀察記錄顯示，其間至少有四個大區域出現紫斑蝶大規模集體移動現象：1. 中部地區（包含斯氏紫斑蝶及圓翅紫斑蝶）：苗栗卓蘭、

▲ 2005 年春末夏初的苗栗竹南斯氏紫斑蝶繁殖地林下出現結滿紫斑蝶蛹的盛況。

三義、竹南、通霄、銅鑼、臺中石岡仙塘坪、大雪山林道、東勢林場、大肚山，南投縣九九峰、埔里觀音瀑布、彰化八卦山，嘉義塔塔加鞍部；2. 高雄地區（包含小紫斑蝶 N 級鮮度個體及斯氏紫斑蝶）：高雄藤枝、中寮山、寶來；3. 恆春半島：鵝鑾鼻、風吹沙、港口至社頂公園；4. 北部及東部地區：臺北擎天崗、五指山，新北市汐止坪林、宜蘭大金面、銅山，花蓮佐倉步道。

不過之後在 2006-2007 年間，僅於部分地區持續觀察到同樣的移動現象，且大多數皆為每分鐘百隻以下的小規模移動；根據在苗栗竹南繁殖地於 2004-2007 年間進行的族群消長資料顯示，2006-2007 年的族群量有銳減的現象可知，或許和 2006-2007 年間紫斑蝶族群量銳減有直接關連。

另外近年來的研究亦指出，在塔塔加鞍部地區夏季會出現大量新羽化不久未交配的斯氏紫斑蝶往南移動的記錄（陳 2007）；詹等人亦在 2007 年 6 月底於雲林林內觸口地區觀察到另一波往北方定向飛行的斑蝶，並在 6 月 24 日觀察到每分鐘約 25 隻往正北定向飛行的蝶流量，但為時甚短。

數量

關於第一代紫斑蝶集團移動的數量及發生時間，最早是由紫蝶義工徐志豪於 2005 年 5 月 19-23 日之間在苗栗竹南完整記錄：5 月 19 日上午 8 點半左右，斯氏紫斑蝶集團在假日之森北方出現最高達蝶流量每分鐘 952 隻向北方移動的情形於近中午時分再度出現 890 隻／分，向南移動的斯氏紫斑蝶集團回到假日之森；5 月 21 日 07:30 又開始出現斯氏紫斑蝶移動個體，路徑

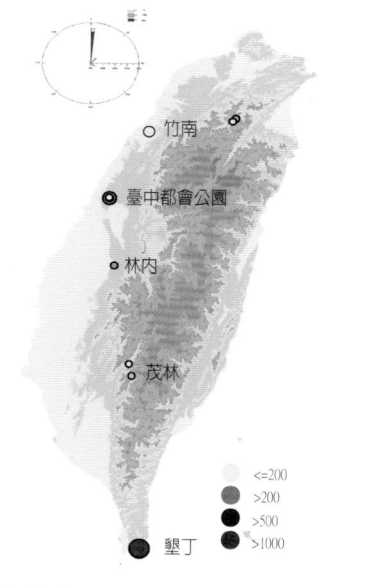

▲ 2007 年夏季西部平地至低海拔山區紫斑蝶屬定向飛行之記錄（單位：隻／5 分鐘蝶流量）及飛行方向之風玫瑰圖（隻數／5 分鐘蝶流量／方向）。

主要分為東北、北、東三個方向，蝶流量分別是：每分鐘 1926、642、642 隻；5 月 22 日蝶流量只剩不到三十分之一；5 月 23 日是假日之森北方斯氏紫斑蝶集體移動的最後一次，蝶流量約每分鐘 300 隻。其中光是 2005 年 5 月 21 日在苗栗竹南假日之森北方自 07:00-09:10 歷時約 130 分鐘的族群數量便達到 184800 隻。

組成分

2005 年 5 月 19-23 日間針對苗栗竹南假日之森的斯氏紫斑蝶大規模移動集團，進行 3 次取樣（樣本數：270）蝶種及鮮度調查結果顯示，新羽化 N 級個體比例為 97%，和春季移動期間以 MO 或 O 級的老舊個體為主有明顯差異。進一步取樣亦可發現雌蝶皆尚未交配過體內不含精胞，顯示這次大規模移動的斯氏紫斑蝶為新羽化的第一代紫斑蝶；不過吳東南在這段期間的觀察記錄亦指出，此階段移動個體或記錄也夾雜有翅膀鮮度中等的 M 級甚至老舊的 O 級個體情形，其原因尚待進一步研究。

至於其他地區的情形，臺北盆地周邊的記錄中有不少圓翅紫斑蝶 N 級個體，陳（2007）的記錄則顯示為斯氏紫斑蝶新鮮未交配過的個體。但整體而言，由於目前所獲得資料大多缺乏詳細蝶種及鮮度記錄，仍無法確認哪些記錄是和苗栗竹南斯氏紫斑蝶、恆春半島的斯氏、小紫斑蝶、塔塔加鞍部及臺北盆地周邊的圓翅紫斑蝶一樣，屬於新羽化第一代紫斑蝶的季節性移動。

斯氏紫斑蝶
小紫斑蝶
圓翅紫斑蝶
端紫斑蝶

▲近年（2002-2007 年）調查到的四種紫斑蝶繁殖記錄點。

| 越冬世代的秋季動態 |

現象時間

時序進入秋季（9-10月），南部地區會「突然」出現秋季大規模集團移動或聚集在鄰近山區甚或越冬棲地的現象，這些群聚集團隨著東北季風一波波的通過，會陸續出現一些區域性短距離集團性移動並在最後進入越冬棲地。

地點

目前已知的地點有：宜蘭思源埡口，苗栗南庄，嘉義塔塔加鞍部，臺中大雪山林道、東卯山，高雄茂林，屏東枋山，花蓮金針山，臺東利嘉林道。

數量

紫斑蝶秋季移動記錄雖出現在全臺各地，但根據2007年在臺灣西部的調查記錄則顯示，每分鐘超過200隻蝶流量的中型規模移動主要出現在北迴歸線以南的區域；東部地區的臺東及花蓮山區也會出現同樣的情形，2007年的調查資料顯示，9月26日在臺東利嘉林道曾出現每分鐘蝶流量超過100隻往南移動的記錄，同時在花蓮金針山亦有類似的觀察記錄。中北部的宜蘭、苗栗、臺中等地的山區，目前已知僅有小規模南移蝶道的記錄。

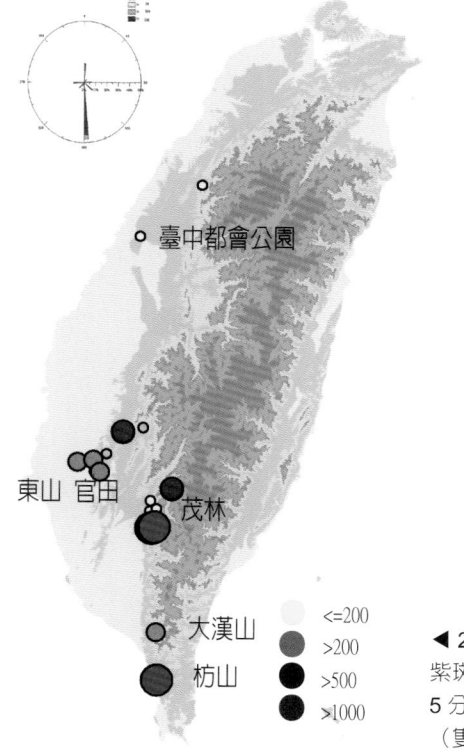

臺中都會公園

東山 官田　茂林

大漢山

枋山

```
<=200
>200
>500
>1000
```

◀ 2007年秋季西部平地至低海拔山區紫斑蝶屬定向飛行之記錄（單位：隻／5分鐘蝶流量）及飛行方向之風玫瑰圖（隻數／5分鐘蝶流量／方向）。

| 假說 |

本季整體移動趨勢雖是往南，但在南部部分地區亦會出現大規模往北移動的集團。這是否意謂著越冬斑蝶至少有部分來自南端？抑或者只是越冬初期的族群短距離移動？

蝶道假說

陳（1977）首先提出越冬斑蝶來源的「蝶道假說」，並指出早期曾在秋季的新北市新店直潭山區目擊到大量紫斑蝶類南移，而那些在中海拔山區繁殖的紫斑蝶類都會沿著山脈往南，並隨著鋒面到來及氣溫下降逐漸往越冬蝶谷匯集成大集團；生長在平地及低山帶的紫斑蝶則會先直飛臨近的海岸然後出海南下，最後則通常在潮州一帶上陸後直接進入越冬棲地。所以紫斑蝶類的南移可分成「山線」與「海線」。紫蝶義工洪清坤及詹等人於 2007 年的多筆調查記錄則顯示，臺南市接近平地的低海拔山區在秋季也可見到最高可達每分鐘百隻蝶流量的紫斑蝶南移現象，這點則與蝶道假說的部分陳述相符。

陳（1981）在進一步的研究後更指出，1977 年後雖持續進行近四年觀察，卻再也沒有觀察到經過海線抵達南部越冬蝶谷的大批蝶群，而提出紫

施放區域	記號位置	施放地點	施放量	收回量
北部	第 1b 室	觀音山、陽明山	220	0
中部	第 3 室	埔里、日月潭	662	0
南部	第 4 室	關子嶺、溪頭	571	4
南部	第 5 室	三地門、六龜	1802	121
東南部	第 2 室	知本、大南	3167	310
恆春半島	第 6 室	墾丁公園、牡丹、壽卡	3450	42
		共計	9872	477

▲陳（1981）於 1972,1974,1977 年間於屏東縣泰武鄉及來義鄉紫蝶幽谷回收到有打洞的紫斑蝶類記錄。

▲清晨停在越冬棲地藤蔓上的紫斑蝶集團。

斑蝶因為平地繁殖地的破壞造成走海線的紫斑蝶滅絕或紫斑蝶改道的兩個可能原因推測。此外陳（1981）還根據1972，1974，1977年間，在紫斑蝶不同翅膀位置以鋼鑽和鐵鎚打洞的方式，一共在全臺各地標記了9872隻紫斑蝶的臺灣首度進行蝴蝶的標放再捕獲法研究，然後再從屏東縣泰武、來義鄉原住民所採收的近百萬隻紫斑蝶中尋找到有記號蝴蝶所得到的數據，指出這二處越冬紫斑蝶主要來自嘉義以南山區。

滾雪球假說

Wang & Emmel（1990）在進一步觀察後，則提出越冬斑蝶秋季會先在較高海拔山區形成許多小集團，隨著冷鋒一道道通過，開始如滾雪球般往南部低海拔最終越冬地逐漸匯集的「滾雪球假說」。此一假說經高雄茂林魯凱族人施貴成於2003年9月在高雄茂林地區，吳東南於2004年9月1日在臺東縣金峰鄉及2005年10月在高雄扇平等地海拔500-1000公尺之間的山區陸續被觀察到而獲得進一步的證據。

根據吳東南2005年08月27日在臺東金峰歷坵標記的「272b-fun」斯氏紫斑蝶，隔年1月19日在臺東大武斑蝶越冬地由趙仁方再捕獲的記錄顯示，斯氏紫斑蝶8月下旬的個體會成為群聚越冬的組成分之一。儘管我們因為這個記錄而掌握了紫斑蝶進入越冬谷的第一條線索，但由於目前已知的資訊仍相當片段，所以這麼大量的越冬斑蝶究竟從何而來，仍將成為未來爭論的焦點。

越冬

| 群聚集團的動態 |

現象

　　深秋的一個豔陽天，臺中市鞍馬山海拔一千多公尺處的中海拔山區闊葉林裡，早凋的楓香，已然轉黃的山漆樹羽狀葉及光果南蛇籐上累累的紅黃色果實，點綴在一片濃綠的闊葉林中，眼前的一切景象都在預告著寒冬即將到來。

　　隨著時序推移，全臺開始籠罩在一波波的大陸冷高壓下。一個難得的冬日暖陽天，高雄市一處山區道路旁的外來植物小花蔓澤蘭花開正豔，騎著摩托車匆匆經過的魯凱族婦女，驚起幾隻在路旁靜靜吸著花蜜的紫斑蝶。這樣一幅標準的南臺灣山區鄉間即景，卻象徵著臺灣最壯觀自然現象之一的紫蝶幽谷景觀的冰山一角：雖不起眼卻讓人充份感受到它的威力。紫斑蝶們又再度乘著紫色的翅膀，來到離這裡不遠的一處濃蔭閉天山谷中越冬。

時間

　　近年累積的調查資料顯示，高雄市茂林瑟捨越冬地紫斑蝶遷入的時間最早可在9月底最晚在11月初便會出現，然後在大約聖誕節前後，主要越冬棲地族群便會呈現大規模群聚的狀態。隔年2月前後，包括茂林等大多數的群聚集團會開始變的不穩定，期間會出現次數不等的區域性集團移動或部分族群離開的情形。

▲早期職業捕蝶人會利用紫斑蝶越冬習性在夜間入谷大量捕捉紫斑蝶。

數量

綜合早期文獻及近年的調查記錄顯示，超過10萬隻的冬季大型群聚集團共有約21處（百萬隻的超大型集團有1處、60萬隻3處、30萬隻3處、20萬隻3處、10萬隻11處），10萬隻以下的中集團約55處（超過5萬隻22處、1萬隻33處）。

現存的冬季群聚集團共有約89處（含150個點），其中數量超過10萬隻的大集團共有8處（超過10萬隻3處、20萬隻1處、30萬隻4處），10萬隻以下的中集團約45處（超過5萬隻11處，1萬隻34處）。

儘管近年新記錄的群聚集團約有69處（含106個點），但其中大多為10萬隻以下的中小型群聚集團；早期記錄的大集團因為近年來的棲地破壞，約有13處已降至1000隻以下的小集團或完全消失。

至於整個冬季群聚集團的總數量上，針對現存越冬蝶谷總蝶量及春季移動期間總蝶流量的綜合評估資料顯示，臺灣現存的越冬斑蝶總數量大約只有早期（60-70年代）的1/3（約在200萬隻左右）；若根據陳（1977）估算當年越冬斑蝶整體的最大數量應在「數千萬隻」來做一比較，則近年群聚集團消退的數字變化將更為驚人。

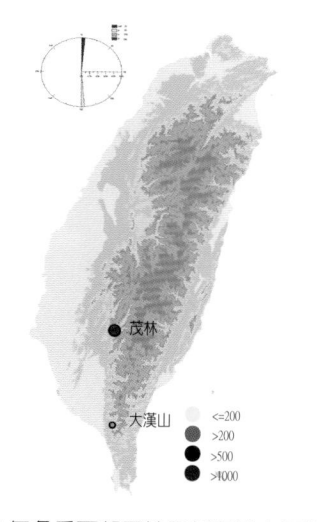

▲ 2007年冬季西部平地至低海拔山區紫斑蝶屬定向飛行之記錄（單位：隻／5分鐘蝶流量）及飛行方向之風玫瑰圖（隻數／5分鐘蝶流量／方向）

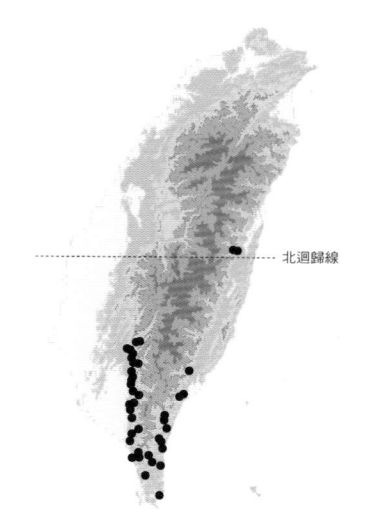

▲臺灣產斑蝶亞科越冬地之分布（詹 觀察記錄 2000-2007）

| 越冬棲地的特徵 |

上述這些臺灣的斑蝶越冬棲地共同特色為：北迴歸線以南、低海拔山區、坐北朝南的背風山谷（或是可以躲避東北季風侵襲的地區）；朝北的迎風背陽谷地根據目前資料顯示，僅在冬季初末期可見少量越冬情形。微氣候條件則為：冬季日均溫在 22℃，呈現乾涸狀態或地面略微溼潤的溪溝，為偏好棲地類型，谷內則要有完整的森林，優勢原生樹種主要有：澀葉榕、皮孫木、克蘭樹、咬人狗等為主；鄰近地區有水源提供越冬斑蝶冬季吸水之用亦是必要條件。適量的蜜源則提供斑蝶補充部分能源之用，但這個條件是否有其必然性或重要性，尚待進一步研究。進一步分析越冬斑蝶在西部低山帶地景特色後顯示，其位置主要選擇在約 500 公尺以下山區往南延伸的尾稜兩側乾溪溝，北方則有高山屏障阻擋住東北季風。

▲完整的森林是斑蝶理想的越冬棲地。

▲端紫斑蝶的越冬群聚集團。

| 越冬棲地各論 |

臺灣目前已知的斑蝶冬季群聚集團，主要分布在北迴歸線以南的阿里山山脈尾稜（嘉義縣、臺南市）、玉山山脈尾稜（高雄市）及中央山脈南段兩側（高雄市、屏東縣及臺東縣）的低海拔山區，花蓮縣林田山的記錄，則是目前已知唯一分布在北迴歸線以北的冬季群聚集團。這其中絕大多數越冬棲地都位於魯凱、排灣族人的傳統領域範圍內。以下即針對各分區群聚集團進行介紹：

阿里山山脈尾稜

地處臺南市東山區、楠西區，嘉義縣中埔及大埔鄉，爲昔日西拉雅族及洪雅族原住民的傳統領域。分爲大凍山（1241m）及三角南山（1187m）兩個亞區，目前區內已知的 5 處群聚集團中，大埔及關仔嶺近幾十年皆沒有記錄；龜丹則是相對較穩定的地區，群聚數量大都約在千隻以上；未來在曾文水庫集水區週邊群山間或許有機會可發現其他的群聚集團。

本區過去已知的群聚數量即不多，近年調查資料則顯示，群聚集團的出現時間主要在冬末春初，故本區應爲所謂紫斑蝶春季移動的中繼站。其他冬季月分在紫蝶保育義工洪清坤調查後顯示，部分地點可見到小量的群聚集團，但數量較零散且棲息位置似不甚穩定。近年調查記錄顯示，本區蝶種組成以小紫斑蝶爲主。

玉山山脈尾稜

地處高雄市六龜區，爲昔日西拉雅族大滿群原住民的傳統領域。分爲四社山（1275m）及廊亭山（1043m）兩個亞區。後者早期即爲知名的紫斑蝶越冬棲地「彩蝶谷」，據居住在當地的蝴蝶專家陳文龍指出，本區早期共有 11 處較大規模的斑蝶越冬谷，其中更有黑脈樺斑蝶單一蝶種達千隻規模的記錄。

本區早期曾經進行過多次大規模的

▲斑蝶越冬地的亞熱帶森林常可見到板根植物如九重吹。

造林，溪谷頗深且地勢平緩，越冬棲地型態屬冬季乾枯的溪谷兩岸。近年調查資料顯示，本區大致可分爲 2 處群聚集團（包含 6 個點），但群聚數量似不甚穩定，僅在紅水溪棲地有過較大規模的群聚記錄，近年在第六谷棲地則記錄到以端紫斑蝶爲主的中小型群聚集團。蝶種組成因取樣數有限，尚待進一步研究。

中央山脈南段
卑南主山 3294m 西側

地處高雄市六龜區，可分爲美輪山 1333m 及御油山 1476m 兩個亞區。美輪山亞區據陳文龍指出，本區共有 2 處群聚集團，近年的調查未再記錄到有大量群聚的現象；御油山南側山谷兩側，近年共記錄到 13 處群聚集團（包含 23 個點）。

本區及霧頭山區由於皆屬地形陡峭且狹窄的溪谷，使得群聚數量雖大多爲 10 萬隻以下的中型蝶谷，但地形特性使得整體族群相當集中。每當早上蝶群湧出吸水時便因爲瓶頸效應，而形成在其他地區不多見的「蝴蝶河」景觀。另一方面，本區越冬蝶谷所在

地大都鄰近道路旁而頗容易接近觀賞，雖因此爲地方帶來生態旅遊的商機，但也極易受到人潮干擾，應特別加強越冬棲地管制措施機制的建立。

御油山西側（六龜地區）據陳文龍表示，六津橋在六〇年代是他們每年固定捕捉紫斑蝶大量外銷的地方，曾有過約 60 萬隻超大型越冬集團的盛況。如今谷口左側森林因爲開闢產業道路而遭到破壞，近年數量皆不多。尾庄的冬季群聚集團因爲森林植被完好呈現相當穩定的狀態，每年約有 5 萬隻左右，當地居民爲此組成護蝶小組加以保護。

近年來高雄市政府、茂林區公所與茂林國家風景區管理處合作，推動紫蝶幽谷生態旅遊的「茂林紫蝶幽谷」則位於本區的御油山東側，爲魯凱族人的傳統領域。區內幾個主要的群聚集團有：

斯打拉梓：位於美雅溪的乾溪谷地，海拔高度介於 300-420m 之間，越冬斑蝶群聚點共有三處。爲魯凱族人昔日前往多納及舊萬山的古道，近年越冬族群量維持在 6 萬隻左右。

上美雅谷：美雅溪上游之淺盆狀乾

▲以小紫斑蝶爲主的群聚集團。

溪谷地，海拔高度介於 400-460m 之間。這裡應爲越冬斑蝶進入茂林最終越冬谷地的中繼站。

舊萬山：鄰近濁口溪旁一谷口朝南之 U 形乾溪谷地，海拔高度介於 420-500m 之間。森林植被狀態完整未遭人爲破壞，本地區早期便有包括王志雄等多位魯凱族獵人指出，存在著大規模紫斑蝶群聚集團，後經吳東南調查證實，其群聚數量可達萬隻以上且在秋季便已聚集；另外據其訪談記錄指出，這裡在夏季似亦有聚集情形，但

詳細情形及這裡與茂林最終越冬谷地間的關係尚未確定，尚待進一步研究來確認。

東嘎梓：谷口朝東南之 V 形乾溪谷地，海拔高度介於 320-400m 之間，地勢甚為陡峭，上方有一冬季乾枯的瀑布，森林植被狀態完整未遭人為破壞。1999 年度出現茂林地區，近年來記錄到的最大族群量約 14 萬隻，之後在 2000 年因樹木遭颱風侵襲傾倒，導致 2000-2002 年度越冬族群量大幅減少，近年則逐漸恢復族群量。

島給納：地處高 132 縣道茂林段路旁，茂林村左側一谷口朝南之 U 形乾溪谷地。由於其位置緊鄰茂林村，近年來因陸續開闢停車場、茂林公園、鄉道拓寬、產業道路及整建國宅預定地……，使得原本完整的越冬棲地被切割成四個部分，族群數量呈現不穩定狀態，由 2000 年度的 8 萬隻驟降至 1 萬隻左右，2007 年度則再度出現約 10 萬隻的大型群聚集團。

茂林橋：島給納下方的谷地，早期這裡曾是超過 10 萬隻紫斑蝶的越冬棲地。據當地魯凱族原住民陳誠表示，當時紫斑蝶多到丟一顆石頭下去，蝶

▲本區越冬棲地大多為陡峭乾溪溝，圖為高雄茂林瑟捨越冬棲地空拍圖。

群彷彿海浪般不斷湧起，要十幾分鐘後才會平靜下來，如今因為興建停車場而盛況不再。

瑟捨：地處高 132 縣道茂林段，茂林村旁約 1.5 公里處一谷口朝南之 V 形乾溪溝，原本是一個相當穩定的棲地，近年因道路下方棲地築起蛇籠護堤而遭到破壞。道路上方的私有地在當地魯凱族地主歐勇士自主性保護下，仍穩定維持族群數量在大約 6-10 萬隻之間，使得每年一到了冬天，通往茂林村的道路就會出現紫蝶漫天飛舞的特殊景觀，政府單位更為此設立了舉世罕見的「小心蝴蝶，減速慢行」的交通號誌。

出雲山區 2272 公尺

地處高雄市茂林區濁口溪南側至屏東縣三地門鄉之間，分別是魯凱族及排灣族人的傳統領域。分為京大山（1673m）及遙拜山（2415m）兩個亞區，14 處群聚集團（包含 18 個點）。近年調查資料顯示，本區群聚數量以相傳為早期魯凱族人的獵頭場為名的「殺頭谷」約可達 30 萬隻，大津在早期也有超過 10 萬隻的記錄；本區部分群聚地點則是越冬斑蝶進入越冬地及

▲馬兒村大門的蝴蝶鐵塑。

春季移動前的中繼站。

　　馬兒村附近則有一處地名爲「紫蝶谷」的棲地，三地門森林公園則曾經是約 60 萬隻的超大型群聚集團，這兩處在早期皆是知名的斑蝶越冬棲地，但如今皆已遭到破壞。近年調查記錄顯示，本區蝶種組成以小紫斑蝶爲主，斯氏紫斑蝶次之。

霧頭山區 2735m

　　地處屏東縣霧臺鄉，爲魯凱族人的傳統領域。可分爲 3 處群聚集團（包含 5 個點）。近年調查記錄顯示，其單一谷地的群聚集團數量可達近 30 萬隻，

是臺灣目前僅存少數幾個越冬大集團。本區因爲崩塌頻繁，使得森林形成不易而顯得相當開闊，長期處於植被演化初中期的溪谷地形，區內優勢植物爲澀葉榕及克蘭樹。外觀大多爲看似不起眼的小乾溪溝。

　　近年調查記錄顯示，本區蝶種組成以斯氏紫斑蝶爲主，但在 2007 年度則一度出現以小紫斑蝶爲主的情況；部分地點則會出現近千隻淡紋青斑蝶的群聚集團。

大武地壘西側

　　地處屏東縣瑪家、泰武、來義及

▲霧頭山區越冬棲地因為地形易崩塌大多屬較開闊地形。

春日鄉，爲排灣族人的傳統領域。可分爲北大武山（3092m）及南大武山（2840m）兩個亞區，有16處群聚集團（包含20個點）。本區是已故蝴蝶專家施添丁早期捕捉紫斑蝶大量外銷國外的重要基地，據其指出，早期在瑪家鄉的排灣村一帶，曾有過數千隻黑脈樺斑蝶的單一群聚集團記錄。

本區早期爲越冬斑蝶群聚規模最大的區域，除有多處大型越冬集團外，在泰武鄉萬安更有超過百萬隻以上，臺灣有記錄以來的最大越冬群聚集團。近年因爲人爲破壞，砍伐森林改種植農作物使得數量大爲減少，目前僅在句奈山（1554m）、石可見山（1621m）側的江山谷，仍存在著臺灣少數超過30萬隻的大型越冬集團。

近年調查記錄顯示，本區蝶種組成比例多寡依次爲斯氏紫斑蝶＞小紫斑蝶＞圓翅紫斑蝶＞端紫斑蝶，部分地區淡紋青斑蝶的群聚數量亦不少。

大漢山西側 1687m

地處屏東縣春日鄉及獅子鄉，爲排灣族人的傳統領域。分爲北湖呂山（1357m）及茶茶牙頓山（1326m）兩個亞區，有8處群聚集團（包含24個點）。

▲以淡紋青斑蝶爲主的群聚集團。

近年調查資料顯示，本區大多爲中小型群聚集團。蝶種組成在不同群聚集團之間差異頗大，整體而言是以斯氏紫斑蝶爲主、圓翅紫斑蝶及小紫斑蝶次之，但在部分棲地亦有以小紋青斑蝶爲主的群聚集團。楓港則曾記錄過約 200-400 隻的黑脈樺斑蝶群聚集團，此爲臺灣近年數量最多的一筆記錄。

恆春半島

地處屏東縣牡丹、旭海鄉及恆春鎮，爲排灣族人的傳統領域。區內可分爲女仍山（804m）、里龍山（1061m）及墾丁三個亞區，有 9 處群聚集團（包含 13 個點）。

大梅曾有過約 5 萬隻規模的中型群聚集團記錄，其他地點出現時間皆不長且數量多在千隻左右。但整體而言有關本區的調查記錄不多，有待未來進一步研究闡明。

近年調查記錄顯示，本區較特別的是可見到不少琉球青斑蝶爲主的群聚集團，部分地區群聚數量可達千隻左右的規模。墾丁亞區的群聚集團則可見到大白斑蝶混雜其間，則是其他地區所沒有的現象。

▲黑脈樺斑蝶的小型群聚集團。

花蓮林田山 1976m

地處花蓮縣萬榮鄉，爲布農族人的傳統領域。本區是目前已知唯一在北迴歸線以北的冬季群聚集團，最早是由花蓮地區紫蝶保育義工張育菁等人所共同發現，群聚數量至少達 2000 隻以上。目前對於該地區的調查資料仍相當有限，未來可進一步釐清其是否爲主要的越冬棲地或中繼站。

卑南主山──知本主山東側

臺東縣延平、卑南鄉，分別爲布農族及卑南族人的傳統領域。分爲紅葉山、利嘉山區及知本溪三個亞區，有 8 處群聚集團（包含 22 個點）。近年調查資料顯示，本區以小紋青斑蝶爲主的群聚集團相當具有代表性，部分區域亦有以紫斑蝶類爲主的群聚集團。本區群聚數量皆屬中型集團，少部分區域數量可達 5 萬隻左右的規模。

大武地壘東側

地處臺東縣金峰、達仁鄉，爲排灣族及東魯凱族人的傳統領域。共分爲北大武山及南大武山兩個亞區，有 3 處群聚集團（包含 8 個點）。近年調查顯示，以紫斑蝶類爲主或是以小紋青斑蝶爲主的越冬群聚集團在本區皆可見到。

▲以小紋青斑蝶為主的群聚集團。

歷坵則是目前已知少數幾個在夏末秋初會形成群聚集團地點，其數量至少1萬隻以上。更進一步詳細調查歷坵群聚集團的動態，對解開秋季斑蝶如何進入越冬棲地之謎扮演著重要地位。

大漢山東側

地處臺東縣達仁鄉，為東排灣族人的傳統領域。分為姑子崙山1630m及茶茶牙頓山兩個亞區，共有約7個群聚集團（包含11個點）。近年經由趙、陳等人（2005-2007）詳細調查臺東大武苗圃地區斑蝶越冬生態，除揭露該地是目前臺灣少數僅存越冬族群量可達30萬隻以上的大型集團，更進一步證實其在不同年分蝶種組成分比例會出現明顯變動。以2004年度的組成比例來說，依次為斯氏紫斑蝶＞小紋青斑蝶＞圓翅紫斑蝶，2005年度則為圓翅紫斑蝶＞斯氏紫斑蝶＞小紋青斑蝶。許（2007）在其碩士論文中指出，造成這種變動的可能原因有1.族群在不同年間的自然波動，使得總族群量大的種類進入越冬棲地數量亦較多。2.因為天候因素或其他越冬棲地遭到破壞，使得圓翅紫斑蝶改為進入大武苗圃越冬棲地。

▲臺東達仁大武苗圃棲地為兩溪交匯處的平臺地形。

| 紫蝶幽谷的活動 |

這些在冬季群聚到南臺灣紫蝶幽谷的斑蝶，並非一整個冬季一動也不動的掛在樹上休息，而是呈現著一些律動。其大致的模式為：樹頂展翅日光浴（清晨）──吸水及訪花（中午前）──返回越冬谷底層休息（中午後）──移動至森林中高層處（下午至黃昏）。不過吸水的情形主要出現在天氣晴朗的時候（白天平均溫度約 22+2℃），但如果連續一段時間好天氣則吸水的情形會銳減。

越冬斑蝶清晨會先在樹頂進行日光浴（7:00-7:30），接著開始不分性別的沿著乾溪谷下降尋找水源、蜜源吸食。整個吸水及覓食高峰期會出現在 9:30-11:00 間，這段期間每平方公尺活動斑蝶數量最高曾記錄到約 1300 隻；11:00之後，斑蝶陸續返回谷內停憩，11:00-15:00 期間在中低層停憩休息個體比例明顯高於樹冠高層個體；15:00 之後越冬斑蝶會出現另一個明顯趨勢，在 20個樣區內，有 80% 以上個體會飛離中低層轉至樹冠高層停憩。

日平均溫低於約 13℃時，越冬斑蝶活動頻度除降至 1% 以下外，棲息在樹冠層的比例（達 92% 以上）也明顯高於中低層個體，主要原因應該和樹冠層的日平均溫度皆高於後者 2-4℃有關。2003-2004 年期間以錄影監視畫面進行紫蝶越冬生態監控分析結果則發現，紫斑蝶在越冬期間並非每天都會持續活動，儘管當時多數越冬個體正進入活動高峰期（9:30-11:00），仍有部分個體會出現 2-4 天不等的靜止期，期間該個體不進行任何活動。

區域性移動

早期一些職業捕蝶人常會表示：紫蝶幽谷是會移動的，並非每年或整個冬天固定在一個位置。根據 2003-2004 年間連續二年越冬前期及後期，在茂林三處斑蝶越冬棲地，皆觀察到 3-4 次不等，最遠移動範圍約 2.5 公里越冬紫斑蝶集團移動現象，另外目前的一些再捕獲記錄也顯示，不同越冬蝶谷之間個體的確會有互相交流的情況。2007的調查顯示，紫斑蝶在冬季同時存在兩極化的南北向移動且為記錄最少的一個季節，這也符合本季盛行東北季風的特性。

目前已知的冬季大規模移動記錄皆出現在北緯 23.2°以南的區域如高雄茂林、屏東枋山，本區域同時也是臺灣產越冬斑蝶的主要越冬熱點，但在這零星的移動記錄中特別值得注意的是，12 月在臺南低海拔山區非越冬熱點的移動記錄顯示，斑蝶的越冬族群進駐越冬谷地的時間亦可能發生在冬季初期。而且越冬斑蝶並非一整個冬天都待在同一個越冬谷地，而會有群體大規模移動現象。

求偶

紫斑蝶除了在這些山谷裡躲避寒冬，冬初及冬末氣候良好的時候皆可見到牠們集體在山谷間追逐求偶並交配，這種現象尤其在離谷前的二月底前後這段時間最爲明顯，此時在山谷內到處可見掛著一對對交配中的成蝶，十幾隻在空中排成一條長龍追逐求偶的特殊畫面。這些交配過的紫斑蝶們，會在春天的三月初大舉離開山谷展開春季移動，此時僅可發現少部分紫斑蝶在這片原本用來越冬的山谷繁殖後代。

▲紫斑蝶在冬季會有頻繁的群聚吸水行為。

| 越冬集團的起源 |

在越冬棲地的選擇上，頗令人意外的是目前已知帝王斑蝶在墨西哥的越冬棲地，皆是在海拔近三千公尺的亞熱帶高海拔山區。長期以來學者對於帝王斑蝶為什麼選擇那些冬季夜晚溫度會降到接近 0℃，偶爾甚至會有暴風雪侵襲的地點越冬，一直感到難以理解而紛紛提出各種假說。目前廣為學者接受的說法是：因為帝王斑蝶必需要在冬季維持生殖滯育的現象，如果選擇太暖和的地方反而會因此產生過多的活動，甚至在繁殖地還不適合生存的時候就遷離越冬棲地而無法生存（Tuskes & Brower. 1978）。

臺灣紫蝶幽谷的成因，最早則是由陳（1977）提出，臺灣產紫斑蝶存活的臨界溫度為 4℃，而北部地區及一些較高海拔山區的溫度有時會低於此，使得紫斑蝶必需到南部的山谷越冬。至於臺灣是否存在著如帝王斑蝶般，在佛羅里達州及德州等地有「冬季滯留及繁殖個體」？根據近年來陸續在臺北烏來、新莊青年公園、基隆友蚋等地區，持續整個冬季皆可觀察到個位數的端紫斑蝶成蝶及小紫斑蝶成蝶、幼生期，

臺灣北部的端紫斑蝶及小紫斑蝶應存在著「冬季滯留個體」；2003 年 12 月 28 日在新北市新莊青年公園由黃文美標記編號「J-083」的小紫斑蝶，在 62 天後（2004 年 2 月 27 日）由韓學宏在桃園縣白匏嶺的再捕獲，則提供了第一個重要的間接證據；至於這些個體在冬季是否有繁殖情行則尚待進一步的研究。

而那個最難也最基本的問題，紫斑蝶及帝王斑蝶群聚越冬的起源？Brower 於 1995 首度提出解釋：由於斑蝶亞科普遍存在著群聚 —— 遷移的行為，所以此現象乃肇因於其為斑蝶亞科共同的祖傳特徵。

整體而言，不論是紫斑蝶或帝王斑蝶越冬機制的相關研究尚未完備，仍有待未來更多人進行多方面研究，才有可能解開牠們的群聚之謎。

世代數之謎

「黑水溝廣約六、七十里，險冠諸海，其深無底，水黑如墨，令亞班登桅遙望，倘計程應至而諸嶼不見，便失所向恐漂越臺之南北而東，則遂不知所之……」

（摘錄自臺灣縣志）

　　每年清明節前後，臺灣西部的天空就會出現一條壯觀的黑色蝶河！這是一群身穿黑衣紫衫的紫斑蝶，代代相傳的蝴蝶自然演化史經典之作！牠們無畏旅途中諸多的死亡威脅：白頭翁、烏秋的啄擊、冰冷春雨的沖激、高山的險阻……，或許就像三百年前渡過黑水溝來到苗栗竹南中港溪流域拓墾的漳州、泉州先民般，儘管面對的是「六死三在一回頭」的坎坷前途，仍要勇往直前開創另一段全新的生命史……。

　　2004 年 5-6 月間，時序才剛準備入夏，中臺灣各地紛紛傳出民眾目擊紫斑蝶大規模遷徙蝶道現象，接下來的半個月內整個目擊紫蝶移動的範圍南起彰化八卦山脈、臺中大肚山、清水地區、大雪山林道、苗栗濱海公路沿線、西湖、卓蘭，最北至新竹香山地區，東至大雪山林道、新竹觀霧。除了族群量驚人外，採樣結果更顯示其

▲羽化失敗的斯氏紫斑蝶。

▲掉落在地面的大量紫斑蝶黃金蛹。

中高達80％以上個體都是單一蝶種「斯氏紫斑蝶」。而這場驚人的演出，終將引發人們探尋到紫斑蝶生活史中一場長久以來不為人知的驚異旅程。

2004年6月1日，中興大學昆蟲系蝶友葉昌偉引領筆者一行人來到一片海岸防風林，處處可見羽化失敗的斯氏紫斑蝶在地上無力的緩緩爬行、飛到一半突然失去平衡重重墜入草叢間、或奄奄一息的被螞蟻扛走……，更讓人驚奇的是：枝條、葉子、樹幹上掛滿金光閃閃的斯氏紫斑蝶蛹，有時一截枝條或一片小椰子樹葉上就有近三十顆蛹，斯氏紫斑蝶幼蟲唯一寄主植物羊角藤在這裡的植被覆蓋率更超過50％。

經採樣調查後可知，光是在單一樣區（10×10公尺）所找到的蛹殼就可達226個，連續二周進行族群量估算結果更顯示：這裡至少存在著六十萬顆金光閃閃的斯氏紫斑蝶「黃金」蛹。這項發現證實長久以來，職業捕蝶人及賞蝶人士盛傳看過滿山遍野紫斑蝶蛹的說法，這片看似不起眼的木麻黃森林是臺灣第一個被證實的紫斑蝶春季繁殖熱點。前苗栗縣自然生態學會理事長林家正表示：5月初這裡的景觀更驚人，一進入森林，紫斑蝶就黑壓壓的一片群起飛舞，彷彿來到南臺灣茂林的越冬型紫蝶幽谷。

由斯氏紫斑蝶蛹大發生時間點上的吻合，以及這次有超過80％移動個體皆為斯氏紫斑蝶可知，竹南海岸林應是這次中部紫蝶大規模移動族群的起源地之一。

∣木麻黃林間的舞姬∣

這片木麻黃海岸林面積約 37 平方公里，地處苗栗縣西北端濱海地區最北的竹南鎮。鎮內面積六分之五爲平原地形，是主要河川中港溪長期沖積而成；北部丘陵地帶則屬於中央山脈末端的頭份山丘，最高峰尖筆山海拔 102 公尺。舊名「中港仔」的竹南，因其和大陸的泉州航路呈一直線的地理優勢，加上當時爲有名的天然良港，而有過一段繁華的過往。中港仔除了是北臺灣盛極一時的貨物集散重鎮，也是過去金銀紙的製造中心。在最繁榮的時期，曾經有三百多家的金銀紙加工廠，因此而有「金色中港」的美譽。

2005 年 4 月 4 日，紫蝶義工魏湘蓉等人在雲林林內蝶道上攔截一隻斯氏紫斑蝶並標上「XR404」，之後於 4 月 22 日在直線距離 105 公里外的苗栗竹南長青之森被紫蝶義工徐志豪等人再捕獲，改變了世人對這裡的觀感。

因爲緊接著在 5 月 1 日，由臺灣大學保育社學生賴以博等人在高雄茂林紫蝶幽谷標放的「YB7」斯氏紫斑蝶也在這裡被捕獲，2007 年臺大保育社學生劉以旋等人帶領茂林國小學生於 2 月

3 日在高雄茂林紫蝶谷標記的「IS4」，紫蝶義工尙林梅於 4 月 21,22 日再捕獲 2 隻的記錄，我們首度將斯氏紫斑蝶從高雄茂林越冬地、雲林林內的蝶道、苗栗竹南繁殖地的因果關係串連起來。

編號「FY1030」斯氏紫斑蝶，則是 2004 年 10 月 30 日由南部紫蝶義工封岳在屏東縣春日鄉標放，然後在 2005 年 5 月 1 日於苗栗竹南由陳姿宇再捕獲，其存活時間達半年（184 天）以上（一般蝴蝶在人工飼養環境中存

▼木麻黃是臺灣西部濱海地區早期主要的造林樹種。

活約1個月）並完成254公里直線移動距離。FY1030除告訴世人：紫斑蝶壽命足以讓牠過完整個冬天外，也驗證了紫斑蝶驚人的飛行能力。

另外多隻由趙仁方及臺東紫蝶義工等人標記來自臺東地區 M 代號開頭的斯氏紫斑蝶，則連續四年（2005-2008）由多位紫蝶義工再捕獲。這樣的記錄除證實東部越冬斑蝶會抵達西部地區的現象外，並引發另一個待解的生態謎題「臺東地區的紫斑蝶是經由哪一條路線飛抵臺灣西部？」

斯氏紫斑蝶的綠洲

再捕獲記錄、大量的寄主植物羊角藤及幼生期的發現，都顯示這裡是斯氏紫斑蝶從越冬地經由春季蝶道抵達的重要繁殖棲地之一。

這處斯氏紫斑蝶繁殖地，全區長約5公里，總面積約103公頃，位於龍鳳漁港至中港溪出海口間。這裡原來是竹南鎮西部之保安林地，後來由前林務局副局長林德勝協助委由竹南鎮託管，並開闢為竹南濱海森林遊憩區。由南而北依序劃分為長青湖、長青之

▼近年來在西部濱海地區開始興建的大量風力發電機組對紫斑蝶生態的影響有待評估。

森、親子之森、假日之森，其中親子之森及假日之森因為仍保持著原始風貌，而意外將斯氏紫斑蝶的繁殖地保存下來。

根據本區林相組成及斯氏紫斑蝶生態特性分析，我們或可窺探到這片海岸林生態現象中最引人好奇的部分：為什麼這裡會成為斯氏紫斑蝶的重要繁殖地？

1901 年，日人創立保安林制度，首先開始在這裡種下第一棵木麻黃（木麻黃科）。木麻黃為原產於澳洲，耐旱又耐潮的常綠大喬木，高可達 20 公尺，樹齡則可達百年以上；由於葉退化為鞘狀輪生於小枝上，故其狀似綠葉的線狀物實為小枝，果實則為毬果狀。但由於其在臺灣西海岸有壽命短且不易天然更新之現象，當時種植的木麻黃如今已不存在。

現今我們所看到的木麻黃林，主要是 1950-1963 年間進行「復舊」、「擴大造林」等措施所補植。基於以上的歷史因素，木麻黃便成為本區林相主要組成分子，斯氏紫斑蝶幼蟲在臺灣的唯一寄主羊角藤，就在木麻黃的蔽蔭下大量生長。

儘管羊角藤是臺灣西部海岸地區低海拔山區，開闊地到森林環境都占有相當優勢的廣布種，但在進行向陽風衝處及木麻黃森林內部羊角藤的斯氏紫斑蝶幼生期族群量取樣結果卻顯示：森林內部的幼生期族群量顯著高於向陽處。也就是說：避風的木麻黃海岸林，是斯氏紫斑蝶理想的幼生期繁殖溫床。

至於 1901 年開始造林之前本區植被狀態為何？一段文獻資料記載內容提供我們一個思考方向：咸豐年間，本區曾經突然出現一脈大砂丘，致家屋、田園大半被埋沒。所以本區或許曾有一段時間就只是：一大片空無一樹的隆起沙丘。

▼苗栗竹南防風林內羊角藤被斯氏紫斑蝶幼蟲啃食後的景象。

| 斯氏紫斑蝶的一生 |

本區的主要蝶種斯氏紫斑蝶為森林性蝶種，展翅寬度約 7-8 公分屬中大型蝶種，一生大都在森林中低層及林緣處活動，但會因為吸食花蜜等因素而暫時離開森林棲地。飛行方式為短暫滑翔一段，然後再伴隨著連續幾次振翅，速度在臺灣產四種紫斑蝶中並不是很快。再捕獲紀錄顯示，越多世代成蝶壽命可達半年以上。

羊角藤（武靴藤）是幼蟲已知唯一寄主，在 25℃ 情況下斯氏紫斑蝶幼生期約三周左右（卵期約 2-3 天 幼蟲期平均約 9-11 天，蛹期約 8-10 天），雌蝶一次只產一顆卵在嫩芽或新葉上，孵化後會先取食卵殼再開始取食嫩葉。幼蟲期共五齡，全身黃褐色，胸腹部背側方具三對黑色長肉突，受到外界刺激干擾時，會出現將胸部蜷縮高舉並伴隨著左右搖晃的威嚇行為。幼生期天敵已知有一種幼蟲寄生蜂、一種蛹寄生蜂及一種蛹寄生蠅，成蟲則有白頭翁、大卷尾等鳥類的捕食紀錄。

終齡幼蟲會選擇適當地點，將身軀倒掛在精心製作的絲墊上。前蛹期幼蟲經過一波波蠕動，會蛻下舊皮化為一顆帶著金屬光澤的蛹。一周後，蛹殼會逐漸轉為透明，此時可見到裡面一隻全身漆黑帶紫光的成蝶，天將破曉的黎明時分是牠們的羽化高峰期，只待清晨第一道光線穿透過木麻黃枝葉縫隙，牠們就會展翅高飛！

▼苗栗竹南森林內大量的斯氏紫斑蝶幼蟲。

｜離開繁殖地｜

2005 年 5 月 21 日，紫蝶義工徐志豪等人親眼目賭超過十八萬隻的斯氏紫斑蝶，先是如潮水般從木麻黃森林裡湧出，緊接著快速越過高速公路往東半面移動，然後隱沒在中央山脈邊緣的綠林裡……。

根據 2005-2006 年所進行的苗栗竹南長青之森穿越線調查（長度：1 公里）資料顯示：鮮度 M 及 O 個體的斯氏紫斑蝶最早在 3 月中旬前後開始有個位數觀察記錄，4 月初觀察量達到十位數，4 月中下旬至 5 月初的數量達到高峰期，其中以 2005 年 5 月 1 日調查到 706 隻次為最多；同期的 2006 年 5 月 1 日則只有觀察到 85 隻次，顯示該年度遷入個體數有銳減情況。

隱藏在上述事實背後的疑號是：牠們進行集團移動的原因是什麼？目前有限資料並無法解釋該現象可能成因，但藉由一項針對本區域內空間及食物兩大限制因子的探討，可見一點端倪：

1. 斯氏紫斑蝶成功交配關鍵在於雄蝶必需吸收 PAs 植物鹼，作為雄蝶合成性費洛蒙「斑蝶素」的先驅物質。竹南海岸林內主要蜜源為外來植物的菊科大花咸豐草及紫花藿香薊；原生植物則主要有疏果海桐零星分布在森林邊緣，但除了數量不多的紫花藿香薊外，並非富含 PAs 的植物。

2. 大量羽化的斯氏紫斑蝶已超過該地區所能負載的生物量，被啃食殆盡的羊角藤也造成食物短缺。

離開生育地正是解決上述兩點困境的最佳方案之一，儘管我們對斯氏紫斑蝶生態了解越來越多，但同時也透露出長期以來我們對其生態的缺乏認識。

目前人們對其一年世代數，被認為至少有以下兩個可能性：

1. **多世代假說**：斯氏紫斑蝶類從卵到成蟲約 3-4 周，所以當五月底斯氏紫斑蝶出現第一代一直到十月前後開始往南臺灣紫蝶幽谷越冬這段期間，可能經歷至少五個世代。

2. **寡世代假說**：部分地區的斯氏紫斑蝶類幼蟲主要出現在春夏 5-6 月間，秋季亦可見到少量幼蟲，所以一年應僅有二世代。

| 紫斑蝶的全年消長 |

建立生命表（Life table）是了解動物世代數的重要手段，對於一年一世代或二世代動物，只要調查其幼生期出現情形便可輕易獲得確認，但像紫斑蝶這類一年多世代甚至世代重疊的動物來說則複雜許多，因為要決定其世代數並非單純的用幼生期生長天數乘以一年的繁殖月分就完成了那麼簡單。例如不少蝴蝶在羽化後仍需經過一段成熟期才能開始交配，以大青斑蝶來說雄蝶要 16-43 天後才會開始交配，雌蝶則為 9-38 天。此外舉凡對寄主、蜜源植物的生長及生理狀態、不同年分的氣候變化如溫溼度等因子對幼生期發育及生殖的影響、各種天敵的生態等限制因子的全面性了解都是必要的，如此方可真正擺脫：多世代蝶種、世代重疊……等等諸如此類的「概念性」說法。

藉由調查年齡結構，分析不同年齡層動物的分布情形，則是用來了解動物世代數的其中一個方法。隸屬於昆蟲綱的紫斑蝶，堅硬的幾丁質外殼雖讓牠們受到保護但卻也因此受困其中，於是牠們得藉由蛻皮的方式來讓體型增長。人們依照昆蟲生長過程變化程度的不同，大致上將其分為三大類：蟑螂、蝗蟲等沒有蛹期的昆蟲屬於不完全變態類，在若蟲時期僅有翅芽，其他外觀大致與成蟲相同；蜻蜓則屬於半行變態類，稚蟲時期生活在水中稱為「水薑」，在這個階段為了適應水中的環境因此外觀與成蟲大不相同，但仍是直接從稚蟲蛻皮變成成蟲；大家耳熟能詳的蒼蠅、蚊子、螞蟻、螢火蟲和紫斑蝶則是完全變態類，一生當中會經歷如胚胎般的卵、蠕蟲狀的幼蟲、像枯枝又像果實般一動也不動的蛹、最後才會變成有著翅膀能夠飛向天際的成蟲共四個外觀截然不同的階段。正因為這樣，紫斑蝶進入成蟲階段就不會再長大了，小型個體的紫斑蝶不會也無法再蛻皮變成大型的紫斑蝶。

雖然紫斑蝶並沒有像樹幹、蚌殼或魚的耳石那樣，會因為逐年增長而形成可以判斷年齡的「年輪」，但由於其翅膀上的花紋是由易脫落且會隨著太陽曝晒而褪色的鱗片所構成，藉由判斷鱗片脫落面積與褪色程度來判斷紫斑蝶的年齡便是一個廣被採用判斷

蝴蝶年齡的方法。

　　2007年針對西部平地及低海拔山區四種紫斑蝶翅膀鮮度的分析結果顯示，冬末春初（1-3月）這段期間，端紫斑蝶及小紫斑蝶會出現少量N級（初羽化）個體的情形；圓翅紫斑蝶及斯氏紫斑蝶則無N級個體的記錄，但根據詹等（2004-2006）的調查資料則指出，這兩種紫斑蝶在這段期間亦偶可發現N級個體，惟不似端紫斑蝶及小紫斑蝶穩定。

　　春末夏初（4-7月）四種紫斑蝶N級個體從4月起會開始逐漸增加並達到高峰期，其中斯氏紫斑蝶的高峰期在5、6月，小紫斑蝶在6、7月、圓翅紫斑蝶在6月，端紫斑蝶則在7月。盛夏至秋季（8-10月）這段時間四種紫斑蝶的N級個體數量雖明顯減少，但仍持續有N級個體出現的情形，並會大致同步的在10月出現另一個N級個體的高峰期。將各地調查資料個別進行統計後可知，這段時間臺北盆地周邊的圓翅紫斑蝶及斯氏紫斑蝶N級個體明顯比南部地區來的少，其中值得注意的是在臺北盆地9-10月間亦可記錄到一些N級個體及少量的圓翅紫

斑蝶幼生期記錄，顯示本種秋季亦會在本區少量繁殖，但斯氏紫斑蝶的情況則尚待進一步研究來闡明。端紫斑蝶則會先在8月出現除了冬季之外最少的族群量，接著呈現穩定增加的趨勢，並在10月出現另一個族群高峰。

　　冬初（11、12月）四種紫斑蝶N級個體整體呈現逐漸減少的趨勢，且N級個體大部分出現在北緯22.7°也就是南部的斑蝶越冬棲地內。顯示這個時期應該仍有少量新羽化個體陸續出現並進入越冬棲地的情形，小紫斑蝶12月N級個體數量比11月來的多便反映了這種可能性。

　　由以上的調查結果我們可知，臺灣

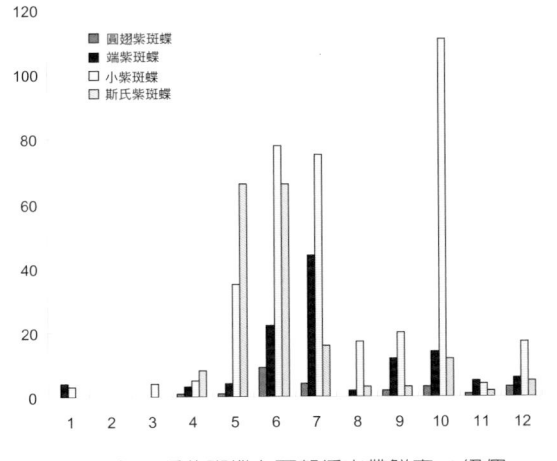

▲ 2007年四種紫斑蝶在西部低山帶鮮度N級個體之消長情形。

▲紫斑蝶只能取食嫩葉的特性亦是世代數限制因子之一，圖為臺灣產少數老葉能被紫斑蝶利用的植物幹花榕，圖中的圓翅紫斑蝶在利用前會將葉柄咬斷使乳汁流出後再取食。

西部低海拔地區除了冬季至春初 1-3 月間，四種紫斑蝶在各月分皆有穩定的 N 級個體出現，加上紫斑蝶在夏季幼生期的發育時間約僅需要三週的時間來看，可知四種紫斑蝶皆為「多世代」蝶種。較大規模族群的繁殖期則應有二次，一次在春末夏初另一次在夏末秋初。至於四種紫斑蝶究竟是三、四、五世代？世代重疊的情形又是如何？或者有其他情況？則尚待未來進一步研究各地全年的發生情形，溫度對紫斑蝶幼生期發育及生殖的影響，其他區域如東部或中海拔地區發生情形等因素來進一步闡明趨勢。

Chapter4

紫蝶在六○年代　捐出了牠們美麗的身軀

以麻袋與公斤的方式　用每年千萬計的生命

養活了許許多多的臺灣人　創造了蝴蝶王國的美譽

蝴蝶在○○年代再度落難

一個又一個萬蝶飛舞的紫蝶幽谷

一夕間被怪手無情的剷平

現在該是我們伸出援手

拯救那些

曾經幫助過臺灣人的美麗生物

守護紫蝶

▲高雄茂林紫蝶幽谷豎立著一尊由當地
魯凱原住民烏巴克製作的蝴蝶鐵塑。

二大越冬蝶谷的保育

美洲帝王蝶谷

儘管墨西哥帝王蝶谷的景觀是如此的驚人，且越冬地點就在墨西哥市旁的米卻阿肯州 Michoacan，但卻一直到 1975 年 1 月 2 日才被生物學家所發現，原因就在於：在這之前根本就沒有人關心這個問題。但是帝王斑蝶當時的處境卻已經岌岌可危，因為對當地居民來說，帝王斑蝶賴以維生的歐亞梅爾杉為高經濟樹種，砍伐它們以換取日常生活所需是他們所能想到唯一的謀生方式。

為此國際自然資源保育聯盟 IUCN 首次發表一份對帝王斑蝶保育的嚴重關切，讓保護帝王斑蝶的意識開始在墨西哥萌芽。一九七〇年代末，一群關心帝王斑蝶的人士組成了帝王斑蝶保育協會，他們協同國際保育人士向墨西哥政府請求保護帝王斑蝶，最後促使政府在 1986 年公告成立「帝王斑蝶生態保護圈」，並開始進行各項保護工作和措施（李及王 1997）。

對於一個每年人口仍持續增加一百萬、總人口破億、光是墨西哥市就有二千二百萬人口的國家來說，如何解決沉重的 150 億美元債務危機、擺脫長期名列前茅的世界汙染城市惡名恐怕才是他們的首要目標，儘管如此，他們仍願意為帝王蝶挪出一塊土地給牠們住。

雖然整個保護區範圍涵蓋了 16110 公頃，卻只有 4490 公頃為禁止任何砍伐的核心區，所以在保護區成立之後盜伐事件仍時有所見。光只是在地圖上劃線是無法保護帝王斑蝶的，如何讓當地居民瞭解牠的珍貴性並確實推動保育工作才是解決之道。為此研究墨西哥帝王斑蝶超過二十年的美國生物學家布洛爾（Lincoln Brower）便於 1997 年正式成立帝王蝶保護區基金會（MBSF）開始協助墨西哥政府改善當地伐木工人的生活品質，並由政府雇用這些伐木工人擔任守衛，進行大規模種樹為帝王斑蝶重建家園。待森林逐漸恢復後，這些人搖身一變成為帶

▲墨西哥帝王蝶谷的蝴蝶樹在氣溫升高後，帝王斑蝶會「崩解」並四散掉落地面。

領遊客觀賞帝王蝶谷的解說員，除順利解決經濟問題外，還爲他們的後代子孫守護了一片美麗的淨土。這項保育行動最後也獲得了當時的墨西哥總統福克斯支持，在 2001 年發布總統令，成立帝王斑蝶信託基金，以每立方公尺木材 18.9 元的價格向緩衝區內的居民購買木材「砍伐權」，並以每公頃 12.19 美元的代價鼓勵帝王蝶谷周遭私有土地居民種植歐亞梅爾杉，一起來保護帝王蝶谷。福克斯認爲：帝王斑蝶是屬於全人類的財產。他們不屬於一個地區、一個國家或一個組織……。

　　2007 年 11 月 25 日墨西哥新任總統卡爾德龍（Felipe Calderon）在一項歡迎帝王斑蝶來到墨西哥的活動中，更進一步宣布將投入 460 萬美元的經費購買設備，爲當地人創造更多帝王蝶谷生態旅遊的就業機會，並將保護範圍擴大爲 124000 公頃的土地，作爲帝王斑蝶的永久棲息地，並向聯合國教科文組織展開積極的溝通，要將這個區域納入世界遺產（World heritage）。

| 臺灣紫蝶幽谷的保育 |

相較於帝王蝶谷所受到的妥善保護，臺灣的紫蝶幽谷近年來卻一個接著一個被破壞，長期以來這個堪稱是臺灣最大規模動物群聚現象之一的紫蝶幽谷卻一直未受重視，也難怪一般社會大眾一無所悉。所以說，政府、一般民眾及原住民不瞭解其珍貴性，且地方人士認為野生動物保護區的成立是地方經濟發展阻力的潛在心理因素，便是推動紫蝶幽谷生態保育時要解決的重要課題。

由於紫蝶幽谷分布地點大都是面臨強大開發壓力的低海拔山區，如高雄市茂林區的一處大型紫蝶幽谷，便因多年前興建停車場導致棲地遭破壞被迫移至另一山谷。近年的調查結果顯示，臺灣已知的大型紫蝶幽谷僅存個位數。所以紫蝶幽谷保護行動可說是刻不容緩，這些紫斑蝶類極可能是維繫來年全臺各地紫斑蝶類族群存亡的關鍵因子。

於是在進行紫蝶幽谷保育宣導時，實應以原住民為出發點融合生物學理的保育觀念，方能真正獲得原住民及

▲高雄茂林紫蝶生態園內魯凱族人的保育石雕。

社會大眾對紫蝶幽谷保護的共識。實行方法如協助當地原住民舉辦「紫蝶節」發起護蝶宣言，組成紫蝶幽谷保育工作隊及紫斑蝶類全年生命周期及越冬機制研究。

在墨西哥行之有年的帝王蝶谷生態旅遊，據當地政府估計每年吸引超過五萬名來自全世界遊客，充份體現地方繁榮，生態保護及國家形象提升三贏局面的絕佳範例。惟這種可能性尚需建立在對紫蝶幽谷生態充份瞭解基礎下評估其開放限度，方能保證臺灣的紫蝶幽谷不致因過度干擾而毀於一旦。

目前臺灣所剩下不到 10 處位於南臺灣高雄市、屏東縣及臺東縣的大型越冬群聚集團，以世界兩大越冬型蝴蝶谷角度來看，無疑是應該永久被保護的世界級自然資產；以臺灣的尺度看來，則是臺灣自然演化史上力與美的極致表現；以魯凱族原住民的角度看來，這個演化奇蹟是他們自家後院最珍貴的寶藏。

紫蝶幽谷保育工作推動的最重要意義在於，紫斑蝶本身雖為分布全臺的蝶種，但當牠們聚在一起的時候，卻是臺灣最壯觀的自然現象之一。所以

▲高雄茂林的小心紫斑蝶交通號誌。

說是魯凱族人千百年來生活中的一部分。

就某種程度上來說，紫斑蝶代表的是臺灣整體環境健康程度的指標。這些紫斑蝶類是維繫來年全臺各地紫斑蝶類族群存亡的關鍵因子。一隻成功來到紫蝶幽谷越冬的紫斑蝶，代表的可能是一棵百年老樹依然屹立不搖；一棵掛滿紫斑蝶的蝴蝶樹，則可能見證著在臺灣某個角落的一座不知名的小綠山，仍保有一片覆蓋著盤根交錯古榕的蓊鬱森林；一處萬蝶飛舞的紫蝶幽谷，則是我們準備要留給後代子孫最後的「紫色寶藏」。

▲初羽化 N 級的端紫斑蝶雄蝶表面具光澤。

保護紫蝶幽谷解開其越冬生態之謎的過程，將引導民眾走出只關心瀕臨滅絕動物的迷思，體認惟有每一種生物都保護，才能確保整體生態系的健全。誠如前茂林區長曾表示：過去我們並不瞭解這些紫斑蝶的意義，因為牠可

茂林人與紫斑蝶的保育共生

| 紫蝶與原住民 |

從知本主山、大母母山、霧頭山、北大武山、南大武山一直到里龍山，最後延伸到恆春半島大尖山串連起來的中央山脈南段稜線大武山系，是臺灣面積最大，最原始的自然保留區，最完整的生物基因庫，也是魯凱、排灣族祖先靈魂的居住地，「大武山，美麗的媽媽，永恆的樂園」這自古流傳下來的古調，便敘述著對發源地聖山的頌讚。

就像魯凱、排灣族人即使離鄉背景卻仍然無法捨棄對大武山的依戀，每年秋末冬初吹起寒冷的東北季風時候，紫斑蝶們就會舞動著翅膀從全臺各地回到大武山麓溫暖山谷的懷抱中。於是一個不算巧合的巧合是：幾乎每一個魯凱、排灣族人部落的所在地，往往也是紫斑蝶的越冬棲地。這可由紫蝶幽谷棲地的特性看出一些端倪：目前已知的紫蝶幽谷皆位於北迴歸線以南，海拔五百公尺以下避風的地點、附近則要擁有穩定的水源；地景上的共通特性則是：谷口幾乎都朝向南方，北方則有高山屏障，使得東北季風難以吹入。這不正也是人類在挑選理想居住地的必要條件嗎？

或許正是這樣朝夕與蝶共處，使得魯凱、排灣族人對蝴蝶的喜愛不僅在臺灣原住民中絕無僅有，就是放眼全世界也少有如此喜愛蝴蝶的族群。

根據日治時期人類學者研究及一些排灣、魯凱長者口中我們得知，他們奉行的是有著嚴謹規範的貴族制度，分為頭目、貴族、勇士、平民四個階級。階級為世襲的，唯有頭目擁有穿戴華服、頭飾插上熊鷹羽飾的專利，此外陶壺、百步蛇紋也都是族人常用的圖案。所以每一種圖騰、雕刻品及飾物都有其象徵意義及嚴格規定，不僅平民不得擁有圖騰，就連貴族使用的圖騰類型也有著嚴格規定。

但是令人有點意外的是，蝴蝶紋卻經常伴隨著人頭、百步蛇、陶壺、太陽、百合花等屈指可數的圖騰一起出

現，顯示其在魯凱、排灣族傳統文化中占有一席之地。部分魯凱族部落裡常可看到傳統頭飾，服飾及雕刻作品以蝴蝶作為素材，高雄茂林魯凱族早期的服飾中也經常會出現蝴蝶紋，但確切原因是什麼則眾說紛芸。

在霧臺魯凱族傳統中，蝴蝶紋時常出現於頭目家的木柱雕刻上，也表現在衣服的圖案上；頭目則會賜與部落裡跑最快的男人帽飾裝飾插蝴蝶（有時是具象的、有時是抽象的）的權利，是一種地位的象徵。在部分排灣族的傳統文化裡也會配戴蝴蝶頭飾，善於編織的女人則被准許穿上有蝴蝶紋的服飾，在北排灣族的傳說中，「古勒勒勒」及「蓋嬤嬤」便是個訴說著二隻蝴蝶化為人後相戀的故事。而一座收藏在臺灣大學中有近百年歷史的南臺灣排灣群傳統木雕上，更刻著兩隻有些類似紫斑蝶的圖案。

正因為原住民與紫斑蝶長久共存的關係，如何推動兩者之間的保育共生便是紫蝶幽谷永續發展的重要關鍵。行政院農業委員會在 2000-2002 年間補助財團法人自然生態教育基金會推「茂林魯凱族人與紫蝶幽谷保育共生計畫」並委由詹家龍擔任計畫主持人，協助高雄市茂林區魯凱族人進行紫蝶幽谷之保育及越冬生態的研究，這段期間共動員全臺各地至少 300 位義工、近 7000 人次，進行 300 多次標放共八萬多隻紫斑蝶。以下是這段期間所推動的各項內容：

▲高雄茂林魯凱族傳統服飾上的蝴蝶紋。

| 地方發展與紫蝶保育 |

高雄市茂林區是南臺灣大武山腳下一個不到 2,000 人的小鄉鎮,這裡一共有三個村落:茂林、萬山、多納村,居民以臺灣原住民魯凱族為主。和許多臺灣原住民部落一樣,這裡面臨著嚴重的人口外流情形,80% 的年輕人離鄉背井在都會區工作。(蔡 2000)

早期種植水果曾為茂林區民帶來可觀的經濟利益,每棵果樹年收益可達萬元以上,如今隨著農業沒落及加入世界貿易組織 WTO 開放國外低價水果進口後,這些本土水果已毫無經濟利益可言,當地住民只好任由果實掉落滿地。1992 年間茂林風景區成立,並在 2002 年升格為國家級風景區,每年吸引近百萬人次觀光人潮,已成為茂林區最重要的經濟收益。但相對於這些可觀收益的是傳統文化的凋零與生態環境的破壞。

不過茂林地區目前最迫切的就是如何讓年輕人有機會開創在地就業的機會,中年失業人口能夠發展事業第二春。2000 年起由行政院農業委員會及高雄市政府補助進行的「茂林紫蝶幽谷生態保育及教育推廣計畫」,便是一個希望能藉由訓練當地原住民擔任導遊解說,發展生態旅遊體系,將地方經濟發展與紫蝶幽谷保育結合的一個永續發展方案。

▼高雄茂林第一批紫蝶保育員楊德義、吳亦峰、金山(左至右)。

| 茂林紫蝶幽谷 |

為保護此一珍貴資源，行政院農業委員會及高雄市政府自 2000 年起開始補助地方進行三年的「茂林紫蝶幽谷生態保育及教育推廣計畫」，協助茂林區公所及當地鄉民了解紫蝶幽谷生態之特殊性與重要性，並參與紫蝶幽谷生態保育、調查、解說及巡護工作。

其最初構想源自太平洋彼岸的帝王斑蝶每年秋末以上億隻的驚人規模，從北美洲飛行數千英哩抵達中美洲墨西哥山谷越冬，形成群聚數量動輒千萬隻的世界級景觀。2001 年 11 月 28 日，墨西哥總統維桑特・福克斯稱帝王斑蝶是「人類的財產」，並宣佈保護其越冬林的計畫。

相較於受保護的帝王蝶谷，臺灣的紫蝶幽谷雖在 1970 年代便被發現，但由於紫蝶幽谷分布地點大都是面臨強大開發壓力的低海拔山區，目前臺灣有記錄的中大型越冬集團大多已遭到破壞。高雄市茂林區茂林里一處據陳文龍估計，超過十萬隻紫斑蝶的大型紫蝶幽谷，在 1996 年前後更因為興建停車場及茂林公園而導致其棲地遭到完全的破壞。而在那當下竟無人能及

▲高雄茂林紫蝶保育協會第一屆理事長陳誠。

時告訴他們：紫蝶幽谷驚人的遮天閉日景象，能夠為地方帶來的可能是「全球世人」的目光。

| 生態研究與教育推廣 |

進行四種紫斑蝶越冬生態的研究是整個計畫的第一步。在茂林魯凱族人的協助下，自 2000 年開始為紫斑蝶進行標記再捕法研究其越冬族群。2001 年 3 月 18-23 日在茂林村首度記錄到紫斑蝶道。3 小時內定向飛行中的紫斑蝶約有 11000 多隻，6 天內在 3 條蝶道上定向飛行的紫斑蝶數量將近 12 萬隻。證實當地的蝴蝶專家陳文龍所言：紫斑蝶會依循固定路線離開紫蝶幽谷的生態現象。

具備紫蝶幽谷生態的基本資料後，在行政院農業委員會、高雄市政府的協助下，這些成果開始被編寫成紫蝶幽谷生態折頁、手冊及保育宣導海報，除作為進行原住民培訓紫蝶幽谷解說員的教材，也讓茂林區民眾得以了解紫蝶幽谷保育的重要性。

▲高雄茂林魯凱族原住民製作紫蝶祈福明信片。

| 在地原住民的參與 |

誠如一位茂林魯凱族媽媽所說的：茂林紫蝶幽谷所在地「島給納」自古以來就有這種黑蝴蝶（紫斑蝶的當地俗稱），她們小時候去提水時都會抓這些蝴蝶來玩。對土生土長的茂林人來說，紫蝶幽谷就是他們日常生活中的一部分。

當今世界保育觀念的主流「資源永續利用」，恰好道出原住民千百年來與自然合諧相處的傳統觀念。（蔡 2000）千百年來魯凱人早已經發展出一套與自然的相處之道：從古至今並不存在著「生態保育」這個議題。也就是在保證野生動物資源不虞匱乏的前提下，是可以合理的利用資源。所以從原住民為出發點並融合生物學理的自然生態保育措施，正是紫蝶幽谷保育工作得以和當地住民一起來推動的最大動力。

棲地復育

要確保紫蝶幽谷生態旅遊能夠在茂林地區永續發展，首要工作是復育已遭破壞的紫斑蝶棲息地，使其能成為

▲高雄茂林紫蝶生態園創立初期景觀。（林柏昌／攝）

▲高雄茂林福特環保獎原住民鐵塑。（林柏昌／攝）

地方永續利用的自然資產。

　　首先由當地居民在自己私人土地上，培育蝴蝶的蜜源植物及蝴蝶幼蟲賴以維生的植物。自 2001 年 10 月起在茂林區公所人員協助下，開始在被破壞的紫蝶幽谷棲息地種下紫斑蝶的各種蜜源植物及原生樹種，總計在面積約 1 公頃的土地上共種植約 7,000 棵植物，使得茂林公園的植被在近幾年已逐漸恢復舊觀。另外為避免小花蔓澤蘭、香澤蘭這兩種原產熱帶美洲的外來植物更進一步侵入摧毀紫蝶幽谷棲地植被，則在斑蝶非越冬 4-6 月期間，由當地紫蝶幽谷生態保育巡護員針對紫蝶幽谷周邊以人工連根拔除這兩種外來植物，然後種植臺灣原生種植物進行復育。

魯凱原民植物園

　　隨著現代化腳步深入茂林魯凱族部落，魯凱族祖先千百年來和這片山林一草一木互動後發展出來的自然智慧，如今已淪為長者掛在嘴邊的美麗口號以及年輕一代魯凱族人踐踏的過往煙塵。

　　由當地住民在人工化的茂林公園，重新引進各種和原住民生活息息相關

的植物，同時設置有該植物魯凱俗名的解說牌，聘請當地魯凱族藝術家，製作象徵魯凱族人與自然長期和諧相處的「人形木雕」創作及蝴蝶鐵塑。這個小而美的魯凱族原民植物園，不僅是推廣森林保育觀念的活教材，對於外來的觀光客和在地魯凱族人來說，也是一個重新認識自己故鄉自然環境的園地。

▲臺大保育社舉辦紫蝶夏令營推動保育觀念。

紫蝶幽谷生態教育園

「百聞不如一見」可說是民眾在進行生態旅遊時的基本要求，而這同時也是生態旅遊成功與否的關鍵所在。但只要是生物，就會有牠自己的行為模式及限制因子，牠們不會因為人類的需求而改變習性。於 2001 年底完工的紫蝶生態園，便是一個可以取代生物現象的不穩定性，讓遊客不致敗興而歸，可親身體驗紫蝶幽谷生態奇蹟，親眼目睹紫斑蝶飛舞時動人舞姿的生態教育園地。

部落生態地圖

蝴蝶在貴族階級制度的魯凱族文化傳統裡有著多重的文化意義。在部分部落如霧臺魯凱族，善於賽跑傳遞部落間重要訊息的勇士，頭目會賜與他配戴蝴蝶頭飾，另有些部落蝴蝶則是貴族的象徵。針對魯族部落裡的長者進行全面性查訪，刻畫出魯凱族先人與這塊土地的互動，與土地共存共榮的自然智慧是這整個保育計畫的終極目標。

▲茂林魯凱族蝴蝶爸爸施賣成引水供越冬紫斑蝶吸水。

| 魯凱族頭目的宣言 |

茂林區境內的雙鬼湖自然保護區之所以一直能夠保持幾乎完全不受人為干擾的原始風貌，魯凱族文化傳統中處處可見的自然智慧扮演著決定性角色。例如傳統魯凱族祖先即使開墾山坡地種植農作物，一定會刻意將具有水土保持功能的克蘭樹加以保留。然而今天的原住民卻變成人們眼中的山林破壞者，究其原因在於面臨外來優勢文化的耳濡目染下，原住民與山林開始產生嚴重的疏離感所導致。

所以紫蝶幽谷一個接著一個消失的原因和當地原住民及一般民眾不瞭解其珍貴性，並認為自然生態保護區成立是地方經濟發展阻力的心理因素所造成。放眼未來，如何將茂林建設成蝴蝶的故鄉，除可為地方帶來更多的商機，也會相對提升臺灣的國際形象，因為有蝴蝶的地方就代表這裡是個綠意盎然的美麗土地。

2002 年 12 月 16 日由地方自主發起的茂林紫斑蝶保護協會正式成立，象徵著紫蝶幽谷生態保育工作在地參與的落實。2002 年底召開的紫蝶幽谷保育檢討會議中，鄉長詹忠義表示：

以前不知道在我們這邊很常見的紫斑蝶竟是世界級的，現在我們要讓那些紫斑蝶喜歡的樹再長出來，所以今年不如就先停辦賞蝶活動。

一八五〇年代，入侵北美洲的歐洲白人政府（現在的美國）向西岸印第安酋長「西雅圖」提議，希望能收購他們的土地，並願意設置保留區，容許他們族人在此生活。據當時報紙記載，西雅圖酋長手指著天空說：你們要怎麼買天空的藍、土地的溫柔、野牛的奔馳？如果空氣的清新、水面的漣漪並不屬於我們所有，我們又要如何賣？當野牛都已經死盡，你們還能夠將他們買回來嗎？（西雅圖譯：孟 1998）

▼高雄茂林橋早期有 10 萬隻紫斑蝶越冬的山谷，現已被填平蓋停車場。

臺灣人與紫斑蝶的相遇

| 帝王斑蝶 1975 |

墨西哥的帝王蝶谷自從加拿大動物學家 Frederick Urquhart 自 1937 年開始嘗試用標記方式解開帝王斑蝶遷移之謎,一直到 1975 年 1 月 2 日才終於接獲通報(Urquhart 的研究同事 Ken and Cathy Brugger),在墨西哥市近郊 240 公里處的 Neovolcanic Plateau 發現上百萬隻帝王斑蝶越冬地點。

| 紫斑蝶 1971 |

根據魯凱族及排灣族多位長者口述歷史考證,南臺灣的紫蝶幽谷至少在 1950 年之前便有越冬斑蝶遮天閉日的盛況,1960-1970 年職業捕蝶人施添丁、陳文龍發現南臺灣有大量斑蝶越冬現象,並開始大量採集製作成蝴蝶工藝品。1971 年蝴蝶專家陳維壽在屏東縣泰武鄉萬安首度證實紫蝶幽谷的存在,之後並進行了臺灣第一次標放解謎工作,驗證了紫斑蝶會從嘉義以南群聚至紫蝶幽谷的現象。內田(1988)、Wang & Emmel(1990)、

Ishii & Matsuka(1990)、李及王(1997)則展開越冬斑蝶棲地的各項調查工作,陸續尋找到分布在南臺灣各地以往不為人知的紫斑蝶越冬棲地及其中組成分的調查;1996 年臺灣大學教授楊平世則與救國團合作舉辦「十萬個蝴蝶家庭」活動,前往屏東霧臺進行越冬斑蝶標放。

1999 年 12 月,行政院農委會保育科方國運、陳超仁前往高雄茂林視察茂林紫蝶幽谷,並委由民間保育團體協同茂林區魯凱族人開始進行茂林紫蝶幽谷之保育及研究,之後並於 2000 年 1 月舉辦第一屆魯凱紫蝶解說員培訓。2000 年 12 月,為減少越冬斑蝶被車輛撞死機率,高雄市政府首創為蝴蝶設置「小心紫蝶減速慢行」交通標誌;2001 年 2 月 28 日,當地原住民郭良慧更首次在高雄市茂林區舉辦「紫蝶的邀請」說明會,向當地民眾說明紫斑蝶保育的重要性。

總計在 2000-2003 年間,共動員全

臺各地至少三百位義工、近七千人次，進行三百多次標放共八萬多隻紫斑蝶。但一等到紫斑蝶離開越冬谷到臺灣各地後，卻似大海撈針般一直無法獲得幸運之神的眷顧。直到 2004 年 3 月 11 日，彰化自然生態教育協會理事長莊水木在整理自家蝴蝶生態農場時，看到零星的紫斑蝶往北進行定向飛行，他直覺認為這些或許有可能是從茂林飛過來的，才撈了幾隻就發現有一隻 2003 年 11 月 30 日在高雄茂林標上 SS3 的小紫斑蝶。

進行這次標記工作的臺灣大學自然保育社賴以博表示：儘管協助進行這項工作已有二年，但仍難以想像這些看似柔弱的紫斑蝶可以飛這麼遠，更別說這次找到的竟然是我們親手標記的紫斑蝶。這隻從茂林經過約 125 公里長途飛行抵達彰化八卦山的小紫斑蝶，首度證實茂林紫斑蝶確有北返個體的存在；距離當初標記時間 102 天。

另一方面，臺灣蝶會於 2004 年 3 月初接獲長庚大學通識中心韓學宏老

▲民間義工參與標記紫斑蝶協助生物學的研究功不可沒。

師來函表示，2月27日在桃園縣龜山鄉長庚大學近郊的白匏嶺山谷，觀察到翅膀標記「J08-3」的小紫斑蝶爲黃文美於92年12月28日在新莊市青年公園水源地標放。「J08-3」的再捕獲紀錄，首度驗證小紫斑蝶在北臺灣冬季滯留個體存在的可能性。2004年起，行政院農委會林務局進一步補助臺灣蝴蝶保育學會進行紫蝶保育推廣及調查工作，並於2004年9月25日上午9:00在臺中市館前路「國立自然科學博物館」正式展開「第一屆紫蝶保育義工培訓」，其間共有125人參加（包含輔導員28人、北部義工29人、中部義工21人、南部義工21人、東部義工26人）並於2005年1月8日在高雄茂林紫蝶生態公園舉辦聯合授證儀式。

總計第一屆紫蝶保育義工共進行76天次標放工作，標放了15458隻次斑蝶中一共有「13隻異域再捕獲」，首度描繪出第一條紫蝶在臺灣西部春季的蝶道。其中編號「MB0123」斯氏

▲紫蝶保育義工是民間的保育力量。

紫斑蝶為本計畫首隻再捕獲，是由臺東趙仁方等人在臺東大武所標記，然後在四月初由紫蝶義工陳瑞祥在雲林林內再捕獲，首度驗證東部越冬紫斑蝶會來到西部繁殖地的事實；「YB7」斯氏紫斑蝶是 2005 年 1 月於高雄茂林紫蝶幽谷由臺灣大學保育社學生賴以博等人標放，同年五月初在苗栗竹南再捕獲，首度將紫蝶越冬地、蝶道和繁殖地之間的關係連接起來；編號「FY1030」斯氏紫斑蝶則是 2004 年 10 月 30 日在

屏東縣春日鄉由南部紫蝶義工封岳所標放，並於隔年 5 月 1 日在苗栗竹南再捕獲，這隻紫斑蝶存活時間超過半年（184 天），證實了紫斑蝶的壽命足以讓牠過完整個冬天並完成那不可思議的旅程……。

至此臺灣人們開始慢慢了解：這些臺灣特有亞種紫斑蝶，表面上看來是最普通的蝴蝶，但其實竟是祖先為我們留下最珍貴的自然資產。

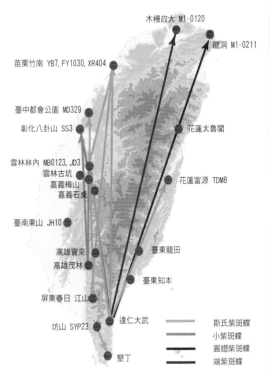

▲ M1-0211

▲ MB-0123

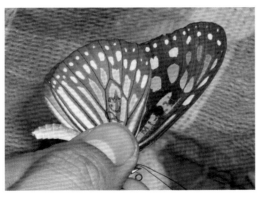
▲ PC3

▲ JD2

▲ YB7

▲ RK918

編號	蝶種	再捕獲者	再捕獲地	標記地點	標記人	年分
M1-0211	圓翅紫斑蝶	詹家龍	臺北龍洞	臺東大武	趙仁方	2006
JD2	小紫斑蝶	成功國小	雲林林內	高雄茂林	詹宗達	2008
FY1030	斯氏紫斑蝶	陳姿宇	苗栗竹南	屏東舊七佳	封岳	2005
YB7	斯氏紫斑蝶	陳盛君	苗栗竹南	高雄茂林	賴以博	2005
MB0123	斯氏紫斑蝶	陳瑞祥	雲林林內	臺東大武	趙仁方	2005
RK918	圓翅紫斑蝶	吳東南	宜蘭蘇澳	臺北竹坑	高如碧	2006
272b-fun	斯氏紫斑蝶	趙仁方	臺東大武	臺東歷坵	吳東南	2006
PC3	琉球青斑蝶	畢文莊	臺北烏來	臺東大武	趙仁方	2007

全民保育行動

| 國道讓蝶道 |

2005 年紫蝶保育義工曾振楠及尖端公司導演鄧文斌首度揭露紫斑蝶類春季蝶道與國道三號林內段重疊，會造成紫斑蝶大量傷亡的事實後，並於 2006 年開始在義守大學教授林鐵雄、鄭瑞富的奔走及提案下，終於促使國道高速公路局長李泰明了解到此事的嚴重性，而在 2007 年宣布了一項保育創舉！

每年清明節前後的國道運輸計畫將會有二套：一套是給臺灣人歸鄉祭祖用的，另一套則是給有「清明蝶」之稱的紫斑蝶返鄉用的！

自從國道高速公路局發起藉由封閉國道三號林內段外側車道減輕紫斑蝶傷亡消息公布以來，「國道讓蝶道」一事引發國際媒體及社會各界持續且高度關注，以下茲就國道高速公路局這兩年所推行的三個方案進行討論：

封閉國道

蝶流量達 500 隻（單位樣區／每分鐘）時封閉外側車道。這是一項由國道高速公路局帶頭，全民一起參與的護蝶行動。這是基於將外側車道作為紫斑蝶飛行緩衝區，藉此讓紫斑蝶有較充裕時間提高飛行高度避免車輛撞擊可能性。但由於此方案還是立基在不完全影響用路人權益下的妥協產物，最終也只能達到減輕傷亡的目標，所以在低蝶流量時傷亡的情況仍會發生。

紫蝶防護網

設置防護網或網狀隧道。這是一般社會大眾認為理所當然且確實可行的方案，但就紫斑蝶春季移動生態特性的角度來看卻不一定是如此。原因在於紫斑蝶北返時會選擇特定地點及地貌景觀作為蝶道，如低海拔山區稜線

▲每年春季高速公路局封閉國道三號林內段外側車道，提供紫斑蝶緩衝飛高之用。

兩側、溪谷及鞍部等，對牠們而言最安全、省力且快速的路徑。所以一但防護網架設的高度、位置或材質選擇有所錯誤，極可能造成紫斑蝶因此認定前方有阻礙而繞道甚或改道。其中影響最鉅的就屬前者，因為這將使得大量紫斑蝶進行邊際飛行，沿著防護網兩側尋找容易通過的點繞道而產生更大的「瓶頸效應」，最後導致紫斑蝶以超乎尋常的高密度通過高速公路而造成更大傷亡。另一方面，紫斑蝶在度冬後體內已無脂肪體，此時是極為脆弱的，防護網架設過高除會增加紫斑蝶體力的消耗，即使通過後仍有

可能因氣流等因素產生沉降作用而造成紫斑蝶傷亡。

闢蝶道

設置紫光燈引蝶從橋下通過。基本上，大自然千百年來演化的法則並不是人類能夠輕易參透的，更不是可以輕易操控的，這可從至今仍無人能夠達到複製生態系的角度略知一二，也就是說：要增加紫斑蝶從橋下通過的數量是一個極困難的任務，因為不論就昆蟲的趨光性（由於人造光源難以達到自然光源的平行導航作用，會導致紫斑蝶產生如飛蛾撲火般的趨近效

▲國道三號林內段封閉車道避免紫斑蝶與車流直接衝突。

應）或氣流導引飛行的觀點來看，都說明是一件極困難的任務。但是設法增加紫蝶從橋下通過的數量，也是目前已知唯一能夠達到紫斑蝶零傷亡終極目標的方案之一。就調查資料顯示，有少部分紫斑蝶會選擇從橋下通過，但是真正原因則仍不確定。

事實上，只要親眼目睹紫斑蝶以驚人的百萬級數量，前仆後繼穿越高速公路的情景及公路上的大量蝶屍，相信每個人都能充份體會：大自然力量的強大及人類的渺小。

綜觀整件事若非義守大學二位教授林鐵雄與鄭瑞富挺身而出向國道高速公路局提出減輕紫斑蝶傷亡的各項方案，加上國道高速公路局尊重生命的態度，紫斑蝶還是會繼續在無人知悉的情況下面臨另一場浩劫。這一次的「護蝶行動」展現出來的是社會各界對於保育臺灣美麗而獨特的生態資源，存在著共同一致努力目標，即使一時之間無法達到零傷亡的目標也不必氣餒，因為這只是一個開始。

▲紫斑蝶每年春季通過國道遭車輛撞死的情況時而可見。

| 永續發展 |

大英博物館兩位蝴蝶權威學者 Ackery & Vane-Wright 在 1984 年推出的斑蝶劃時代巨著《Milkweed butterflies –their cladistics and biology》中指出：源自熱帶的斑蝶，在臺灣卻呈現其他同緯度亞熱帶地區所沒有的高多樣性，再加上地理隔離形成一些特亞種且為紫斑蝶屬分布北界，應將臺灣本島及附近的島嶼，龜山島、澎湖、綠島、蘭嶼，視為一個特別的區塊（Taiwan zone）加以討論。由此可知臺灣在斑蝶地理分布上的特殊性。

臺灣的斑蝶除了具備物種上的多樣性外，其生活型態亦呈現多樣的型式。四種紫斑蝶雖呈現群聚越多蝶種的特性，但小紫斑蝶及端紫斑蝶則有少數個體存留在臺北盆地等繁殖棲地度過冬天，前者更有冬季的少量繁殖記錄。小紋青斑蝶則呈現出在秋末及冬末族群量陡升陡降的獨特生長曲線，黑脈樺斑蝶則呈現出典型的隨著溫度上升逐漸增加族群量的生長狀態。這樣的

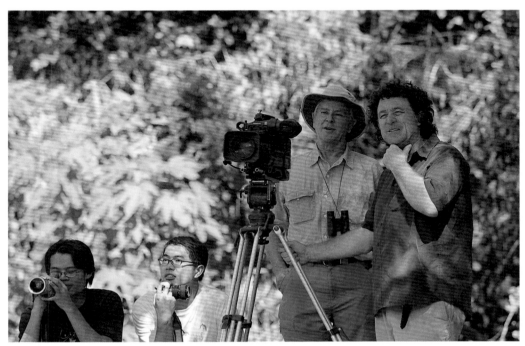

▲英國 BBC 來臺拍攝高雄茂林紫蝶幽谷生態記錄片。

差異也印證了臺灣地處亞熱帶與熱帶交界處的地理位置，正提供這些擁有不同族群消長模式的物種，得以利用到不同生態職位（Niche）的可能性。

儘管臺灣地區的紫斑蝶偶有外來迷蝶進入或是臺灣的族群渡海到其他地區被發現甚或成功繁殖形成偶產種的現象，但整體而言臺灣的紫斑蝶因爲四周環海的島嶼隔離機制，而演化出外部型質 Phenotype 有別於其他地區的特有亞種。目前臺灣這四種紫斑蝶的

族群量尚稱普遍，但是牠們獨特的季節性移動特性，卻也讓一個逐漸被國際重視的問題浮上臺面：1979 年遷移性野生動物保育公約（CMS) 在波昂正式簽訂，專門用來保護與管理全球包括空中、陸上及海洋之遷移性動物，要求各國嚴格保護公約中列出之物種，如候鳥、鯨豚、海豹、蝙蝠等及其棲地。此公約爲國際上第一個自然保護公約，全球約有 80 個國家已先後簽署。會制訂此公約的原因在於遷移性野生

▲棲地保育是紫斑蝶永續生存的第一要件。

動物的生存需仰賴遷徙途中特定棲地生態，因此更容易受到旅途中的多種威脅，如繁殖棲地減少、遷徙途中的獵捕等等。

目前這四種紫斑蝶，不論是在越冬地及移動路徑選擇上，都已被證實有其特定條件，至於繁殖棲地的選定是否也有特定條件目前我們仍不太確定，但從近年來調查到圓翅紫斑蝶在各地的族群量變動明顯及越冬谷地斯氏紫斑蝶進駐量急遽降低這兩點看來，紫斑蝶是一類族群變動性很大的物種。

另一方面，臺灣產紫斑蝶在春季移動的初中期具有顯著往正北及北北西定向飛行行為，且主要在沿著東經120.6°以西的低海拔山及平原進行定向飛行行為，這些區域皆面臨嚴重開發且很可能是紫斑蝶原來的棲息地。如何在這個高度開發區域建立許多跳島式的生態區塊，提供紫斑蝶中繼站甚或小型繁殖棲地，都將有助於紫斑蝶族群的穩定度。

▲臺灣早期的蝴蝶工業。（余清金提供）

至於牠們是否有可能上演臺灣 60 年代的大紫斑蝶滅絕例子，就棲地現況及大紫斑蝶因為對紅樹林生態系高依存度本質造成易滅絕這兩點看來，無法等同視之。臺灣產紫斑蝶冬季群聚集團數量大不如前的事實說明：物種或許不滅，但現象就很難說了。何況紫斑蝶的滅絕事件並不只在臺灣發生，一種分布在澳洲的紫斑蝶特有亞種 *Euploea alcathoe enastri* 近年也被判定有滅絕的危機。建立一套全民共同參與的持續性族群監測及保育計畫，是確保這些生活在我們周遭並有著多樣化生命型態的蝶種，在臺灣永續生存的關鍵。

▲筆者早期在高雄茂林紫蝶幽谷進行民眾保育推廣解說。

高雄茂林紫蝶幽谷保育歷程

1996 ·	高雄市茂林區公所將紫蝶幽谷興建為停車場。
1999 · 12	農委會林業處保育科長方國運及陳超仁前往高雄茂林視察茂林紫蝶幽谷，由詹家龍擔任「臺灣紫蝶幽谷保育及教育推廣計畫」主持人，展開紫蝶幽谷生態之研究工作。
1999 · 12	金車教育基金會執行長孫慶國首度發起關懷高雄茂林紫蝶幽谷活動，引起高雄市政府及區公所重視，展開第一次的紫斑蝶保育行動。
2000 · 1	第一屆魯凱紫蝶解說員培訓，從臺東達仁鄉嫁到魯凱族的東排灣族原住民郭良慧（蝴蝶媽媽）以及茂林魯凱族人與紫斑蝶的第一類接觸。
2000 · 12	為減少越冬斑蝶被車輛撞死機率，高雄市政府首創為蝴蝶設置「小心紫蝶減速慢行」交通標誌。
2001 · 3	茂林魯凱族人（金山、楊德義、吳浩義、林俊良等人）開始推動茂林紫蝶幽谷保育工作，標記越冬斑蝶達一萬隻並首次驗證紫蝶春季蝶道。
2001 · 3	茂林魯凱族人施貴成（蝴蝶爸爸）開始加入推動紫蝶保育工作的行列
2001 · 2	茂林紫蝶保育人員開始進行茂林生態公園島給納的棲地復育並移植大茄苳至茂林公園。
2002 · 11	推動茂林紫蝶幽谷與魯凱族的保育共生，詹家龍獲得百萬福特環保獎殊榮。
2002 · 12	高雄市茂林紫蝶幽谷保育協會成立，蝴蝶媽媽郭良慧擔任第一屆總幹事，茂林國小魯凱族人陳誠擔任第一屆理事長。
2003 · 1	連結保育團體。國立臺灣大學保育社學生賴以博來到茂林，協助進行紫蝶幽谷保育工作之推動。
2003 · 3	將所有的福特環保獎百萬獎金投入茂林紫蝶保育工作，在瑟捨設置原住民式蝴蝶鐵塑入口意象，召開紫蝶幽谷地主協調會與地主達成保育共識，簽訂保育條款發放保育金。

2003 · 6	臺灣紫斑蝶登上國際舞臺。大英博物館斑蝶權威 Dick Vane-Wright 出版世界蝴蝶生態專書「蝴蝶」（Butterflies）介紹臺灣茂林紫蝶幽谷生態。
2004 · 1	臺灣蝴蝶保育學會前理事長陳世揚前往高雄茂林加入越冬斑蝶標記及保育工作。
2004 · 2	紫蝶幽谷內架設 24 小時攝影機上全球資訊網進行越冬生態之研究觀察。
2004 · 6	苗栗海濱防風林找到斯氏紫斑蝶大型繁殖地，成千上萬顆斯氏紫斑蝶的黃金蛹。
2004 · 8	臺大自然保育社於茂林舉辦茂林魯凱少年紫蝶夏令營。
2004 · 9	第一屆全國紫蝶保育義工開訓。
2004 · 11	第一屆紫蝶保育義工全國大會師。
2004 · 11	賴以博拍攝紀錄片「追蝶人」獲得天下雜誌的陽光世代報導獎首獎。
2004 · 12	英國 BBC 前往茂林停留八天拍攝紫蝶幽谷。
2005 · 1	第一屆全國紫蝶保育義工授證。
2005 · 4	中區紫蝶保育義工陳瑞祥在臺東大武標記之 MB0123 斯氏紫斑蝶於雲林林內再捕獲，驗證東部越冬斑蝶遷移至西部現象。
2005 · 5	臺大保育社在高雄茂林標記紫蝶 YB7，由中區紫蝶保育義工徐志豪等人在苗栗竹南繁殖地再捕獲 首度將越冬地蝶道及繁殖地間的關係連結起來。
2005 · 5	FY1030 在屏東春日鄉標放後歷時超過半年，於 254 公里外的苗栗竹南再度捕獲，驗證斯氏紫斑蝶壽命可長達半年，且為當時飛行距離最遠的記錄。
2005 · 10	中華電信贊助紫蝶幽谷保育計畫。
2005 · 12	國家地理頻道「蝴蝶密碼」首映，臺灣紫蝶幽谷生態登上國際放送。
2005 · 12	詹家龍及臺南藝術大學音像所學生賴以博前往墨西哥帝王蝶谷進行調查及兩國保育團體交流行動。
2006 · 4	宜蘭蘇澳再捕獲臺東大武標放 M1-0118，開啟東部蝶道之驗證。
2007 · 4	國道高速公路局推動「國道讓蝶蝶」國道三號林內段紫斑蝶遷移減輕傷亡措施。
2007 ·	林鐵雄、鄭瑞富及詹家龍獲交通部頒發「金路獎」。
2008 · 3	詹家龍赴日本東京獲頒「海外賞」。

Chapter5

尋找紫蝶幽谷與帝王蝶谷

深秋，冷鋒一道道南下，霧迷了綠色森林
地球兩端的斑蝶家族　蓄積了不可思議的能量
以纖細而強韌的意志、準備驚人的遷徙
尋找南方溫暖的山谷，只為來春更蓬勃的生命
他們世代應允這遙遠而未知的旅程
紫斑蝶與帝王斑蝶的旅行　牽動著仰望天空的雙眼

尋找「斯鳳鳳」—臺灣茂林紫蝶幽谷紀實

其實故事剛開始的時候就我個人而言，和其他研究計畫一樣並沒有什麼特殊之處。我深信對於蝴蝶的習性應該還算了解，不需要神奇的第六感，也沒有因為不小心摔一跤而意外發現大祕密的電影情節。只不過這個失而復得的發現，卻讓我對生命有了全新的體認：不論是生態保育的理念上或對生命的態度。那天是 1999 年的聖誕節，我帶著一組攝影隊在高雄市六龜、茂林一帶山區尋找紫蝶幽谷蹤跡的第三天。「喂！大家小心點，動作要輕柔，就像樹一樣的移動，不然蝴蝶會被嚇到！」我們就這樣一步一步，非常小心的踩在南臺灣脆弱的板岩碎石坡上，只是不論如何的小心，每踏一步就會引起一陣小規模的坍方。現在還是清晨六點不到，陽光還在這片幽靜山谷的樹梢頂端徘徊，紫斑蝶越冬集團則三兩成群一動也不動的站在樹葉、掛在枝條、垂在藤蔓上，只有攝影機「stand by」的紅燈在瀰漫著日夜交替的美麗藍色調空氣中，穩定的閃動著。

突然，支撐攝影機腳架的大板岩快速往乾溪谷底滑落，一開始聲音像一連串雜訊似的，然後就是直接硬碰硬的砸在澀葉榕樹幹上。轟！的一聲巨響，幾乎同時間大概有三、四百隻紫斑蝶，像被強風掃落的樹葉開始狂亂的在林子裡舞動，幾分鐘後又奇蹟似的像倒帶畫面般一片片被吸回去。攝影師雙手顫抖的緊緊抱住差點報銷的一百萬，

▼筆者與魯凱族獵人烏賽前往舊萬山調查紫蝶幽谷。

一臉又驚又喜的說：「好可惜沒有拍到。」

近中午時分，南臺灣冬陽照得整個山谷暖洋洋的，一行人拖著沉重的步伐離開山谷。我的心裡很清楚，這裡不過是紫斑蝶越冬的衛星群落，那個會發出萬丈光芒的恆星，超過二十萬隻紫斑蝶的大城市，至今仍然下落不明，也許四年前鄉公所興建的停車場所造成的那場自然失恆浩劫，根本就嚇得那些紫斑蝶都不敢回來了。

「走吧！我們去吃飯。」走進茂林村隨便找個小店，我叫了碗麵囫圇吞進肚子裡，由於同行友人下午要趕回臺北開會，在向他們交代下午就回臺北後便轉身離開，我得趁著這個空檔再去找找看。漫無目的的在村子四周亂晃。「茂林公園」，這是一個象徵了以人為本的偉大國家的荒謬邏輯「因為要種樹，所以先砍樹」。我沒有太多的時間也沒有能力去想這個問題的解決之道，只想快步爬上石階鑽進濃密的原始林中。

十分鐘後只見一個身影快步從森林裡出來，用跳躍般的步伐倉皇離開，很快的就和幾個人一起坐上休旅車駛離茂林公園，四十分鐘後我們已經在如迷宮般的南二高速公路平整的柏油路上奔馳。雖然已經回到相對於原始森林來說的現實世界，不過我只要一閉上眼睛，就像被按下倒帶鍵的攝影機般，一小時前的畫面就這樣活生生的在視網膜上重播。

一開始眼前是一片濃密的原始森林，穿越這道綠色屏風展現在眼前的，就像是一批在發動大規模攻擊前夕，而集結在山谷裡的十萬大軍。這個到處是垂藤的山谷中，成千上萬的紫斑蝶掛滿眼前每一個可以停憩的枝條、藤蔓、樹葉。因為我的侵入，牠們開始一起進行小幅度原地踏步的振翅，陽光照射下若隱若現的幻紫光芒讓我聯想到，聖誕節冬夜雪地裡的行道樹上一閃一閃的燈海。很明顯的這裡並不歡迎任何人的干擾，更遑論那些只為了獵取鏡頭而不擇手段的人。

這驚人的群聚數量以一種拔山倒樹的能力，讓我第一次萌生對蝴蝶的敬畏之情。自從小學二年級開始用捕蟲網在老家後面馬纓丹花叢上逮到第一隻紫斑蝶後，我就再也沒有仔細端詳過這些全島分布的普遍種蝴蝶，就像

沒人會想要對電線桿上的麻雀這個平凡的生命投注一點關愛。儘管在十八歲那年的冬天，騎著摩托車環島一周期間曾路過茂林一處不知名的小橋，目睹了紫蝶幽谷的景觀，但也僅僅是順便去看了一下。尋找前所未見的新種蝴蝶；追逐有著媲美珍珠般後翅的珠光鳳蝶；幾個小時在大太陽底下仰頭，尋找二十公尺高的樹冠層上那如閃電般飛行的活寶石「綠小灰蝶族」，就已經塞滿我稚嫩腦袋的所有想像力。

這不正是我追尋已久的臺灣自然演化史上力與美的極致表現嗎？從任何一個人家門口的行道樹一直到玉山頭頂上的天空，都有紫斑蝶的蹤跡，沒有一種蝴蝶比紫斑蝶還要更普通了。但是每年冬天一到，這股渺小的力量就會匯聚在一座座溫暖的山谷裡，形成震撼人心的能量。於是讓人大惑不解的一連串為什麼就這樣湧上心頭。

總得有人設法解開牠們的遷移之謎吧！十八歲那年被我忽視的紫蝶幽谷，

▲早期的茂林紫蝶幽谷志工培訓。

現在已經被填平、鋪上柏油、畫上停車格。這就是個血淋淋的生態啟示錄！現在該是讓人類的理性，試著對這些平凡又偉大的生命投射一點智慧的光芒吧！

我就像是航行在無邊太平洋中黃色橡皮艇上的船難倖存者，在最後一個看似永無止盡的日昇月落折磨後，突然看到遠方燈塔那堅定的微光在召喚。行政院農業委員會捎來一封讓人振奮的公文，表達對我所提出的紫蝶幽谷生態研究計畫的重視。幾天後，農委會會同縣政府、鄉公所及茂林國家風景區管理處進行紫蝶幽谷實地勘察，紫蝶幽谷的保育工作總算可以正式開始進行了。

每個月固定二次到茂林進行紫蝶幽谷生態研究，讓我看到了以前所忽略的昆蟲世界的許多驚人祕密：有的五彩繽紛、有的怪誕不經、有的波瀾壯闊。不過最讓我感興趣也最困惑的，卻是一個最基本但也最困難進行的部分：紫斑蝶的遷移之謎。動員大量人力進行標識再捕法是勢在必行在的，而在風景區管理處高雄市政府及區公所協助下，我針對當地原住民舉辦了

▲高雄茂林原住民協助進行越冬生態調查（林柏昌／攝）。

第一屆紫蝶幽谷保育解說員訓練。

在一個完全陌生的地方，以教導者姿態出現在當地住民的面前，是個讓人退怯的狀況。更何況去聽一場有關蝴蝶的課，就我對一個山上純樸村落裡的村民有限的認知，「這似乎有點荒謬，還不如把這個時間拿來打個零工賺些錢還比較符合實際狀況」，但完全在我意料之外的，一共有二十二個人來報名聽課。縱使現在回想起來，我還是蠻感動的，即便後來我知道，有些人是為了中午的便當和紀念品而來。

也就是在這場演講後，其中有一位郭良慧女士在整個紫蝶幽谷保育事件發展到後來，她對於紫斑蝶的狂熱愛好不僅不會輸給我，甚至很肯定的還超過我。為此，她還和她那有著無比寬容心的丈夫魏民雄有了一項協訂：「紫斑蝶來茂林的時候，要允許她只愛紫斑蝶的這個事實。」因為她的投入，對於紫蝶幽谷保育觀念在茂林的推廣產生了無與倫比的潛移默化功能，幾乎每個茂林人都知道紫斑蝶的重要性，

許多茂林的小孩子都曾經因為擁有一隻紫斑蝶的幼蟲而興奮不已，而紫斑蝶身上那對可愛的性器官「毛筆器」，更成為茂林人講黃色笑話的重要素材。

二天一夜的訓練課程後，緊接著就是為期一個月的「第一屆紫蝶幽谷限制性生態解說活動」。這對當時的我而言，仍屬於一種在研究過程中附帶一個吃力不討好的工作，如何藉由解開紫斑蝶遷移之謎、找出紫蝶幽谷的環境限制因子、挖掘出更多紫蝶幽谷

▲高雄茂林紫蝶幽谷休息的紫斑蝶。

獨一無二的重要性，才是有意義的。那時的我一廂情願的希望，能夠藉由這些資料的發表，讓政府去正視紫蝶幽谷的危機，將茂林紫蝶幽谷棲地劃設為自然生態保護區。

就這樣，在茂林的第一年研究時光過去了。我開始隨著紫斑蝶離開茂林，踏遍臺灣全島的各個角落尋找牠們生命的祕密。但就像離開的紫斑蝶終將回到茂林，我又回到這個既熟悉又陌生的地方。這一年來在郭良慧女士大力鼓吹下，茂林人對紫蝶幽谷的態度產生了二個我意料之外的看法：一、幾乎所有茂林人都知道這個千百年來和他們生活在同一片土地上的紫蝶幽谷景觀其實並不尋常，全世界只有紫斑蝶和帝王斑蝶會像候鳥一樣有大規模的遷移越冬現象。二、他們意識到一旦紫蝶幽谷被劃為保護區，人的生活空間將被剝奪，在紫蝶幽谷內一切的開發都不被法律所允許。

於是我深切體認到，一個臺北人在車水馬龍的大都會斗室寫下的洋洋灑灑規劃願景，對於二百多公里外魯凱原住民村落的人來說，只是個不切實際的理想國。之後當我再回到茂林的時候，我覺得自己好像是個闖進人家家裡的冒失鬼。滿懷忐忑的情緒來到茂林，我遇到了鬥布，他給了我一個不帶心機的熱誠招呼，標準的茂林魯凱族人的行為。幾杯米酒下肚後，他很認真的對我說：「不知道有沒有機會可以一起進行紫斑蝶的保育工作，我可以種一些紫斑蝶愛吃的草啊！花啊！怎麼樣？」就只是這樣簡單的幾句話，卻給了我對於紫蝶幽谷保育工作該怎麼繼續下去的啟發：真正保育紫蝶幽谷的就是這些居住在當地的茂林人。

我開始滿懷熱情的去了解茂林的每一件人事物。認識每一個以前視而不見的人讓我了解到，其實大部分人對紫蝶幽谷的保護是持正面態度的，而反對者是因為我們從未試著詢問，紫蝶幽谷的保護對他們可能產生多大的負面衝擊；透過學習他們的語言，我開始能夠走進他們的生活了解他們的傳統：那勇士的故事，與巴冷公主淒美的傳說，還有魯凱族文化中處處可見的蝴蝶圖騰。

現在每當我聆聽老人家吟唱的古調，我總會被幾個反覆吟頌的旋律所

▲高雄茂林紫蝶幽谷內群舞的紫斑蝶。

感動，這種情緒的湧現在一開始的時候曾讓我因為不明究理而驚訝不已，後來我終於模模糊糊的理解到，或許我已經開始體會其中所傳達的深遠意涵。

「不要忘了故鄉　茂林
族人盼望你　凱旋歸來」

▲茂林魯凱族原住民協助紫蝶越冬生態調查。

2001 年 11 月中旬，啓發我良多的可敬老友「法勿祖」范竹梅婆婆去世了。每次看到她總是不發一語的端坐著時，那種端莊的神態總會讓我由衷的想：她眞是一個對紅塵俗世的一切都看在眼裡，也都不看在眼裡的人。不論是汲汲於名利的政客的虛應故事、天眞娃兒的童言童語或者是好學進取年輕人的連珠炮，她都以一貫的認眞態度來面對每一個問題。

直到有一天她接受了你，她就會對你說：「眞的覺得你好像已經成爲茂林人了呢！」雖然還是同樣堆著滿臉的笑容，但是這個時候你才深深體會到，原來在她的心中有一把尺，好壞是非她可是一清二楚，絕對不是那種勤做表面功夫的濫好人。

當她不說話的時候，我常會不自覺的也跟著出了神，我想她應該是回到舊茂林了吧！於是我就讓她帶著我穿越時光隧道。我猜想那應該是一個萬里無雲的秋夜，魯凱族勇士們正在集會所前升起熊熊的火燄，忙著將剛打到的獵物：山豬、山羌、水鹿——開腸剖肚，公平的

分給每一個族人。不過今晚的主角是那個獵到黑熊的頭目「壹薩西」，他不斷的用激昂的語調唱著邀功歌，在營火的照耀下，他黝黑的肌膚彷彿正散發著榮譽之光。當時還是懵懵懂懂年紀的婆婆，就靜靜的趴在石板屋內的小窗上，怯生生的看著。於是有一天我說：「婆婆！我帶你回去舊茂林好不好？」她用老人家特有的孩子氣趨身在我耳邊說：「那好啊！我帶你去看我以前住的地方。那裡不錯哦！」一路上，吉普車隨著路況的變化劇烈的抖動著。儘管她的身子看起來還是很硬朗，我心裡不免跟著輪胎一樣的

▲茂林魯凱族長者范竹梅（左）及文化工作者烏巴克（右）。

開始七上八下，深怕這振幅一旦超過臨界點，婆婆就會像推倒的積木般垮下來。或許我這想像力也未免太離譜了點，可是卻成功的促使我一再將車速放慢下來。

「得的」晒乾後可以用來做背袋套環……每天早上我都要來這裡拿一大堆的「澀耳舍」餵鹿……「刺布路」的葉子拿來包吉那富很好吃……。回到舊茂林，婆婆好像返老還童似的一路興高采烈的講著這裡的生活點滴，儘管她的步伐已是既沉重又緩慢。就在我們要進入舊茂林遺址時，婆婆突然停下腳步：「『阿鹵』你趕快把香煙、檳榔拿出來放在前面的石頭上，祖先出來看我們了！」婆婆用一種近乎自喃自語的語調，說了一長串我聽不懂的魯凱話。直到阿鹵恭敬的奉上祭品，婆婆又好像若無其事的繼續一步一步往下走。

來到已經荒廢的舊部落遺址，一條現代化的觀光步道，像被一把利刃切開的傷口讓人痛心，儘管叢生雜草說明它已經開始復原了。或許老人家心裡壓根兒不知道什麼叫做：粗魯的公共設施是一種環境暴力！應該挺身為維護珍貴文化資產發出正義的怒吼！她只是一句話也沒說的用不必排練就可以上演的行動劇來說明一切。她兀自離開步道往埋藏在草叢裡的舊石板路走去，只是這出乎意料之外的舉動可嚇壞了我們這群年輕人，大家只得趕緊跑到前頭，拿起手邊的鎌刀、番刀一陣揮汗亂砍為她開路。看到婆婆一臉滿足坐在老家門前，我們這群年輕人只得連忙收起已經氣喘如牛的痛苦表情，換上嘴角的苦笑來應和著這個老小孩。如果說，茂林這段經歷在未來會讓我偶然閃過一些畫面，那麼我會選擇想起年輕時代的法勿祖婆婆，踩著輕快的步伐哼著古調，在滿天紫蝶飛舞的幽谷內撿拾薪柴時，那種與大自然合而為一的絕美畫面。而我一直盼望著有那麼一天的到來，茂林公園「島給納」恢復成為婆婆口中四十年前：終年湧泉、魚蝦成群、山羌跳躍、紫蝶飛舞。

「一個受到上帝眷顧的伊甸園」

尋找「蒙娜卡」──墨西哥安甘格爾帝王蝶谷紀實

我將墨西哥 50 元紙幣高舉在半空中看著上面的帝王斑蝶圖案，不久之後
我便發現：是的！臺灣對於紫斑蝶關注度的「匯率」只有它的 1/3⋯⋯

赴墨前一晚

時間：臺北 11/29　15:00 ～ 11/30　5:00
心情：忙到一片空白⋯⋯

今天臺北的天空非常藍，我從中華電信贊助的網路監控攝影機畫面得知，茂林藍天下很多紫斑蝶在狂亂舞動，儘管紫斑蝶已經齊聚茂林紫蝶幽谷，我的心卻已穿越「換日線」抵達地球的另一邊，因為電視新聞正報導著：第一批帝王蝶已經在日前進駐墨西哥帝王蝶谷。

下午三點多負責此行動態影像紀錄的臺南藝術大學音像紀錄所賴以博，背著大包包由同學載往火車站北上和我會合。一路上他仍不時和同學討論著未完成的田野調查作業⋯⋯

日昇日落，夜色再度深沉的籠罩臺北，我仍一動也不動的在書桌前不停讓雙手手指在電腦鍵盤上跳躍著，盡力一一打點好讓離臺前的每件事都有可能上軌道：紫蝶幽谷資訊網內容製作、各式各樣的報告、此行的墨西哥計畫書⋯⋯一直到清晨五點，紫嘯鶇的叫聲準時劃破基隆友蚋山區黎明的寂靜，翻到西班牙文書上寫著 Mariposa 是蝴蝶，我昏沉沉的在書桌上睡著了⋯⋯。

夜色再度籠罩在臺北上空，臺大校園小小福的涼亭聚集了一群人，簡單的在便利商店買了幾瓶飲料及啤酒後，大家開始在紫蝶幽谷明信片上各自寫下祝福的話。這是由長期以來共同推動紫蝶幽谷保育的臺大保育社學生們所舉行的一個很保育社的追蝶行惜別晚會。

僅管這個惜別晚會讓我們對此行可說是充滿期待，但回到家後還是得繼續寫信交代相關待完成事項，在意志力驅使下我雖數度短暫進入夢鄉，但靠著意志力把精神打起來，而一夜未眠。中午十二點，以博依約前來，我拖著重達近五十公斤的沉重大行李箱及大型攝影背包（裡面約有價值數十萬的器材），連同自己一古腦塞進以博父親的老 Toyota 汽車內，然後開始追著引擎怒吼聲，往此行第一站——桃園中正國際機場——出發……

抵達華航櫃臺 Check in 時，櫃臺小姐竟完全看不懂我們的墨西哥簽證，經查證後她才有點不好意思的對我們說，在航空業服務多年，這是第一次看到墨西哥簽證。看來我們恐怕是臺灣第一個為了看帝王蝶而飛去墨西哥的臺灣人。事實上在往後旅程中，不論是遇到臺灣人、墨西哥人、德國人、法國人……得知我們來墨西哥只是為了看帝王蝶，都感到極為不可思議！當然他們是以一般旅遊的角度去思考的。於是我們就得費一大番工夫，甚至得出示各種所謂的「證明文件」他們才會恍然大悟。

臺灣到墨西哥是一趟總計近二十小時追著太陽跑的長途飛行，我們一共看到了二次日落和一次日昇。這真的是會讓人的生理時鐘產生錯置，一路上太陽很快的落下，接著黑夜又停留得太短，然後趕在日出前我們穿越了換日線，又準備迎接地球另一邊 12/1 的太陽昇起。

坐在飛機上，我回想起幾週前的新聞報導，墨西哥富豪古提爾瑞茲駕駛超輕型飛機從加拿大起飛，一路追蹤並觀察美洲帝王蝶的年度大遷徙，一直到蝶群飛抵墨西哥中部的壯舉。想到自己即將前往這趟旅程的起點——加拿大，這件事雖然興奮，但此時賴以博正全神貫注的看著飛機上放映的電影，我則因為一夜未眠再加上波音747 客機艙壓及乾燥空氣帶來的缺氧效應而眼皮沉重。

儘管我一路上試圖去惡補從 MP3 傳來的西班牙文教學帶，但很明顯的，此時任何聲音對我而言都是最棒的催眠曲，我就這樣全程進入半夢半醒的狀態。期間我做了很多莫名其妙的夢：有的很家常便飯、有的則荒誕不經……

▲墨西哥安甘格爾鎮。

經過十二小時的長途飛行，飛機終於衝破堆積的厚雲，眼前展開那連綿到地平線的壯觀雪山，明白的告訴我，這裡就是帝王蝶南遷旅程的起點──加拿大。下飛機後我們在 Mexicana（墨西哥航空）人員帶領下經過特別通道回到機場候機，這是此行我看到的第一個墨西哥人。儘管我很想告訴他：「我要去你們的國家看帝王蝶的哦！」但理性卻告訴我，這並不是一個好主意！

不過等到加拿大通關人員查驗我的護照並問我說：「為什麼要去墨西哥！」我還是忍不住要去刻意突顯出有一點點興奮的語氣告訴她：「我要去看瑪利波撒・蒙娜卡（Mariposa Monarca 帝王蝶西班牙語）」。她一時會意不過來，但很快的她便以帶著一絲驚訝語氣說：「這蝴蝶在我們加拿大很有名，你們怎麼知道現在牠們已經聚集到墨西哥了呢？」

下午二點，我們終於搭上 Mexicana 離開溫哥華，就像幾個月前的瑪利波撒・蒙娜卡一樣啟程前往墨西哥。離開臺灣第十九個小時，墨西哥市終於展開在我的眼前。空中鳥瞰這個地處平均海拔約二千公尺高原地帶，擁有二千二百萬人口的世界最大城市之一，那一望無際如骨牌般整齊排列的路燈及橘黃色光芒，個人主觀感覺上應該差可比擬帝王斑蝶谷的壯麗。

我懷著一顆興奮又有點害怕的忐忑不安的心步出海關，之前曾居住在墨西哥的臺灣友人曾表示：留墨臺人被攔路搶劫的機率是百分之百。而且在飛機上遇到那一位墨西哥媽媽，告訴我的也是一些相當負面的資訊。於是原本在全世界機場都可聽到的叫客計程車司機的攬客行為，都變成我去驗證墨西哥確實不安全的鐵證。這讓我不得不快速拖著五十公斤的行李，以異於常人的速度向前衝，並以一種買保險的心情，到我認為最安全的機場計程車櫃臺，付了幾乎是一倍的價錢

▼墨西哥帝王蝶谷內群棲的蝴蝶將粗壯的
樹枝折彎下來。

趕緊前往 Hotel prim。Hotel Prime 是一家有著黑暗中庭的老式旅館，儘管燈光昏暗，櫃臺人員親切的笑容卻為我帶來一種陌名的安全感，check in 之後，我們搭上了「夾到手也不會自動打開」的電梯順利上樓（後來我終於知道為什麼是這樣子！）。打開 516 房，撲鼻而來的是一股乾燥的毛製品味道，房間正中央則擺著一張剛好可以塞下兩個人的老式彈簧床，歐式的斑駁牆面刷上溫暖的鵝黃及水蜜桃紅，以及相較之下顯得過度華麗的巴洛克式花紋磁磚的浴室，但這也恰恰說明了這裡是個很擁擠但蠻溫馨的小窩。

晚上躺在床上看著二十四小時播映的足球賽，此時我知道，我已經來到帝王蝶的國度。每年大約五億隻帝王蝶從北美洲最遠飛行超過四千公里來到墨市近郊越冬；從十一月到隔年三月間，一棵樹上可聚集約四十萬隻帝王蝶，一座山谷則可聚集超過一千萬隻；墨西哥總統為保護牠們而頒布總統令……而這些傳奇故事就在數百公里外的墨西哥市近郊的米卻阿肯州安甘格爾鎮（Anganguео），等著我一一驗證。

我們在 15:00 來到帝王蝶谷所在地 Sierra Chincua，這裡看起來不像帝王蝶保護區，反倒像是個私人農場。門口有人收取 30 披索的停車費，接著就開始穿梭在歐亞梅爾杉森林間的泥土產業道路。一路上相當顛簸，於是不時傳來車輛底盤碰撞的聲響，大約十分鐘後我來到一處大草原，遠方那兩排木造小屋看來就是入口處了！

下車後，一群當地小朋友馬上圍過來好奇的打量著他們口中的七諾（Chino：中國人），我只好拿出事先準備好的金幣巧克力一一送給他們，這才背起攝影器材直接往入口處走去。協助帶我們前往帝王蝶谷的（Fransisco）向站長說明來歷後，我們就在進行保育工作近二十年的蝴蝶爸爸「加哥達」的帶領下，往帝王蝶谷出發進行正式拍攝前的探勘工作。

蝴蝶爸爸是帝王蝶谷開始發展生態旅遊之初就加入這項工作，當初他只是當地的一個伐木工人，也就是帝王

斑蝶的終結者，如今他卻成為帝王蝶的守護者。

長期進行這項工作，讓已是七十九歲高齡的他仍然身強體壯，走起路來仍是健步如飛。在經過二十分鐘上坡並短暫休息後，就開始下坡往山的另一面走去。抵達一處懸崖邊時，蝴蝶爸爸指著地上處處可見的蝶翅對我們說：「這裡是今年帝王蝶的第一個落腳處，現在牠們已經移到下方的山凹了，地上的死蝴蝶則是被鳥攻擊死亡的……」

此時一隻帝王蝶凌空降至我眼前的草叢打開翅膀晒太陽……這就是我一生中遇見的第一隻「瑪利波撒‧蒙娜卡」！

帝王蝶谷初體驗

時間：Sierra Chincua 12/ 5　14:30-17:30
心情：好像要見一個多年不見的老朋友…

我緊跟在墨西哥蝴蝶爸爸身後，腳踩著鋪上厚厚一層 Sierra Chincua 肥沃腐植土的鬆軟小徑，然後懸著一顆七上八下的心不斷往斷崖下探。數分鐘後我站上一處斜坡，低聲喊著：我看到了！遠方幾棵歐亞梅爾杉的枝條生病似的往下垂，上面蓋著厚厚一層灰塵樣子的東西就是——帝王蝶！

在保育員帶領下我來到一棵帝王蝶樹下，但我並不急著拿出照相機記錄錄，反倒開始靜靜坐在地上，看著午后陽光穿透帝王蝶翅形成有如琥珀般的顏色。幾分鐘後，帝王蝶一隻接一隻的將翅膀攤平進行日光浴，乍看之下好像歐亞梅爾杉開了滿樹的美麗紅花！

心裡雖想著要多留一會兒，但礙於下午五點前所有人員必須離開的規定，我隨便拍幾張照片後，便在保育員帶領下往回走，這就是我與帝王蝶谷的第一次相遇！前後總計不超過十分鐘。而且連我自己都很意外的是，我並沒有因為眼前那棵有著超過十萬隻帝王斑蝶樹呈現出的驚人畫面，而有心跳加速之類的興奮情緒。

PS：後來隨著一天、二天、三天……持續不斷進行帝王蝶生態觀察，

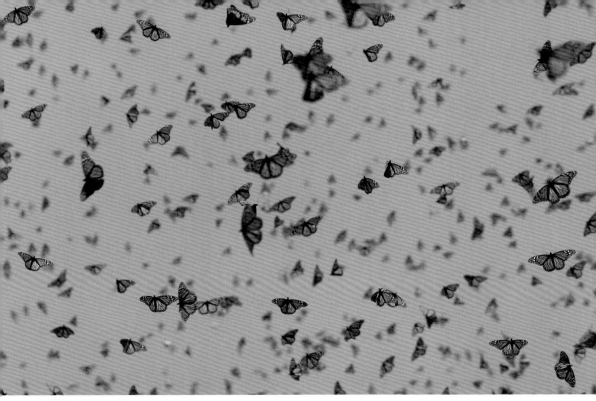

▲群舞的帝王斑蝶。

安甘格爾─帝王蝶的冬宮

時間：Anganugeo,El Rosario　12/ 6-7
14:30-17:30
心情：發現一個美麗、友善又可愛小鎮的
快樂……

　　懷著已經看到帝王蝶後的篤定心情，我趕在六點天未黑之前抵達了安甘格爾。這是個落居在山谷的一個只有四條街的小鎮，由於鮮少有東方臉孔出現，所以對於我的到來，鎮民們顯得相當新鮮、好奇。當然！他們對我的好奇在未來將是有增無減，因為

接下來一週我會和他們生活在一起，他們每天都會看到我在鎮上走來走去。我想或許有些人可能會開始以為，為什麼他還沒走？他是不是要住下來成為我們的鎮民了啊！

　　隔天一早，我打電話給協助帝王斑蝶行程安排的安甘格爾鎮旅遊辦公室主任大衛赫南德茲（David Hernandez）並和他見了面。在他安排下，我在隔天（12/07）直接前往艾爾 ── 羅撒利歐（El Rosario）保護區參訪。這裡有

著相當完善的步道系統，但由於氣候不佳，一開始眼前至少百萬隻帝王蝶始終像標本又像樹葉般一動也不動掛在樹上。保育人員說：「帝王蝶最美的時候就是陽光出來，牠們進行的群舞行為哦！」他同時示意我要靜靜坐在樹下等陽光出來⋯⋯

約莫下午一點鐘左右，太陽突然從雲朵間露出臉來，幾分鐘後帝王蝶開始達到生物學上所謂變溫動物的飛行臨界溫度，並一隻接二隻接三隻的飛向空中。這短暫的蝶舞規模雖小，卻也讓我第一次體會到，群舞的帝王蝶就像一幅美麗圖畫中的主角，因為施了魔法突然跳起舞來，是那樣讓人感到驚喜、不可思議！

一棵樹四十萬隻帝王蝶

時間：Sierra Chincua 12/8
心情：想像著自己是一個拿著帝王斑蝶的墨西哥十歲小男生⋯⋯

今天是我第三次進入帝王蝶谷了！另一位保育人員「皇」帶領我們來到 Sierra Chincua 更下方一處平坦的谷地。這裡是帝王蝶聚集的中心點，一眼望去整個森林都是蝴蝶樹。站在一棵約

莫有四十萬隻帝王蝶的歐亞梅爾杉近三十公尺高的巨大陰影下，儘管我眼前的帝王蝶一動也不動的沒有發出任何聲響，但我知道每一隻帝王斑蝶都隱藏著一段歷經千里跋涉的精采故事：正中間那隻倒掛著的是來自德州風吹過的草原、最殘破的那隻則是來自加拿大五大湖區滋潤過的森林、那隻綻放著深橘色光芒的則源自阿肯色州金髮小女孩細心灌溉過的蝴蝶花園⋯⋯

不知牠們曾讓多少墨西哥小男孩那烏黑眼珠下的小小心湖激起過一絲的漣漪：「這些蝴蝶是從哪裡來的呢？牠們又為什麼突然間消失的無影無蹤呢？」而我真得相信，同樣的問題也一定會在那個住在加拿大五大湖邊，用捕蝶網抓了一隻帝王蝶的金髮加拿大小男生的腦海中激盪著⋯⋯⋯

▲進行日光浴的帝王斑蝶。

接下來連續三天，我如朝聖般的黎明即起，吃完早餐後帶著一瓶礦泉水、兩塊麵包就搭著 Taxi 往帝王蝶谷出發。為的只是要等待一個萬里無雲的好天氣！

只是帝王蝶谷所在的山區，天氣似乎總是很難好起來。儘管安甘格爾整日晴空萬里，但山另一邊的 Sierra Chincua 卻總是籠罩著一大片烏雲，總計這三天陽光露臉的時間加起來不到二小時。於是萬蝶起舞的畫面總是在才剛開始要瘋起來的那一刻，就馬上被一片飄過來的烏雲所阻擋。

那些突然沒了陽光熱能加持的帝王斑蝶，就像被人硬生生澆了一盆冷水般，表現出十足沮喪的樣子。我幾乎可以聽到：正在日光浴的帝王蝶翅膀闔上時，如骨牌效應般一隻接一隻啪！啪！啪！的被蓋上；正在空中列隊熱身飛行的，則趕緊以有點狼狽的飛行姿態隨便找個地方停下來；至於那些才剛起飛的，則因為反應不及而硬生生跌落地面，然後像落水狗般開始不斷抖動身體、企圖藉此達到飛行臨界溫度；但更多的則是放棄飛行本能，用步行蟲的方式慢慢爬到枝條或樹幹上休息。

蝴蝶雨

時間：Sierra Chincua 12/ 12
心情：就像知道自己即將中樂透的心情……

今天是我進入帝王蝶谷的第六天，同時也是探訪帝王蝶谷的最後一天。一早起來看見陽光已經灑滿旅館中庭，我心想：太棒了！終於盼到一個整天萬里晴空的好天氣了！只是這同時也告訴了我晚起的事實……於是當我來到 Sierra Chincua 入口處，我一反前幾天堅持步行前往帝王蝶谷的方式，叫了匹馬，然後用「快馬加鞭」的速度趕往帝王蝶越冬地。

果然！今天是帝王蝶大軍群舞操練的好日子呢！太陽一整個早上持續不斷散發熱能，成千上萬的帝王蝶因此一波又一波、連綿不絕的開始狂舞起來。儘管群舞的帝王蝶數量不到百分之一，但我估算這一整個上午，帝王蝶谷上面那片藍天，至少有一半的面積都被那閃閃發亮的橘色翅膀染紅了。

那是一種相當迷幻的畫面。這有點像是在暗室中觀賞幻燈片放映一段時間後，只要你一閉上眼睛，視網膜就會很矛盾的將藍天的藍和夕陽的紅同時傳到你的視覺中樞。

萬蝶起舞的驚人畫面就這樣一直持續不斷的上演，害得我連喝一口水、喘一口氣的時間都沒有。最後我實在是太餓了！只好暫時拋下這不斷疲勞轟炸我腦神經的感動畫面不顧，拿出早上在安甘格爾一個很有特色的路邊麵包攤買的，一看就很傳統且一定好吃的麵包胡亂的啃了起來！只是才沒吃幾口，突然間，嘩的一聲！我身旁

近萬隻帝王斑蝶整個從樹上崩落，就好像午后突然下起的傾盆大雨般讓人措手不及。

就在我低頭尋找相機準備捕捉這場蝴蝶雨時，遠方又陸續傳來好幾聲蝴蝶雨的嘩！嘩！嘩！聲響。於是我開始慌了起來，這使得我一時間突然無法決定，到底我是應該拿數位單眼相機、DV 或哈蘇中型相機來拍照。就在我猶豫的當下，冷不防的頭頂又傳出嘩！的一聲，我本能的將雙臂架在頭頂並闔上雙眼。等我睜開雙眼一看：我已經是一身「帝王蝶裝」了！

看著那些掉在身上及地上厚厚一層

▼墨西哥帝王蝶谷吸引來自國外的觀光客前來觀賞。

地毯般的帝王蝶，不斷抖動翅膀掙扎要起飛的模樣，我終於了解，為什麼帝王蝶相關研究報告中會一再強調，掉落地面是帝王蝶越冬期間的致死主因。因為這些帝王蝶如果沒有趕快設法回到樹上，當黑夜降臨，牠們不是被地面的低溫凍死，不然就是被各種鼠類吃掉。

這時隨行的帝王蝶谷保育人員突然做出一件讓我意外的舉動，他捧起了一隻帝王斑蝶在手心，然後開始用熱氣溫暖這隻蝴蝶，原來他想藉由吐出的熱氣幫帝王蝶加溫到飛行臨界溫度。在他這樣的動作約莫持續進行了幾十秒後，帝王蝶竟成功振翅離去。此時我突然聯想到，原來帝王蝶越冬期間的生命週期（或者也可說是日週律動），竟然和「水的三態」有著高度相似性。當溫度低於臨界飛行溫度，牠們就像固態的冰一樣被凍結了；當溫度接近臨界飛行溫度，蝴蝶樹則化為水一般的液態，並會嘩！的一聲掉下來；當溫度持續提高，牠們則變成氣態蒸發掉了！

帝王蝶谷的煙火秀

時間：Sierra Chincua,Angangueo　12/12-13

心情：一切大功告成的滿足感……

下午四點，太陽熱力開始減弱。但這還不是今天上演的帝王蝶精采戲碼謝幕的時候，另一個奇妙的畫面才正要上演！舉目四望，只要陽光照得到的地方，每一隻帝王蝶都像在進行某一種儀式般，一動也不動的專注著將紅色翅膀用力的平攤在身體兩側，彷彿一恍神就會錯過最後一道太陽光線的熱能般。

我已記不得我望著眼前這紅色蝴蝶樹美景有多久，只知道當我因眼睛過於疲累而閉上時，帝王蝶的三角翼竟開始以 32 倍的影片快轉速度，如拼圖般瞬間填滿我那一片漆黑的視網膜，這讓我聯想起這畫面竟和前一晚在安甘格爾看到的傳統煙火秀有著異曲同工之妙……

這是我生平第二次因為被蝴蝶呈現出來的壯觀景象，震撼到「滿腦子都是蝴蝶」。第一次是六年前目擊茂林紫蝶幽谷紫斑蝶群舞，那一整天，只要我閉上眼睛，紫斑蝶在藍天下群舞

的殘影，就會在我的視網膜狂亂舞動起來。

星月夜

時間：墨西哥市 12 / 14-20
心情：彷彿親眼看到了梵谷的星月夜後的那一刻……

在回程的路上，我和朝夕相處了一週的當地保育及嚮導人員一一擊拳告別。回到安甘格爾，我又同樣的向每一位我遇到認識或不認識的鎮民道別，然後以輕快的步伐踩著安甘格爾的石板路往旅館前進。說真的！下次要再來到這個遙遠的國度，應該是遙遙無期吧！

回到久違的墨西哥市，看到賣墨西哥傳統食物 Taco 的路邊攤，我竟如墨西哥人般稀鬆平常的叫了兩個牛肉起司 Taco，然後就這樣站在路邊吃起來了！看來經過這段時間，我已經在不知不覺中接受了墨西哥的很多事情。當然！有些事是我從一開始就很喜歡了：帝王蝶、保護牠們的總統令、如唱歌般的西班牙語彈舌音……。

當晚躺在墨西哥市 Hotel Prim516 號房的床上，總覺得這二週來的所見所聞就像夢境成真，而且真實所見竟比想像來得更像夢境。現在就只等一

▲墨西哥的蝴蝶守衛者。

覺醒來，我就要踏上返鄉之路……。

經過一番折騰，我終於處理完Canada Embassy 的麻煩事，順利在12/20 搭上墨西哥航空。看著飛機上電視正在介紹以 Stary night「星月夜」（個人主觀認定，只要在端紫斑蝶雄蝶翅膀上弄幾張咖啡桌椅、高聳的房子再加上幾個路人，就是另一幅「渾然天成」的星月夜）而永垂不朽的荷蘭畫家「文生梵谷」的博物館……當最後主持人以略為前傾，彷彿就要從電視螢幕鑽出來的誇張肢體動作說出，這麼偉大的一個畫家，在世時卻不為世人所知曉，終其一生只有賣出二張畫作……

此時我突然記起，一位墨西哥司機約拿大曾說過一段頗富哲理的話：「一隻帝王蝶會被忽略，一千萬隻帝王蝶卻能壓垮一棵巨木！」我想當時我想到的應該只是表面上的涵意，我想這句話所代表的心聲或許是：墨西哥人將每一隻看似平凡的帝王斑蝶，都視為是自己國家最珍貴的紅色寶藏！

所以如果你有機會去造訪墨西哥帝王蝶谷時：請小心你的腳步！因為他的老師曾說過：「踩死一隻帝王蝶，可是要罰一百塊美金的喔！」

或許，有一天，在臺灣……也會有一個總統令保護紫斑蝶！踩死一隻紫斑蝶也同樣比照辦理要罰一百塊美金！

在中華電信公司贊助下，我在12月1日離開了臺灣展開萬哩追蝶之旅，只為紀錄下這個被譽為動物遷移之最，5億隻帝王蝶每年進行長達4000公里以上的驚異旅程。這讓我得以將這段期間在帝王蝶谷所在地，安甘格爾鎮所見所聞透過聲音、文字、照片及動態影像，這一切遠在地球另一端的生命訊息傳遞給國人共同分享。

回到家的那晚，我坐在熟悉的基隆友蝸家中玻璃大書桌前想著要如何寫這篇結語。我發現自己竟有點不知如何啟齒，因為我只驗證了一個我原本就瞭解，且六年前就已經寫在白紙上的字句──帝王蝶谷只有一種蝴蝶一種顏色，紫蝶幽谷則有四到十二種蝴蝶及千變萬化的幻色……紫蝶幽谷是地球上最美麗的蝴蝶谷！臺灣真的何其有幸，擁有紫蝶幽谷這個被譽為世界兩大規模越冬蝶谷之一的生態現象……。

希望藉由這次的追蝶之旅及未來「世界兩大越冬蝶谷」紀錄片的製作，能喚起更多國人一起重視臺灣紫蝶幽谷：這個和墨西哥帝王蝶谷齊名，但卻才剛始被世人所知悉的生態奇景。但願有一天，臺灣能如墨西哥般有個保護蝴蝶的總統令，茂林紫蝶幽谷是最後一個被填平蓋停車場的地方，每一棵孕育紫斑蝶的老榕樹、老藤都繼續矗立在臺灣的每一個角落……。

▲筆者（後排中）及賴以博（前排中）與墨西哥當地的蝴蝶守衛者合影。

兩大越冬蝶谷的比較

發展歷程	
臺灣紫蝶幽谷	**墨西哥帝王蝶谷**
先找到越冬山谷再展開解謎工作。	先研究遷移路徑再找到越冬山谷。
百年前就有生物學家描述過亞洲產包括臺灣在內的紫斑蝶有大規模遷徙或群聚越冬習性。1971 年由成功高中教師蝴蝶專家陳維壽發現。	1937 年加拿大動物學家 Frederick Urquhart（1912-2002）第一次標記蝴蝶，嘗試以各種方法在看似脆弱的翅膀上作標記。
內田（1988）Wang & Emmel（1990）Ishii & Matsuka（1990）李及王（1997）陸續展開越冬斑蝶棲地的各項調查工作。	1975 年 1 月接獲通報（Urquhart 的研究同事 Ken and Cathy Brugger）在墨西哥市近郊 240 公里處的 Neovolcanic Plateau 發現了上百萬隻帝王斑蝶。
行政院農業委員會 2000 年委由詹家龍擔任「臺灣紫蝶幽谷研究及保育計畫」主持人，協助高雄市茂林區魯凱族人進行紫蝶幽谷之保育及越冬生態的研究。	1976Urquhart 第一次於墨西哥親眼目睹奇景，並開始出版相關刊物，向世人呈現帝王斑蝶憾人的美景；國家地理頻道（National Geographic）開始介紹。此後大量的研究學者及志工投入帝王斑蝶謎題解開的過程，至今仍一直進行著。
2004 年起則補助臺灣蝴蝶保育學會，展開一系列紫斑蝶保育宣導及紫蝶保育義工的培訓。趙仁方、陳東瑤 2003 年開始陸續針對臺東大武越冬地進行生態研究。	2001 年 11 月 28 日，墨西哥總統維桑特‧福克斯宣稱帝王斑蝶為「人類的財產」，福克斯說：「帝王斑蝶與自然界其他物種一樣，是人類的財產。他們不只是屬於一個國家、一個地區或一個組織的財產，我們所有的人都有責任保護他們，讓他們生存下去。」

蝶種	
臺灣紫蝶幽谷	墨西哥帝王蝶谷
四種紫斑蝶類為主。小紋青斑蝶或淡紋青斑蝶群聚集團部分地區可見。黑脈樺斑蝶群聚集團已不復見。	單一蝶種：帝王斑蝶。

數量	
臺灣紫蝶幽谷	墨西哥帝王蝶谷
單一山谷以往超過百萬隻，屏東縣霧臺鄉及臺東縣大武，仍可見到約三十萬隻斑蝶聚集的山谷。	單一山谷超過千萬隻帝王蝶聚集，每年估計約有五億隻帝王蝶聚集越冬。

形態及距離	
臺灣紫蝶幽谷	墨西哥帝王蝶谷
•紫斑蝶類目前已知為從臺東至臺北龍洞，飛行 300 公里。 •大青斑蝶則可在日本及臺灣之間進行跨海遷移。可從日本大阪府飛至屏東壽卡再捕獲的 SOA118 約 2000 公里。	從北美洲遷移至中美洲墨西哥市近郊山區越冬，最遠從加拿大五大湖區進行超過四千公里的長途飛行。

啟動標記	
臺灣紫蝶幽谷	墨西哥帝王蝶谷
2004 年臺灣蝴蝶保育學會著手推動「紫蝶返鄉計畫」，訓練全國北、中、南、東紫蝶保育義工進行遷移路徑的研究。	Frederick Urquhart 成立 Insect Migration Association, 並第一次嘗試招募志工，一開始很艱辛，少有政府鼓勵或經濟支援。之後的 23 年中，共計超過 3000 名志工協助標記帝王斑蝶，遍布北美洲、中南美洲、甚至紐澳地區。

臺灣紫蝶幽谷	墨西哥帝王蝶谷
「**MB0123**」：2005 年 1 月 23 日臺東林管處及東部紫蝶義工臺東大武標記，2005 年 4 月 9 日中部紫蝶義工陳瑞祥雲林林內捕獲。本計畫首隻再捕獲。	**最長的南遷距離**：1870 英里（3009 公里） **標記時間**：1957 年 9 月 18 日 **標記地點**：Highland Creek, Ontario, Canada **再捕時間**：1958 年 1 月 25 日 **再捕地點**：Estacion Catorce, San Luis Potosi, Mexico （蝴蝶的飛行路線很坎坷，不是直線，所以實際飛行距離可能比地圖量測的兩點距離更遠）
成功高中教師及蝴蝶專家陳維壽於 1972 年，首次嘗試在紫斑蝶不同翅膀位置以鋼鑽和鐵鎚打洞的方式，在全臺各地標記了 9872 隻紫斑蝶。	1976 年帝王斑蝶研究組織 Monarch Watch 開始大量召集大量志工，標記超過 75,000 隻帝王斑蝶。
「**YB7**」：臺灣大學保育社學生賴以博等人在高雄茂林紫蝶幽谷標放，2005 年 5 月 1 日中部紫蝶義工在苗栗竹南再捕獲。首度將斯氏紫斑蝶從高雄茂林越冬地、臺灣西部蝶道、苗栗竹南繁殖地的因果關係串連起來。	最長的飛行距離：2880 英里（4635 公里） 標記時間：1988 年 9 月 10 日 標記地點：Brighton, Ontario, Canada 再捕時間：1989 年 4 月 8 日 再捕地點：Austin Texas
「**FY1030**」：2004 年 10 月 30 日南部紫蝶義工封岳屏東縣春日鄉標放，2005 年 5 月 1 日中部紫蝶義工進行苗栗地區標放調查時，由陳姿宇再捕獲。存活時間達 184 天，並完成創紀錄 254 公里直線遷移距離。	1976Urquhart 第一次於墨西哥親眼目睹奇景，並開始出版相關刊物，向世人呈現帝王斑蝶懾人的美景：國家地理頻道（National Geographic）開始介紹。此後大量的研究學者及志工投入帝王斑蝶謎題解開的過程，至今仍一直進行著。

越冬谷的地理條件	
臺灣紫蝶幽谷	墨西哥帝王蝶谷
亞熱帶海拔五百公尺以下低海拔山區，向陽朝南的山谷。	亞熱帶海拔二千多公尺處高山，向陽朝南的山谷。

保護區設置	
臺灣紫蝶幽谷	墨西哥帝王蝶谷
已有保護區規劃書，但目前仍無任何一個地區被劃設為保護區。	帝王斑蝶的越冬型蝴蝶谷，有五座山谷已經被劃定為國家保護區。

知名度	
臺灣紫蝶幽谷	墨西哥帝王蝶谷
近年 Discovery 及國家地理頻道陸續播放。	帝王蝶已經是世人最熟悉的蝴蝶的圖騰象徵之一。

生態旅遊特性及成熟度	
臺灣紫蝶幽谷	墨西哥帝王蝶谷
剛起步階段，近年才開始發展。目前由茂林區公所及茂林國家風景區管理處訓練當地魯凱原住民擔任解說員。臺灣紫蝶幽谷分布地點大都位於道路旁，遊客管制不易。	在保育團體協助下展開「帝王斑蝶谷生態旅遊」，如今帝王斑蝶谷為當地原住民提供 30 種全年性全職工作。帝王斑蝶越冬五個月期間則有 300 個工作機會，曾有過每天 7,000 人次參觀盛況。帝王斑蝶谷生態旅遊模式並無總量管制，但需繳費入園，並在當地原住民嚮導帶領下入園參觀。墨西哥帝王蝶谷所在地皆為車輛無法到達的山區管制容易。

Chapter6 _____

斯氏紫斑蝶

Euploea Sylvester swinhoei Wallace & Moore, 1866

中文名 / 雙標紫斑蝶、紫斑蝶

英文名 / Two-branded Crow

日文名 / ルソマダラ

▲常可見到斯氏紫斑蝶在林下展翅休息，此時可見到前翅二道明顯性標。

習性

　　臺灣特有亞種，以亞種發現者斯文豪氏為名。森林性蝶種，喜訪花，非越冬期間會在森林內部、林緣帶及富含蜜源開闊地活動，海岸林內亦可見。飛行速度中等，路徑不規則，以左右搖擺方式振翅並伴以短距離滑翔，黃昏時會在森林內部的枯枝上休息。具明顯季節性移動現象，並在冬季大量群聚東、南部低海拔山谷越冬，由越冬個體脂肪明顯累積及雌蝶出現生殖滯育現象，可知為典型的越冬蝶種。交配期間由雄蝶帶頭飛行。

雄蝶常在林下有陽光的地方展翅進行日光浴行為，偏好在樹林中層活動，未觀察到明顯領域行為，但有飛行時伸出毛筆器散發性費洛蒙的求偶行為，被捕捉後亦會伸出作為驅敵之用；非越冬期間曾有吸泥水行為的觀察記錄。

雌蝶大多緩慢在寄主植物附近飛翔進行探試行為，找到寄主後便以一次一顆的方式將卵單獨產在嫩芽或新葉上，偶有產在較大葉片的情況。

幼蟲棲息位置以葉背為主，大幼蟲亦有棲息在藤莖或枝條上的情況。受驚擾時會將胸部拱起呈獅身人面狀。化蛹位置大都選擇在寄主植物葉背中肋，鄰近植物葉背，枯枝上亦可見到。

出現期及數量

一年多世代種，成蝶在春季及夏初主要出現於平原及低海拔山區，夏、秋兩季則可見於平地至中海拔山區，冬季除了東、南部低海拔越冬地之外地區極為罕見。幼生期個體整體而言在春、夏、秋季皆可見，冬季則尚未確認。部分地區則會出現特定季節沒有幼生期記錄的現象；值得注意的是冬末春初可在中、南部發現少量的新鮮成體，目前證據傾向屬於非常態性冬季繁殖現象。

斯氏紫斑蝶呈現局部地區存在大規模族群的情形，且有顯著的遷移現象。

近年詹等人調查資料顯示其為越冬地中比例最高的蝶種；李及王於1993、1994 年的調查資料卻指出其為四種紫斑蝶中比例最低的蝶種。為何會有如此大的年間族群變動，仍待進一步研究來闡明。

▲造訪大花咸豐草的斯氏紫斑蝶。

斯氏紫斑蝶特徵

中央處無斑點

雙性標

後緣突出

雄蝶背面

中央處有三白斑

雙列斑與翅膀外緣平行

後翅中央處有數量不等的白斑

雄蝶腹面

前翅中央無白斑

無性標

前翅後緣平齊

雌蝶背面

中央處有三白斑

前翅具白色長紋

後翅中央處有數量不等的白斑

雌蝶腹面

成蝶型態與特徵

中型蛺蝶，前翅長約 43mm 近直角三角形略有弧度，後翅扇形，整體翅形介於端紫斑蝶的修長與圓翅紫斑蝶的渾圓之間，新羽化個體翅膀腹面特定角度會泛紫色調。

白斑分布型式為「雙列型」，背面前翅中央無斑，內斑列較大且大致與外緣平行，翅端部白斑較大；後翅外緣斑列下半段通常只有一排。腹面前翅中央（近中室附近）有三個白斑排成三角形；後翅中央散布數量不等的小白點，外緣斑列下半段通常只有一排。胸部散布白點；腹部黑色泛深藍色調，側、腹方各有一排白點。整體而言本種斑紋數量及大小有一定程度變異，尤以雌蝶為甚。

雄蝶底黑褐色，背面前翅散布深藍色物理鱗片，上面有兩道深色性標，白斑周邊呈淺藍色，後緣線條較雌蝶凸出；後翅褐色帶藍色調。毛筆器黃色，褐色毛集中基端部。

雌蝶底褐色，背面前翅物理鱗片明顯帶紫色調，後緣線條平直；後翅有些斑紋較發達個體會出現兩排完整斑列。腹面前翅後緣的白長紋是重要性別辨識特徵；後翅斑列常會出現完整二排的個體。

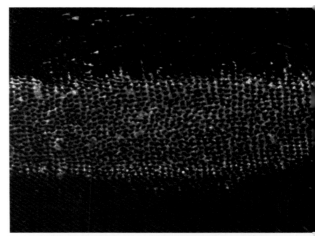

▲上：雄蝶性標的特寫。下： 斯氏紫斑蝶毛筆器的毛叢集中於基端部。

卵

約 3 天，淺黃色，徑 0.9mm，高 1.1mm，砲彈狀頂圓，表面凹刻痕側邊為方形往端部則漸圓。

一齡蟲

約 2 天，體長約 3 ～ 6mm，全身散布一次剛毛列，頭球形黑色，身體圓筒狀黃褐色，初、後期無明顯顏色變化，背方有三對芽狀肉突（T/f2,3,11）。

二齡蟲

約 2 天，體長約 8mm，頭部有二次剛毛列，身體光滑黃褐色，前胸白色頸背方有二個黑點，角狀肉突端半部呈黑紫色（最長肉突大致與頭寬相當），氣孔、胸足及原足黑色。

三齡蟲

約 2 ～ 3 天，體長約 23mm，身體黃褐色，前胸頸背方有一短黑帶，肉突甚長黑紫色但端部白色（約為頭寬的 4 倍長）。

約 3 天，體長約 33mm，肉突甚長，約為頭寬的 4.5 倍長，其他特徵大致與三齡相同。

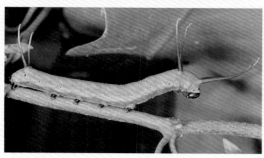

五齡蟲 約 4 ～ 6 天，體長約 50mm，頭黑色有二次剛毛列，前額有一倒 V 形白紋，頭頂外側及上唇白色，身體光滑圓筒狀呈橘黃色，背方角狀肉突三對呈紫色，越往端部顏色越淺，長約為頭寬的 5.5 倍長，長度依序為 T/f2>3>11，氣孔、胸足及原足黑色。

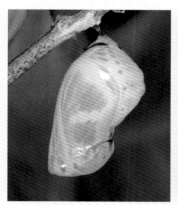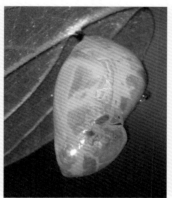

蛹 約 8 天，體長約 22mm，長橢圓形，後胸處最窄第三腹節處最寬，腹部背方略有角度。依體色大致分為三型（初蛹為橙色）：黃褐（左圖）、綠色（中圖）蛹帶有類似珍珠色澤，銀色蛹（右圖）則呈現金屬鏡面質感；翅中央、邊緣交界處及背側方不具金屬光澤或有深色帶紋；氣孔褐色，背側線上有三對和幼蟲肉突生長位置相呼應的黑褐色斑。

分布

　　本種和幻紫斑蝶同為分布最廣的紫斑蝶之一。臺灣為分布北界，西界則在南亞的印度南方，斯里蘭卡、錫金、不丹、孟加拉、尼泊爾，中國大陸南方海南島、中南半島各國、菲律賓、印尼及馬來西亞諸島、新幾內亞，萬拿杜的新喀利多尼亞則為分布的極東，澳洲為南界。日本南西諸島在六至八月間偶可發現被判定為臺灣及菲律賓亞種的迷蝶記錄，前者出現在日本南西諸島的原因應與其中的八重山諸島緯度和臺灣花蓮縣相當，最西邊的與那國島離臺灣最近距離約 110 公里這兩點有關。

　　在臺灣從平地到中海拔山區皆可見，但主要出現在海岸或淺山地區，如西海岸的高雄柴山、雲林麥寮、竹苗海岸的苗栗竹南、新竹崎頂等地，淺山帶的臺中大肚山、苗栗火炎山、新竹十八尖山、臺北林口臺地，臺北盆地周邊山區、恆春半島及臺東尚武。內陸低海拔山區亦可見少量繁殖情況，如桃園北部橫貫公路西段、高雄市茂林山區及臺東大武山區，另外在一些缺乏寄主植物的中海拔山區亦可見到，特別是在一些富含澤蘭屬蜜源植物的地方。離島地區澎湖在早期有過一次記錄（鹿野 1930）。

　　1969 年 8 月在屏東恆春有前翅端白斑具大型白斑列的斯氏紫斑蝶（菲律賓亞種：*E. Sylvester laetifica*，曾被稱為白紋紫斑蝶）雌蝶採集記錄（下野谷余 1971）；陳（1974）則表示其在蘭嶼、臺灣南端及臺東皆有記錄。

▲斯氏紫斑蝶的世界分布（虛線），臺灣族群所屬亞種分布範圍（粉紅色區域）。

寄主植物

臺灣產斯氏紫斑蝶以蘿摩科羊角藤（武靴藤）爲寄主植物。在國外的寄主記錄包括桑科多種榕屬（*Ficus*）植物，如優曇花、正榕；夾竹桃科的腰骨藤；蘿摩科的毬蘭屬（*Hoya*）、牛皮消屬（*Cynanchum*）、二種武靴葉屬 *Gymnema geminatum, G. pleiadenium*。

▲斯氏紫斑蝶菲律賓亞種前翅背面端部的白斑明顯較臺灣亞種大，在臺灣早期亦有一些採集記錄。

食性與蜜源

幼蟲在臺灣的族群應爲單食性，國外記錄顯示本種有跨桑科、夾竹桃科及蘿摩科的情形，其中正榕在臺灣數量相當多且普遍，但顯然牠並不取食，毬蘭屬及牛皮消屬也是類似情形；這是否意味不同地區會有食性分化亦或單純只是個誤記，尚待進一步釐清。

孵化後會先取食卵殼，小幼蟲主要取食寄主植物嫩芽及新葉，取食前會先咬掉部分葉片組織或葉柄使乳汁流出，稍後才開始取食，大幼蟲則可直接取食新葉或老葉。

成蝶喜訪花，雄蝶則呈現對 PA 植物鹼的偏好性，除了花部，根、枯枝、枯葉等皆會造訪。

斯氏紫斑蝶的蜜源植物		
	春季	樟科大葉楠、香楠；茜草科水錦樹；無患子科龍眼、荔枝；菊科多種澤蘭屬植物如花蓮澤蘭、基隆澤蘭；紫草科狗尾草。
	夏季	菊科多種澤蘭屬植物、田代氏澤蘭、腺葉澤蘭、高士佛澤蘭；杜英科錫蘭橄欖；大戟科烏桕。
	秋季	菊科多種澤蘭屬植物，樟科小梗木薑子；芸香科食茱萸、賊仔樹；無患子科臺灣欒樹。
	冬季	菊科多種澤蘭屬植物、大頭艾納香、香澤蘭、小花蔓澤蘭；五加科江某；茜草科水錦樹；紫茉莉科腺果藤；爵床科臺灣鱗球花；紫草科冷飯藤、假酸漿。
	跨季或全年	菊科多種澤蘭屬植物、大花咸豐草；紫草科白水木、光葉水菊；馬鞭草科馬纓丹、長穗木。

端紫斑蝶

Euploea mulciber barsine Fruhstorfer, 1904

中文名 / 異紋紫斑蝶、異型紫斑蝶、紫端斑蝶

英文名 / Striped Blue Crow

日文名 / シマムラサキマダラ

▲吸食大花咸豐草的雄蝶。

習性

　　臺灣特有亞種，中名源自寶藍色物理鱗片集中前翅端的特徵。具有被擬態有毒蝶種中極為罕見的性雙型現象。森林性蝶種，喜訪花，非越冬期間會在森林中穿梭，林緣及富含蜜源開闊地亦可見。飛行速度中等大多以滑翔方式飛行，路徑大致呈一直線。具明顯季節性移動現象，並在冬季大量群聚東、南部低海拔山谷越冬，由越冬個體脂肪明顯累積及雌蝶出現生殖滯育現象，可知為越冬蝶種；惟在北部冬季仍可發現少量順利越冬個體，則應為非遷

移型個體。交配時由雄蝶帶頭飛行。

雄蝶飛行速度較快且常伴隨著滑翔，偏好在樹林中上層活動，未觀察到明顯領域行為，被捕捉後會伸出毛筆器作為驅敵之用：水泥建物、岩壁及溪邊可見到三三兩兩個體在非越冬期間進行吸泥水行為。

雌蝶大多緩慢在森林底層振翅飛翔尋找寄主植物，往往花費大量時間降落在各種植物葉片上進行探試行為，一旦找到寄主便將卵單獨產在嫩芽或新葉上。

幼蟲主要棲息在葉背，但是在一些葉片較小的寄主植物亦有棲息在藤莖上的情況。幼蟲受驚擾時會將胸部拱起呈獅身人面狀。化蛹位置大都選擇在寄主植物葉背中肋或鄰近植物葉背上。

出現期及數量

一年多世代種，成蝶在春季及夏初主要出現在平原及低海拔山區，夏、秋兩季則在平地至中海拔山區皆可見，冬季除了東、南部低海拔越冬地之外地區極為少見。整體而言，端紫斑蝶在春夏秋三季皆能夠維持一個平緩穩

▲端紫斑蝶之雌蝶。

定的族群量，這可由調查期間在臺北盆地冬季仍可調查到少量端紫斑蝶成體而得知。整體而言幼生期個體在春、夏、秋季皆可見，冬季則尚未發現，中海拔地區目前觀察記錄顯示至少要到初夏才有幼生期的記錄。

Ishii & Matsuk（1990）1978 至 1980 年在西部越冬地調查指出，其在越冬地中的族群比例是四種紫斑蝶最低的；李及王（1997）1993、1994 年的調查卻顯示，不論西部或東部越冬地其皆為族群比例最高的成員；近年詹等人（2000-2007）的調查資料則呈現，不論西部或東部的族群比例皆是四種紫斑蝶中最低的。

端紫斑蝶特徵

藍色光澤集中在翅端

大片絨毛狀性標

後翅背面無斑紋

雄蝶背面

前翅有散布型白斑

後翅有散布型白斑

雄蝶腹面

藍色光澤集中在翅端

後翅具虎紋

雌蝶背面

前翅有散布型白斑

僅有一列白斑

雌蝶腹面

成蝶型態與特徵

中大型蛺蝶，前翅長約 48mm，呈鈍角三角形，後翅扇形，整體翅形類似滑翔翼。

白斑分布型式為「散布型」，前翅背腹面中央附近大致有六個白斑。

胸部散布白點；腹部黑色泛藍色調，雄蝶僅腹面及側方有一排白紋；雌蝶白紋較發達且背側方另有一條散布淺藍色鱗片的白帶。整體而言本種的斑紋數量及大小有一定程度變異，尤以雄蝶為甚。

雄蝶底黑褐色，背面前翅散布寶藍色物理鱗片且有集中翅端趨勢，淺藍色白斑散布面積達翅面二分之一，後緣線條較雌蝶略凸出但不明顯；後翅黑褐色帶紫色光澤，上面沒有斑紋，前緣有大片地毯狀淺色性標。腹面底色為黑褐色，新羽化個體在特定角度會泛紫光，前翅斑紋排列方式大致和背面相同，後緣另有特化鱗片，應是用來摩擦後翅性標散發性費洛蒙之用；後翅外緣斑列下半段僅有一排，中央則散布大小數量不等的白紋。毛筆器鮮黃色，同色毛叢均勻生長且相當長。

雌蝶底褐色，背面前翅物理鱗片為亮藍色且更集中於翅端，數個不明顯的虎紋由翅基向外延伸；後翅虎紋發達且外緣僅一斑列，為重要的蝶種及性別辨識特徵。腹面沒有物理鱗片，其他特徵大致與背面相同。

▲上：雄蝶後翅背面性標特寫。下：雄蝶的毛筆器。

卵

約 3 天，淺黃色，徑 1.1mm，高 1.6mm，砲彈狀惟頂部略尖，表面凹刻痕側邊呈方形往端部則漸圓；不同個體在型態上會有些許差異。

一齡蟲

約 2 ～ 3 天，體長約 5mm，全身散布一次剛毛列，頭球形黑色，身體圓筒狀，初期單一褐色後期隱約可見各體節有紅褐及白色相間環紋，背方有四對芽狀肉突（T/f2,3,5,11）。

二齡蟲

約 2 天，體長約 10 ～ 13mm，頭部有二次剛毛列，身體光滑色澤較一齡深，前胸頸背方有二個黑點，紅褐、白色環紋明顯，角狀肉突紅褐色，最長肉突長度大致與頭寬相當，氣孔、胸足及原足黑色。

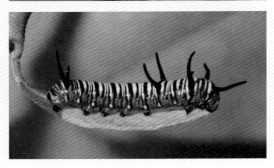

三齡蟲

約 2 ～ 3 天，體長約 20mm，頭頂外側及前額各有一細白帶，身體橘色有白黑相間環紋，下方則有一排白點，肉突黑至紅褐色，約為頭寬的 2.5 倍長。

約 3～4 天，體長約 26mm，身體紅褐至黑色，側線橘色並在第三腹節之後有一排三角形白斑，肉突甚長，約為頭寬的 3 倍長，其他特徵大致與三齡相同。

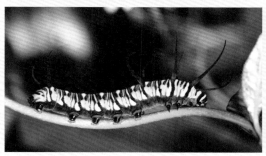

五齡蟲

約 4～6 天，體長約 55mm，頭黑色有二次剛毛列，前額及頭頂外側各有一道白帶，上唇白色，身體圓筒狀光滑呈紅褐色，各節有寬度不一的紅、白、黑色相間環紋，其中一道白環在背方明顯擴張，側線橘黃色並鑲嵌三角形白斑，背方角狀肉突共四對，基半段紅色，往端部顏色則漸深，約頭寬 4 倍長，長度依序為 T/f2>3>5>11；氣孔、胸足及原足黑色。

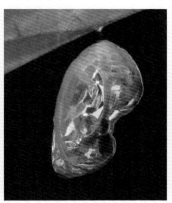

蛹

約 9～12 天，體長約 24mm，長橢圓形，後胸處最窄，第三腹節處最寬，腹部背方隆起程度為臺灣產四種紫斑蝶之最。分為橘、粉紅色兩型（初蛹黃色），皆帶有金屬鏡面質感；翅中央、邊緣、側線、背側線及胸背部有深色斑紋；氣孔褐色，背側線上有四對和幼蟲肉突生長位置相呼應的深色斑。

分布

端紫斑蝶是紫斑蝶屬中分布最北的種類之一。大致以臺灣為分布北界，西界則在南亞的印度，往東則是錫金、不丹、孟加拉、尼泊爾，中國大陸南方香港、福建、廣東、廣西、海南島、四川、雲南、西藏等地，中南半島各國、菲律賓、印尼（不包含蘇拉威西）及馬來西亞諸島、蘇門達臘、爪哇，印尼的亞羅則為東界。日本南西諸島的記錄以往被認為應是來自臺灣的迷蝶，但在 1992 年後本種開始有往北移動的趨勢，稍後並在沖繩、八重山群島有繁殖記錄，甚至在日本的九州等多處地點也開始有迷蝶記錄，被認為近年在南西諸島部分地區有穩定族群出現。臺灣族群在本區參與情形及藉由什麼路徑或方式進入，是未來值得進一步藉由跨國合作探討的課題。

在臺灣則是分布範圍最廣的紫斑蝶，全臺從平地到中海拔山區常可見到，甚至夏、秋季在高海拔地區亦偶可見到，一些代表性分布區域如臺北盆地周邊、南投埔里一帶、南部橫貫公路沿線、恆春半島、臺東知本林道、中部橫貫公路東段、宜蘭福山地區；離島地區則有龜山島、蘭嶼（岡野，大藏 1959 陳 1959）及澎湖（鹿野 1930）皆曾有過記錄，但詳細情形仍待進一步研究。

寄主植物

臺灣的端紫斑蝶族群寄主植物包括夾竹桃科大錦蘭、錦蘭（小錦蘭）、乳藤、細梗絡石；蘿藦科的隱鱗藤；桑科的榕、臺灣天仙果。人工網室環境下雌蝶偶有在爬森藤及馬利筋上產卵並順利完成生活史的情形。其他記錄則有：夾竹桃科絡石（臺灣常見的

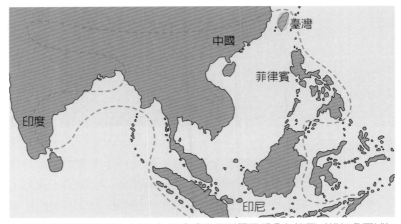

▲端紫斑蝶的世界分布（虛線）及臺灣族群所屬亞種分布範圍（粉紅色區域）。

蝴蝶）；蘿藦科舌瓣花（臺灣蝴蝶保育學會理事林有義表示曾在上面發現幼蟲）；桑科澀葉榕、島榕（白肉榕）（徐 2002，臺灣常見的蝴蝶）；薜荔（臺灣蝴蝶圖鑑）；菲律賓榕、珍珠蓮。

國外的紀錄則有：夾竹桃科的夾竹桃、洋夾竹桃；腰骨藤屬的（*I. volubis*）；蘿藦科的弓果藤；桑科的榕屬垂榕（白榕）、正榕、牛奶榕；馬兜鈴科的馬兜鈴屬（*Aristolochia*）及旋花科的一種朝顏（*Argyreia penangian*）。

食性與蜜源

端紫斑蝶幼蟲為寡食性，和幻紫斑蝶同為紫斑蝶屬中食性最廣的種類，國外記錄中馬兜鈴科的馬兜鈴屬及旋花科的一種朝顏則應為誤判。整體而言本種在臺灣應還有潛在寄主待發現。

孵化後會先取食卵殼，小幼蟲取食葉片前會將葉柄或葉脈咬斷一部分使乳汁流出，稍後才開始取食，老熟幼蟲則可取食較大的新葉，臺灣天仙果則可取食成熟葉（舌瓣花亦可能有類似情形但尚待確定）。

成蝶喜訪花，雄蝶呈現相當程度對 PA 植物鹼的偏好，但詳細情形有待進一步研究。各季蜜源植物大致和其他三種紫斑蝶相同。

端紫斑蝶的蜜源植物	春季	樟科大葉楠、香楠；茜草科水錦樹；無患子科龍眼、荔枝；菊科多種澤蘭屬植物如花蓮澤蘭、基隆澤蘭；紫草科狗尾草。
	夏季	菊科多種澤蘭屬植物、田代氏澤蘭、腺葉澤蘭、高士佛澤蘭；杜英科錫蘭橄欖；大戟科烏桕。
	秋季	菊科多種澤蘭屬植物；樟科小梗木薑子；芸香科食茱萸、賊仔樹；無患子科臺灣欒樹。
	冬季	菊科多種澤蘭屬植物、大頭艾納香、香澤蘭、小花蔓澤蘭；五加科江某；茜草科水錦樹；紫茉莉科腺果藤；爵床科臺灣鱗球花；紫草科冷飯藤、假酸漿。
	跨季或全年	菊科多種澤蘭屬植物、大花咸豐草；紫草科白水木、光葉水菊；馬鞭草科馬纓丹、長穗木。

圓翅紫斑蝶

Euploea eunice hobsoni Butler, 1877

中文名 / 黑紫斑蝶

英文名 / Blue-branded King Crow

日文名 / マルバネルリマダラ

▲圓翅紫斑蝶因有著獨特的渾圓翅形而得名。

習性

　　臺灣特有亞種，中名源自雄蝶渾圓的翅形。森林性蝶種，喜訪花，偏好在較陰暗的森林內部活動，林緣帶及富含蜜源開闊地亦可見。飛行能力強，振翅速度快，路徑不規則，常會劇烈的左右搖擺快速振翅並伴隨著滑翔的動作。本種似對都市的人工環境有一定程度適應性，即使是在臺北市中心亦偶有繁殖記錄。具明顯季節性移動現象並會在冬季大量群聚東、南部低海拔山谷越冬，由越冬個體脂肪明顯累積及雌蝶出現生殖滯育現象，可知

其為典型的越冬蝶種。交配期間由雄蝶帶頭飛行。

雄蝶偏好在樹林中上層活動，具有領域行為，常可見雄蝶不斷來回在固定區域盤旋並伴隨伸出毛筆器散發性費洛蒙的求偶行為，被捕捉後亦會伸出作為驅敵之用；非越冬期間吸泥水行為顯著。

雌蝶常花費長時間在一棵寄主上尋找適合的嫩葉產卵，一次只產一顆卵。幼蟲棲息位置以葉背為主。受驚擾時會將胸部拱起呈獅身人面狀。化蛹位置選擇在寄主植物葉背中肋，亦常可在鄰近地區的山棕、姑婆芋等植物葉背中肋上，甚至在屋簷上、桌腳下或垂直水泥牆壁上見到。

出現期及數量

一年多世代種，成蝶在春季及夏初主要出現在平原及低海拔山區，夏、秋兩季則在平地至中海拔山區皆可見，冬季除了東、南部低海拔越冬地之外地區目前尚未發現有成蝶的觀察記錄，惟臺灣博物研究室吳東南指出冬末曾在北海岸山區發現少量個體，但詳細情形究竟為何則尚待查明。圓翅紫斑蝶在冬末春初皆無新羽化個體，為典型的越冬蝶種。整體而言，本種在各地呈現相對明顯的季節消長現象，以臺北盆地來說，徐（2000）指出本種在春末夏初可以很容易的找到其幼生期，但之後則完全不見蹤跡；近年詹等（2000-2007）的調查資料則顯示，本種在臺北盆地的秋季亦有少量的繁殖情形；中海拔山區目前已知要到初夏才開始有繁殖情形，冬季除了末期在越冬谷附近偶可見到少量的繁殖情況，其他地區則尚未有觀察記錄。

詹等人（2000-2007）調查資料顯示，近年來其在越冬地中的族群比例排第三位，且在東部越冬地的族群比例較西部高，經常會有數量僅次於斯氏紫斑蝶的情況。和過去的調查資料比對後可知，本種在越冬谷中一直是占有一定比例的較優勢種。

圓翅紫斑蝶特徵

前翅具大白斑
前翅後緣凸出

雄蝶背面

前翅具大白斑
性標

後翅中央無白點

雄蝶腹面

前翅具大白斑
前翅後緣平直

雌蝶背面

前翅具大白斑
白斑列與翅外緣平行

後翅中央無白點

雌蝶腹面

成蝶型態與特徵

中大型蛺蝶，前翅長約 45mm，似直角三角形但弧度明顯，後翅扇形，整體翅形甚圓。

白斑分布型式為「雙列型」，背面前翅內斑列明顯較大且大致與外緣平行，中央有一白藍斑（下方有時會多出一個小斑），前緣中段常有一白藍點；後翅外緣白藍斑大多僅有一排。腹面前翅中央有一大白斑，前緣中段亦有一小白點，外緣兩斑列大小差不多；後翅外緣斑列上半段只剩一排，中央無斑點。

胸部散布白點；腹部黑色泛藍色調，側、腹方有白紋但不明顯。整體上本種的斑紋數量及大小變異程度高。

雄蝶底黑褐色，背面前翅散布藍黑色物理鱗片，前緣中段常會出現一排斜斑，後緣線條圓弧；後翅褐色泛藍色調，中央前緣有一含有性標的淺色區域。腹面斑點白色泛藍色調，後緣有一長形性標。毛筆器橘黃色，褐色毛叢均勻分布。

雌蝶底色較雄蝶淺，背面前翅物理鱗片色澤通常較雄蝶深，後緣線條平直；後翅外緣斑列有二排。腹面斑點色澤較白。

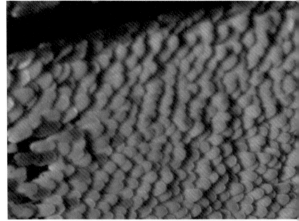

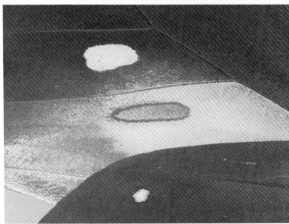

▲上：雄蝶後翅背面性標特寫。中：雄蝶前翅性標特寫。下圖：雄蝶的毛筆器。

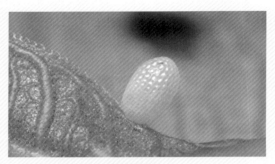

卵

約4～5天，呈黃色，徑1mm，高1.6mm，砲彈狀頂部圓弧，表面凹刻痕側邊為方形往端部則漸圓。不同個體在型態上會有一些變異。

一齡蟲

約3天，體長約7mm，全身散布一次剛毛列，頭球形黑色，身體圓筒狀黃褐色，背方有四對芽狀肉突（T/f2,3,5,11）。上圖為前期，下圖為後期。

二齡蟲

約2天，體長約13mm，頭部有二次剛毛列，身體光滑橘黃色，各體節有白、紅褐色相間的環紋，角狀肉突黑色，最長肉突長度大致與頭寬相當。氣孔、胸足及原足黑色。

三齡蟲

約2～3天，體長約20mm，環紋黑白相間，體側有橘黃色斑列，腹原足基部有白環，肉突黑色約為頭寬的2倍長，其他特徵大致與二齡相同。

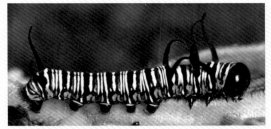

約 2 天，體長約 24mm，肉突約為頭寬的 2 ～ 2.5 倍長。其他特徵大致同於三齡。

五齡蟲 　約 3 ～ 5 天，分淺色及深色型，體長約 55mm，頭黑色，寬約 3.8mm，有二次剛毛列，身體表面光滑，腹原足有白環，肉突黑色、甚長，約為頭寬 3 ～ 3.5 倍長，長度有一定程度變異，多數個體長度一致但也有 T/f5,11 較短或一長一短情形，其末端常捲曲，但亦有不捲曲情況；氣孔、胸足及原足黑色。深色型幼蟲頭黑色，各體節有數條黑白相間環紋，體側有一橘黃色縱帶；淺色型幼蟲頭大多為黑色，有時在頭頂外側會有一道白帶，身體底白色，肉突基半部紅褐色，端半部則為黑或黑褐色。

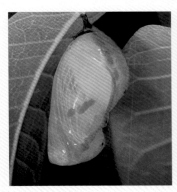

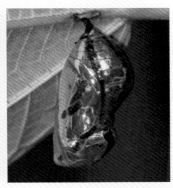

蛹 　約 8 天，體長約 25mm，長橢圓形，後胸處最窄，第三腹節略寬於中胸。大致可分為黃褐及綠色兩型（初蛹黃色），皆帶有金屬鏡面質感；翅中央、邊緣、側線、背側線、胸背方兩側沒有金屬調，並常出現較深色的帶狀紋；氣孔褐色，背中線兩側有四對和幼蟲肉突生長位置相呼應的深色斑。左圖為初蛹，中圖為黃褐色型，右圖為綠色型。

分布

臺灣為分布北界，中國大陸海岸省份廣東、海南島，中南半島泰國、馬來西亞、印尼等地一直到爪哇、婆羅州、菲律賓、關島為主要分布範圍。日本南西諸島如西表島則有過臺灣亞種及菲律賓、關島亞種的採集記錄。

在臺灣，從平地到中海拔山區甚至在夏季的高海拔山區皆可見到，一些分布代表性區域有臺北盆地周邊、南投埔里、霧社一帶，嘉義梅山、臺南仙公廟、高雄茂林、屏東雙流、恆春半島、臺東知本林道、花蓮佐倉步道。離島地區龜山島亦有分布，蘭嶼採集記錄則甚少。

Ackery&Vane-Wright（1984）指出本種的指名亞種模式標本產地為爪哇，且過去常被錯誤鑑定為 *Euploea leucostictos*，實際上這包含了三個不同的種。村山、下野谷（1963）將採自蘭嶼的圓翅紫斑蝶發表為蘭嶼亞種 *E. eunice botelianus*，從其外型極類似臺灣亞種且記錄甚少這兩點看來，其亦有可能僅是來自臺灣的偶發性迷蝶；另外白水（1960）亦提及在蘭嶼曾記錄到前翅背面有大型藍白斑的圓翅紫斑蝶（菲律賓、關島亞種）*E. eunice kadu*。日本人指出可能有兩種，國立中興大學教授葉文斌的初步分析則顯示有多亞種的情形。

▲端紫斑蝶的世界分布（虛線）及臺灣族群所屬亞種分布範圍（粉紅色區域）。

寄主植物

臺灣的圓翅紫斑蝶以桑科榕屬植物為食，目前已知常利用的寄主有澀葉榕、菲律賓榕、島榕（白肉榕）、榕、黃金榕、幹花榕、牛奶榕、珍珠蓮、薜荔、雀榕（山榕）、臺灣天仙果。其他記錄則有桑科大葉雀榕（臺灣常見的蝴蝶、臺灣蝶圖鑑第二卷）。

國外的寄主記錄則有大風子科羅庚果（大葉刺籬木）、桑科榕屬植物。

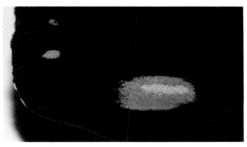

▲圓翅紫斑蝶菲律賓 ── 關島亞種前翅背面中央有大藍斑（產地：北呂宋）。

食性與蜜源

幼蟲為寡食性，整體而言或許還有潛在的榕屬寄主植物待查明，有觀察者曾表示在稜果榕（*Ficus septica*）上發現過幼蟲，惟該記錄的正確性仍有待進一步查證；國外的大風子科羅庚果記錄應為誤記的可能性較高。

剛孵化幼蟲會先吃卵殼，只能取食寄主嫩芽或新葉，取食前會將葉柄或葉脈咬斷一部分使乳汁流出，稍後才開始取食，老熟幼蟲則可取食較大的新葉或臺灣天仙果及幹花榕的成熟葉。

成蝶喜訪花，對 PAs 植物鹼有一定程度偏好，詳細情形則尚待進一步研究。各季蜜源植物大致與其他三種紫斑蝶相同。

圓翅紫斑蝶的蜜源植物	春季	樟科大葉楠、香楠；茜草科水錦樹；無患子科龍眼、荔枝；菊科多種澤蘭屬植物如花蓮澤蘭、基隆澤蘭；紫草科狗尾草。
	夏季	菊科多種澤蘭屬植物、田代氏澤蘭、腺葉澤蘭、高士佛澤蘭；杜英科錫蘭橄欖；大戟科烏桕。
	秋季	菊科多種澤蘭屬植物；樟科小梗木薑子；芸香科食茱萸、賊仔樹；無患子科臺灣欒樹。
	冬季	菊科多種澤蘭屬植物、大頭艾納香、香澤蘭、小花蔓澤蘭；五加科江某；茜草科水錦樹；紫茉莉科腺果藤；爵床科臺灣鱗球花；紫草科冷飯藤、假酸漿。
	跨季或全年	菊科多種澤蘭屬植物、大花咸豐草；紫草科白水木、光葉水菊；馬鞭草科馬纓丹、長穗木。

小紫斑蝶

Euploea tulliolus koxinga Fruhstorfer, 1908

中文名 / 妍麗紫斑蝶、埔里紫斑蝶

英文名 / Dwarf Crow

日文名 / ホリシャルリマダラ

▲應為臺灣特有亞種，亞種名為「國姓爺」鄭成功之意，由於本種是紫斑蝶屬裡體型最小的種類，故英名為「侏儒」之意。

習性

　　森林性蝶種，喜訪花，林緣帶及富含蜜源的開闊地亦常見。以連續振翅伴隨著滑翔的方式飛行，路徑大致成一直線，是臺灣產四種紫斑蝶裡飛行速度最緩慢的。具明顯季節性移動現象並會在冬季大量群聚東、南部低海拔山谷越冬，由越冬個體脂肪明顯累積及雌蝶出現生殖滯育現象，可知其為越冬蝶種。交配期間由雄蝶帶頭飛行。

　　雄蝶未觀察到領域行為，被捕捉後會伸出毛筆器作為驅敵之用；求偶飛

行時雄蝶會在雌蝶上方進行如直升機般的定點滯空飛行，非越冬期間有吸泥水行為，但詳細情形尚待進一步查明。

雌蝶飛行速度緩慢，每次產一顆卵在嫩芽上或新葉上，但亦時有多顆卵被產在一起的情形。

幼蟲大多棲息在葉背上，大幼蟲則有棲息在藤莖上的情形。受驚擾時會將胸部拱起呈獅身人面狀，但彎曲弧度不大。化蛹位置大都選擇在寄主或鄰近植物葉背中肋。

出現期及數量

一年多世代種，成蝶在春季及夏初主要出現於平原及低海拔山區，夏、秋兩季則在平地至中海拔山區皆可見，冬季除了東、南部低海拔越冬地之外的地區極為罕見。

幼生期個體整體而言在春、夏、秋季皆可見，冬季在北部有記錄到少量幼生期個體。李及王於 1993、1994 年調查資料指出其為四種越冬紫斑蝶中族群比例第三位的蝶種，近年詹等人（2000-2007）調查資料卻顯示本種不僅為越冬地中數量第二多的種類，更

是西部越冬地中比例最高的蝶種。

▲上：小紫斑蝶偶有翅膀腹面斑紋退化消失的個體。
中：小紫斑蝶大陸亞種前翅中央有三白斑（產地：廣西三江）。
下：小紫斑蝶菲律賓亞種翅端有大型白紋。

小紫斑蝶特徵

前翅斑列前端多會內彎

前翅中央無白斑

前翅後緣凸出

後翅前緣具有性標

雄蝶背面

前翅大白斑

後翅中央無斑

後翅白斑雙列平行

雄蝶腹面

前翅中央無白斑

前翅後緣平直

雌蝶背面

前翅大白斑

後翅中央無斑

後翅白斑雙列平行

雌蝶腹面

成蝶型態與特徵

中小型蛺蝶，整體翅形甚圓，前翅長約 36mm 近直角三角形，但弧度明顯，後翅扇形。

白斑分布型式爲「雙列型」，背面前翅中央無白斑，外緣斑列只有一排，且在前翅端部會往內彎並連接到前緣中段的小白點；後翅外緣斑列只有一排。腹面前翅中央有一白斑，外緣內斑列較大；後翅中央無斑，外緣斑列上半段只有一排。

胸部散布白點；腹部黑色泛藍綠色調，腹方、側腹方各有一道明顯但不連續的白帶。整體而言本種的斑紋數量及大小變異程度不低。

雄蝶底深褐色，背面前翅散布寶藍色物理鱗片，後緣凸出呈圓弧狀；後翅前緣有一塊淺色性標。腹面前翅後緣有一性標。毛筆器黃色，淺黃色毛叢均勻分布。

雌蝶底褐色較雄蝶淺，背面前翅物理鱗片色澤帶粉紫色調，後緣線條平直。

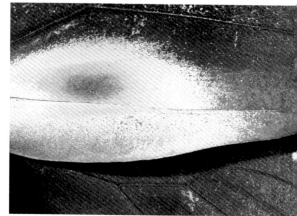

▲上：前翅腹面性標。中：後翅背面性標特寫。下：毛筆器。

卵

約 3 天，淺黃色，徑 0.9mm，高 1.4mm，砲彈狀頂略尖，表面凹刻痕，側邊呈方形近端部漸圓。

一齡蟲

約 2 天，體長約 4mm，全身散布一次剛毛列，頭球形黑色，身體圓筒狀，初期淺黃色後期轉為褐色並隱約可見各體節有白色環紋，背方有三對芽狀肉突（T/f2,3,11）。

二齡蟲

約 2 天，體長約 7mm，頭部有二次剛毛列，身體光滑褐色，體側有白斑列，白環紋窄且會出現不連續的情況；角狀肉突紅褐色往端部則漸深，肉突長度大致為頭寬的 1/2，氣孔、胸足及原足黑色。

三齡蟲

約 2 天，體長約 10mm，頭頂外側及前額有白帶，身體轉為紅褐色，體側有一黃帶，角狀肉突呈紅褐色往端部顏色漸深，最長肉突的長度接近頭寬。

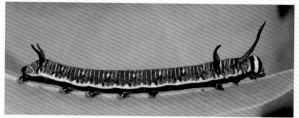

約 3 天，體長約 14～19mm，體側有一黃白色帶狀紋，下方體色為半透明褐色上方為紅褐色，各體節有數條白色環紋，連接氣孔旁橘色斑的環紋不連續；背方角狀肉突明顯較長，約為頭寬的 2.5 倍長，其他特徵大致與三齡相同。

> **四齡蟲**

> **五齡蟲**

約 4 天，體長約 35mm，頭部有二次剛毛列，前額及頭頂外側各有一道白帶，上唇白色；身體圓筒狀光滑，背方角狀肉突共三對，為四種紫斑蝶中最短，依序為 T/f2>3=11。氣孔、胸足及原足黑色。依色澤大致可分成深色、中間及淺色三型。深色型頭黑色，前額及頭頂外側有白色斜帶，上唇亦為白色，身體為黑色，體側有一黃帶及不連續的橘色斑列，各節側、背方則有數條黃、紫色相間的環紋；中間型整體顏色上呈現略帶粉紅的紫色調，體側則有一黃帶；淺色型底色為白青色調，環紋白色，肉突則為粉紅色。

> **蛹**

約 8 天，體長約 16mm，長橢圓形，後胸處最窄第三腹節處最寬，表面呈現四種紫斑蝶中最強烈的銀色金屬鏡面質感；翅中央、邊緣、側線、背側線及胸背中線附近沒有金屬光澤，腹部背方破碎的金屬鏡面紋則是其特徵；氣孔褐色，背側線有三對和幼蟲肉突生長位置相呼應的深色斑。

分布

　　臺灣大致上爲分布北界，中國大陸南方的廣東、廣西、福建、海南島，中南半島各國馬來半島、印尼（蘇拉威西沒有記錄）及馬來西亞、菲律賓，新幾內亞，萬拿杜的新喀利多尼亞則爲分布的極東，澳洲東北部爲南界。

　　在臺灣雖屬全臺從平地到中海拔山區皆有分布的蝶種，但整體而言仍以南部地區有較多的記錄，其他地區則呈現區域分布狀態。一些分布代表性區域有：臺北盆地周邊、臺中大坑、高雄茂林、恆春半島、臺東大武、利吉小黃山。

　　馬來西亞刁曼 —— 阿歐群島的亞種和臺灣相同，但是兩者之間相距達2800公里，70年代在屏東恆春、臺東及1968年在蘭嶼有過不少前翅端部有大型白紋的小紫斑蝶（菲律賓亞種 *E. tulliolus pollita*）（又被稱爲白紋小紫斑蝶）採集記錄。（當時所採用的學名 *E. t. monilis* 是牠的同物異名。）

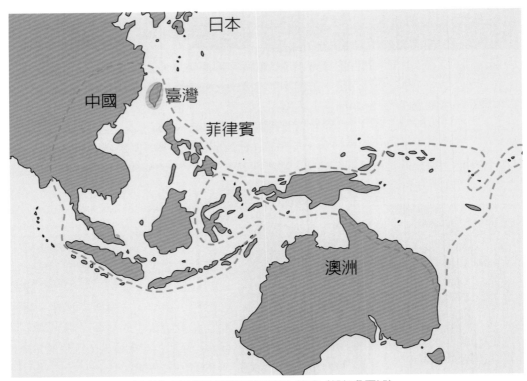

▲小紫斑蝶的世界分布（虛線）及臺灣族群所屬亞種分布範圍（粉紅色區域）。

寄主植物

臺灣小紫斑蝶的寄主植物為桑科盤龍木屬盤龍木。

國外的記錄則有桑科多種盤龍木屬植物與夾竹桃科的橙花。

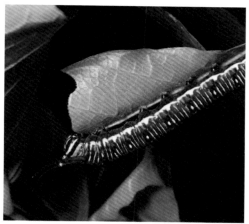

▲小紫斑蝶幼蟲取食前會將葉柄咬斷。

食性與蜜源

小紫斑蝶幼蟲在臺灣的族群應為單食性以盤龍木為寄主，國外的記錄亦以盤龍木屬植物為主要寄主；至於夾竹桃科橙花的記錄則有待進一步確認。

幼蟲只能取食寄主植物嫩芽或新葉，取食前會將葉柄咬斷一部分使乳汁流出後再開始吃。幼蟲孵化後會先將卵殼吃掉，有時亦可見到同類相殘將鄰近卵吃掉的情形。

成蝶喜訪花，對 PA 植物鹼有一定程度偏好，詳細情形則尚待進一步研究。各季蜜源植物大致與其他三種紫斑蝶相同。

小紫斑蝶的蜜源植物	春季	樟科大葉楠、香楠；茜草科水錦樹；無患子科龍眼、荔枝；菊科多種澤蘭屬植物如花蓮澤蘭、基隆澤蘭；紫草科狗尾草。
	夏季	菊科多種澤蘭屬植物、田代氏澤蘭、腺葉澤蘭、高士佛澤蘭；杜英科錫蘭橄欖；大戟科烏桕。
	秋季	菊科多種澤蘭屬植物；樟科小梗木薑子；芸香科食茱萸、賊仔樹；無患子科臺灣欒樹。
	冬季	菊科多種澤蘭屬植物、大頭艾納香、香澤蘭、小花蔓澤蘭；五加科江某；茜草科水錦樹；紫茉莉科腺果藤；爵床科臺灣鱗球花；紫草科冷飯藤、假酸漿。
	跨季或全年	菊科多種澤蘭屬植物、大花咸豐草；紫草科白水木、光葉水菊；馬鞭草科馬纓丹、長穗木。

大白斑蝶

Idea leuconoe Erichson, 1834

中文名 / 大帛斑蝶、黑點大白斑蝶、大胡麻斑蝶

英文名 / Paper Kite, Mangrove Tree Nymphr

日文名 / オオゴマダラ

▲吸食大花咸豐草的大白斑蝶（臺北鼻頭角）。

習性

　　臺灣的大白斑蝶共分為臺灣亞種（*Idea leuconoe clara* Butler, 1867）與綠島亞種（*Idea leuconoe kwashotoensis* Sonan, 1928），其中綠島亞種為特有亞種，是楚南仁博於 1923 年 7 月 5-21 日在綠島採獲二雄蝶後於 1928 年發表的。綠島亞種一度曾被認為是獨立種，但由於各地亞種間在外型上本來就存在一定程度差異，且根據生殖器無明顯差異，因而處理為大白斑蝶的一個亞種。大白斑蝶英名取其喜將翅膀平攤如紙風箏般遨翔天際的意象。分布

於海岸林帶或鄰近山地的森林性蝶種，有時亦會在海濱開闊地出沒，喜訪花，經常可見如老鷹般在樹冠層或山谷間平攤翅膀隨著氣流盤旋。大白斑蝶因拍翅速度緩慢且不易受驚擾可輕易徒手捕捉的特性而有「大笨蝶」的俗稱，一般被認爲是移動能力不強的蝶種，但在東部的蝶道觀察及恆春半島越冬谷內亦可見到。

雄蝶未觀察到領域行爲或吸泥水行爲。

雌蝶常緩慢在森林中底層飛翔尋找寄主植物，大都將卵單獨產在葉背。日本記錄到最高產卵量爲 223 顆。交配期間由雌蝶帶頭飛。

幼蟲棲息位置以葉背爲主，但亦有棲息在藤莖或枝條上的情況。受驚擾時除會將身體前半部拱起成獅身人面狀外，紫蝶義工徐志豪證實其還會散發出如人蔘般的忌避性氣味。化蛹位置大都選擇在寄主植物葉背中肋。

出現期及數量

臺灣亞種屬於一年多世代種，世代重疊全年可見各生長階段。目前臺灣亞種已知分布地點爲北海岸地區（北海岸及龜山島）、恆春半島（包含臺東部分海岸林帶）、蘭嶼。冬季在恆春半島的部分越冬谷中亦可見，其越冬狀態則有待進一步研究來闡明。

綠島亞種同爲一年多世代種，數量穩定但不多，冬季亦有一定數量。

大白斑蝶特徵　•北海岸地區

波浪狀黑帶不明顯

雄蝶背面

雄蝶腹面

雌蝶背面

雌蝶腹面

• 蘭嶼地區

雄蝶背面

雄蝶腹面

• 恒春地區

雌蝶背面

雌蝶腹面

• 綠島亞種

波浪狀黑帶粗

波浪狀黑帶粗

雄蝶背面

雄蝶腹面

雌蝶背面

雌蝶腹面

成蝶型態與特徵

　　大型蛺蝶，同時也是臺灣最大的斑蝶，翅形寬大，前翅長約 70mm 呈三角形，後翅扇形。底白色散布黑斑，並在前翅亞外緣形成鋸齒狀斑列，翅基部泛黃色；綠島亞種黑斑較發達且後翅亞外緣斑列會連接成鋸齒狀，故整體看起來明顯較臺灣亞種爲黑。

　　雄蝶背腹面斑紋大致相同，是少數沒有性標的斑蝶。具有兩對毛筆器，此爲本屬重要特徵，主體黃色，淡褐色毛叢集中生長在端部。雌蝶沒有毛筆器，其他特徵大致與雄蝶相同。胸部散布白點；腹部白色，氣孔黑色。

幼生期型態

　　臺灣亞種終齡蟲在北海岸地區族群的白環紋一般較恆春半島及蘭嶼族群來的細，尤以連接紅斑的白環爲甚，常會出現不連續或在背中線不連接的情形：恆春半島、蘭嶼地區族群變異程度則相對較大，從有粗白帶個體到類似北海岸的個體皆可見；綠島亞種終齡蟲白環則幾乎消失。如將臺灣亞種的臺灣及分布於日本沖繩諸島及奄美諸島喜界島的沖繩族群，日本八重山群島及宮古諸島的八重山亞種幼蟲型態進一步加以比較可發現，沖繩族群雖然距離臺灣較遠卻被處理成同一亞種，但其幼蟲僅有一條細白環，和臺灣各地族群有明顯差異，顯示兩者間已有族群分化現象。

　　八重山亞種雖然離臺灣較近卻被處理爲不同亞種，但幼蟲白環發達程度則呈現類似或介於北海岸、蘭嶼及恆春半島族群之間的狀態，反而與沖繩族群不同。所以沖繩族群是否應獨立爲一個亞種，以及八重山亞種與北海岸族群間的關係，值得在未來進一步探討。

　　臺灣及綠島亞種肉突皆爲五對（T/f2,3,5,10,11），但是在國外有些亞種如婆羅州的汶萊亞種 *I. leuconoe nigriana* 幼蟲則有九對肉突（T/f2,3,5-11）。

◀大白斑蝶毛筆器有二對。

卵

約 3 天，初期黃白色，之後會出現粉紅色精斑，徑 1.2mm，高 1.6mm，砲彈狀頂圓弧，表面凹刻痕，側邊呈方形往端部則漸圓。

一齡蟲

約 2 天，體長約 3.5～5mm，全身散布一次剛毛列，頭球形黑色，身體圓筒狀，初期淺褐色之後變深，體側無紅斑但進入蛻皮期有時可見次齡蟲紅斑，前胸頸背方有兩個黑點，各體節有白環紋，背方有五對深色肉突（T/f2,3,5,10,11），肉突長度約為頭寬的 0.5 倍長，其中第四對極不明顯呈痣狀，氣孔外圍、胸足、原足及尾端黑色。

二齡蟲

約 2～3 天，體長約 12mm，頭部有二次剛毛列，身體光滑黑色，各體節有數條長度不等的白環紋，體側方有一列紅斑，角狀肉突黑色，約為頭寬的 2.5 倍長。

三齡蟲

約 3～4 天，體長約 17mm。外型大致與二齡蟲相近，但肉突較長，約為頭寬的 4 倍長。

約 3 ～ 5 天，體長約 29mm，肉突更長，約為頭寬的 4 倍長，其他特徵大致與三齡相同。

五齡蟲　約 4 ～ 6 天，體長約 55 ～ 60mm，頭殼寬約 4mm 黑色有二次剛毛列，身體圓筒狀表面光滑底黑色，中胸至第七腹節側方有一紅斑列，各體節有二條白環紋，連接紅斑者較細且背方及連接處常會斷裂，肉突黑色甚長共有五對（T/f2,3,5,10,11），約為頭寬的 4 ～ 4.5 倍長，但第四對肉突（T/f10）甚短，長度依序為 T/f2=3>5＝11>10，氣孔、胸足及原足黑色。受驚擾時會將胸部拱起呈獅身人面狀。

蛹　約 12 天，體長約 28mm，長橢圓形胸腹交接處背方縊縮，呈金黃色金屬鏡面質感，胸腹部密布黑點，在腹側方有較集中的趨勢，有些個體會在觸角與翅膀交接處出現黑色長紋，氣孔黑色。但是整體而言這些斑紋有一定程度變異，詳細情形尚待進一步研究。

卵

卵的特徵與北海岸地區個體無明顯差異。約 3 天，初期黃白色，之後會出現粉紅色精斑，徑 1.2mm，高 1.6mm，砲彈狀頂圓弧，表面凹刻痕，側邊呈方形往端部則漸圓。

一齡蟲

約 2 天，體長約 3.7 ～ 6mm。

二齡蟲

約 2 ～ 3 天，體長約 13mm。

三齡蟲

約 3 ～ 4 天，體長約 20mm。外型大致與二齡蟲相近但肉突較長，約為頭寬的 4 倍長。

四齡蟲

約 3 ～ 5 天，體長約 26mm，白環變異程度大。

五齡蟲

約 4 ～ 6 天，體長約 55mm，圓筒狀，頭殼寬約 3.8mm，白環變異程度大，有些個體類似北海岸地區，尚未發現白環不連接紅斑的個體。

蛹

約 12 天，體長約 27mm，黑斑較不發達，腹側方黑點似有密集形成黑帶的情形。

卵

約 3 天，其他特徵與上述兩地之間似無明顯差異。

一齡蟲

約 3 天，體長約 3.7～6mm，白環紋最寬。

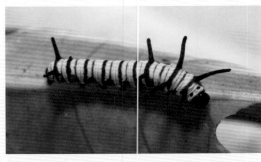

二齡蟲

約 3 天，體長約 12mm。

三齡蟲

約 4 天，體長約 20mm，體側有縱貫身體的紅斑列，下方一排白斑，斑紋變異大。

約 4 天，體長約 28mm，斑紋變異大。

五齡蟲　約 6 天，體長約 55mm，頭殼寬約 4mm，最寬的白紋在背方後側有些個
體會有缺角情況，整體斑紋變異程度大。

蛹　約 12 天，體長約 26mm，斑紋有相當程度的變異，但部分個體黑斑較其
他地區發達，觸角與翅膀交接處有黑帶，胸背方則形成「Ｙ」字黑紋。

大白斑蝶幼生期特徵

綠島亞種 *Idea leuconoe kwashotoensis*（Sonan, 1928）

卵

約 3 天，淺黃色精斑粉紅色，徑 1.2mm，高 1.7mm，特徵大致與臺灣亞種相同，惟頂部似有較平的特性。

一齡蟲

約 2 天，體長約 5mm，白環紋寬度較臺灣亞種窄，其他特徵大致相同。

二齡蟲

約 3 天，白環紋僅剩一條，體側縱貫身體紅斑列明顯。

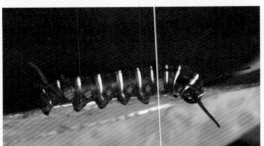

三齡蟲

約 3 天，體長約 21mm。

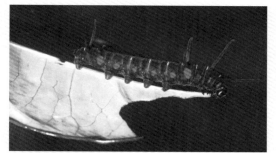

四齡蟲

約 4 天，體長約 22 ～ 28mm，白環紋僅背方可見且不明顯，使得紅斑列更為突顯，其他特徵大致與三齡相同。

五齡蟲 約 6 天，體長約 55mm，全身黑色，體側有一紅斑列，僅在部分體節如中胸背方有不明顯細白環，其餘特徵大致與臺灣亞種相同。

蛹 約 8 天，體長約 30mm，黑斑不發達，尚未發現如北海岸地區個體般，翅膀與胸背交接處有黑色長紋的個體。

分布及數量

　　大白斑蝶分布北界的緯度和琉球青斑蝶相當，僅次於大青斑蝶及帝王斑蝶的蝶種。泰國中——東南部及緬甸南端、馬來半島中南部、蘇門答臘、爪哇，往東爲婆羅州、菲律賓、臺灣，最北到達日本南西諸島的大部分島嶼。

　　在臺灣則是分布範圍最局限的斑蝶，呈現局部地區數量豐富的特性，和寄主植物在臺灣的分布狀態互相吻合。

　　臺灣亞種最初被記載產地爲爪哇，後被證實爲誤記。目前已知分布地點爲北海岸地區（東北角海岸及龜山島）、恆春半島（包含臺東部分海岸林帶）、蘭嶼。早期在花蓮港及臺東鄰近地區有過多筆記錄，值得再次調查其族群現況；臺北盆地亦有一些記錄，澎湖（鹿野 1930）也有一次記錄，此應屬境內迷蝶的可能性；臺南在 1930 年代有一些記錄，如今已不復見。另外，近年部分記錄可能和人爲飼養後逸散有關。

　　本種在亞種分化上是個有趣的課題，如菲律賓就被分成至少九個亞種，而且更有趣的是離臺灣較遠的日本沖繩族群仍被視爲和臺灣同一亞種，離臺灣較近的八重山群島族群則被獨立爲特有亞種——八重山亞種。近年則由國立中山大學顏聖紘博士指出，臺灣產個體中的北海岸個體其幼生期與其他地區有所不同。

　　在不同地區族群遺傳結構尚未闡明前需注意的是，由於本種具有高度觀賞價值且已廣泛的被各地蝴蝶園所繁殖，應避免飼養個體逸散而造成潛在的基因汙染可能性。

　　綠島亞種的分布：僅產於綠島，顯

▲大白斑蝶的世界分布（虛線）及臺灣亞種分布範圍（粉紅色區域），綠島亞種（橘色區域）、八重山亞種（綠色區域）。

示其移動能力受局限。Ackery & Vane-Wright（1984）將本亞種產地誤記為蘭嶼，Yata & Morishita 則誤記為蘭嶼及綠島。

食性

　　幼蟲在臺灣的族群應為單食性，另外曾有過臺灣牛皮消的記錄，但應為誤記。一齡幼蟲有取食卵殼習性，新葉或成熟葉皆可取食，惟小幼蟲取食葉片前會先咬出環狀食痕使乳汁流出，等一段時間後再開始刮食中間葉肉並留下上表皮成窗狀；三齡蟲之後則可直接取食整片葉子。雄蝶對於 PA 植物鹼的偏好性尚待進一步調查研究。

寄主植物

　　大白斑蝶在臺灣主要以夾竹桃科爬森藤、蘿藦科臺灣牛皮消為寄主植物，在國外則有夾竹桃科 *Parsonia spiralis* 與蘿藦科 *Tylophora hispida* 的記錄。

▲大白斑蝶的小幼蟲會將葉子咬出環狀食痕。

大白斑蝶的蜜源植物	春季	火筒樹科火筒樹；繖形花科濱當歸（蘭嶼地區）；夾竹桃科爬森藤。
	夏季	菊科的多種澤蘭屬。
	秋季	菊科臺灣澤蘭。
	冬季	未確定的紫草科喬木（屏東壽卡）
	跨季或全年	菊科大花咸豐草；馬鞭草科山埔姜、臭娘子、馬纓丹、長穗木。

黑脈樺斑蝶

Danaus genutia (Cramer, [1779])

中文名／ 虎斑蝶

英文名／ Common Tiger, Indian Monarch, Orange Tiger

日文名／ スジグロカバマダラ

▲吸食長穗木的雌蝶。

習性

　　指名亞種，中名取其翅脈黑色特徵。性喜在開闊林緣帶及草原環境活動蝶種，喜訪花，飛行速度不快，常有停棲在葉片上展翅不動的行為。季節性移動現象不明顯，但早期在臺灣曾有由單一蝶種形成越冬群聚記錄，香港近年有被記錄到此類越冬谷的存在。交配時由雄蝶帶頭飛。

　　雄蝶未觀察到有領域行為，飛行高度低；國外有吸泥水行為觀察記錄，臺灣則仍有待查明。

　　雌蝶常緩慢在林緣飛翔尋找寄主植

物，將卵單顆產在葉背上。

　　幼蟲棲息位置在葉背，大幼蟲在枯枝或藤莖上面亦可發現。受驚擾時有將胸部拱起呈獅身人面狀，但彎曲程度不大。化蛹位置以寄主、鄰近植物葉背或枝條上爲主。

出現期及數量

　　一年多世代種，中海拔亦有繁殖情形，全年皆可見到各生長階段個體，成蝶春季主要出現在平地及低海拔山區，夏、秋二季則在中海拔甚至高海拔山區亦可見，冬季根據過往及香港的觀察記錄顯示其有群聚越冬情形，此外在臺灣北部及南部亦有一些成蝶及幼生期的記錄，相關越冬生理狀態目前尚未確認。近年的調查資料顯示在部分越冬地中可占一定比例，惟數量皆不多。

▲黑脈樺斑蝶交配時由雄蝶帶頭飛。上圖爲吸食大花咸豐草的黑脈樺斑蝶。

黑脈樺斑蝶特徵

前翅近端部有斜白帶

翅脈黑色

性標

雄蝶背面

前翅近端部有斜白帶

性標

雄蝶腹面

前翅近端部有斜白帶

翅脈黑色

無性標

雌蝶背面

翅脈黑色

無性標

雌蝶腹面

成蝶型態與特徵

中型蛺蝶，前翅長約 40mm 近直角三角形，略有弧度外緣中段略內凹，後翅扇形外緣略呈波浪狀。底橘色虎紋狀、腹面顏色稍淺，翅脈黑色，翅緣、前翅端半部亦為黑色。外緣散布兩排白點，前翅近端部有一列從前緣逐漸增長增大並在外緣有一白點所組成的白色斜帶紋。

胸部散生白點；腹部橘色，體腹、側方各有一列白點。毛筆器主體半透明褐色，毛叢深褐色集中於端部。整體而言本種不論是斑紋數量、型式及大小皆相當穩定，這可由臺灣產族群所屬的指名亞種分布範圍從非洲東部到馬來半島南端的廣大範圍內皆無明顯差異可知，但在部分地區如日本八重山諸島於初春可發現前翅斜白帶及後翅緣白斑擴大且後翅虎紋白化的個體，然而在臺灣則尚未有此記錄。此外本種的另一近緣種黑脈白斑蝶在臺灣亦有過短暫的繁殖記錄，其斑紋型式雖與本種極為類似但卻是白色的。不過需注意的是這兩種斑蝶在東南亞部分地區的亞種，會出現黑脈樺斑蝶後翅虎紋變成白色，黑脈白斑蝶前翅變成紅色的顏色對調現象。

雄蝶後翅近中室處（CuA$_2$ 脈）有一瘤狀性標。雌蝶無性標，外觀大致與雄蝶相同。

▲上：雄蝶性標特寫。中：雄蝶毛筆器。下：雌蝶腹部。

卵

約2～3天，白色，徑0.8mm，高1.2mm，梭形頂尖底平，表面凹刻痕大致呈方形且較細小。不同個體形狀會有些微變異。

一齡蟲

約4天，體長約4～6mm，全身散布一次剛毛列，頭球形黑色，身體圓筒狀，初生幼蟲底白色後轉為紅褐色密布白點，體側有一黃色帶，側背方有一縱貫全身黃斑列，背方共有三對深色芽狀肉突（T/f2,5,11）；氣孔外圍、胸足、原足黑色。

二齡蟲

約2天，體長約6～9mm，頭黑色有二次剛毛列，頭頂有二條白帶，體表光滑紅褐色，角狀肉突略長於一齡，體側有一黃縱帶。

三齡蟲

約3天，體長約11～14mm，角狀肉突紅褐色，最長肉突略比頭寬要長。

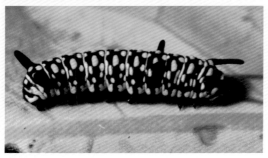

四齡蟲

約 2 ～ 4 天，體長約 16 ～ 22mm，斑紋較三齡蟲大，肉突紅褐色，約為頭寬的 3 倍。其他特徵大致與三齡相同。

五齡蟲

約 4 天，體長約 40mm，頭黑色寬約 3.4mm 有二次剛毛列，前額及上唇白色，頭頂有二道白帶；身體圓筒狀表面光滑，底黑色至紅褐色上密布白斑但其變異程度大，背側方有黃斑列，側線有黃色縱帶，背方角狀肉突三對呈黑色但近基部為紅色，約為頭寬的 3 倍長，長度依序為 T/f2>5=11，氣孔、胸足及原足黑色。

蛹

約 9 天，體長約 16mm，長筒形，第三腹節處最寬，胸腹背方線條甚直，有綠色及褐色型蛹。第三、四腹節交接處背方黑色橫帶鑲嵌珍珠光澤斑紋，翅胸連接點、中胸背側方及頭部有珍珠光澤斑點。

分布

　　臺灣大致爲分布的北界，廣布在印度次大陸最西從喀什米爾南方到印度、斯里蘭卡，往東則是中國大陸西藏、雲南、四川、陝西、福建、廣東、廣西、香港，一直到菲律賓，往南到中南半島各國、印尼及馬來西亞一直到南界的澳洲西北部，但有趣的是從民答那峨摩鹿加及新幾內亞卻都沒有記錄。日本南西諸島的八重山群島亦有分布，此外在日本本土甚至韓國則有少量的迷蝶採集記錄。

　　在臺灣分布範圍廣，全臺從平地到中海拔山區甚至在夏季的高海拔地區亦偶可見，一些分布代表性區域如臺北盆地周邊、苗栗南庄、臺南仙公廟一帶、恆春半島、離島地區龜山島、綠島、澎湖花嶼、馬公皆有記錄，蘭嶼則爲當地最常見的蝶種之一。鄰近的日本八重山群島有時會採獲後翅白斑發達的春型個體。

寄主植物

　　臺灣黑脈樺斑蝶的寄主植物有蘿藦科臺灣牛皮消、蘭嶼牛皮消、牛皮消及薄葉牛皮消爲主要寄主。前臺灣蝶會理事林有義曾在爬森藤上發現終齡幼蟲的記錄。此外亦有記錄指出其會以臺灣牛嬭菜、鷗蔓屬植物爲寄主，但這些記錄都有待再確認。

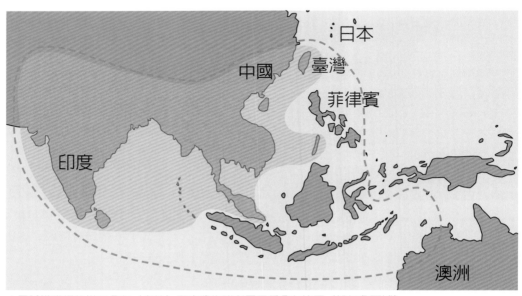

▲黑脈樺斑蝶的世界分布（虛線）及臺灣族群所屬亞種分布範圍（粉紅色區域）。

食性與蜜源

幼蟲在臺灣的族群為寡食性，寄主植物各生長階段葉片皆會取食。

剛孵化幼蟲會先吃卵殼，小幼蟲取食葉片前會咬出環狀食痕使乳汁流出，過一陣子再開始取食，較大幼蟲則可直接取食葉片。有時可見到幼蟲身上沾附許多乳汁的情形，其是否會造成幼蟲生長發育的阻礙尚待進一步研究闡明。

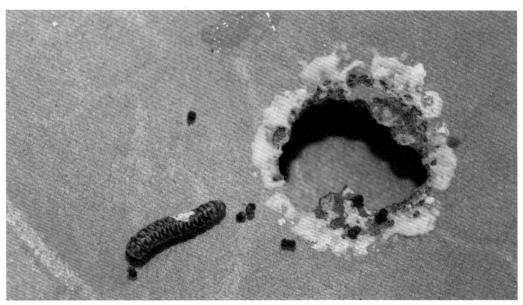

▲黑脈樺斑蝶小幼蟲會將葉片咬成環狀食痕。

黑脈樺斑蝶的蜜源植物	春季	菊科的花蓮澤蘭、基隆澤蘭；紫草科的狗尾草。
	夏季	菊科的多種澤蘭屬、高士佛澤蘭；忍冬科的冇骨消；紫草科的白水木。
	秋季	菊科多種澤蘭屬植物；樟科小梗木薑子；芸香科食茱萸、賊仔樹；無患子科臺灣欒樹。
	冬季	菊科的香澤蘭；莧科的青葙。
	跨季或全年	紫草科的白水木；菊科的大花咸豐草、光葉水菊；馬鞭草科的馬纓丹、長穗木。

樺斑蝶

Danaus chrysippus (Linnaeus, 1758)

中文名／ 金斑蝶

英文名／ Plain Tiger, Common Tiger, Lesser Wanderer, African Queen

日文名／ カバマダラ

▲吸食青葙的樺斑蝶雄蝶。

習性

　　指名亞種，同時也是世界上第一種被畫成藝術品的蝴蝶及被命名的斑蝶，早在三千五百年前的埃及壁畫中就已經出現。其屬名 *Danaus* 指的是埃及神話中的國王（Kluk, 1802）。臺灣在早期曾記錄過白斑型個體。

　　草原性蝶種，喜訪花，主要棲息在開闊地，森林地區極為罕見。低空飛行速度緩慢，路徑大致成一直線，花大量時間在花叢或寄主間進行短距離飛行。臺灣唯一至今沒有在越冬谷內被記錄過的斑蝶，應非越冬蝶種。

雄蝶未觀察到領域行為，被捕捉後不伸出毛筆器；未觀察到有吸泥水行為。

雌蝶大多在寄主植物附近活動，將卵單顆產在寄主植物各部位上。

幼蟲棲息位置以葉背為主。化蛹位置大都選擇在寄主植物葉背。

出現期及數量

一年多世代種，成蝶主要出現在平地及低海拔地區，但如果在一些較高海拔山區種植其寄主植物有時亦可引來雌蝶產卵並繁殖，但其是否能在冬季維持族群則尚待進一步調查證實。

從春季開始族群量會逐漸攀升並在秋季達到最高點，之後隨著冬季來臨各地數量會銳減，但在部分人工種植大量寄主植物環境，如一些平地校園則仍可發現一些成蝶，此外在南部地區的冬季亦可見到繁殖的現象，至目前為止本種為唯一尚未在冬季群聚集團中被記錄到的蝶種，所以整體而言應為非越冬蝶種。

▲休息中的樺斑蝶。

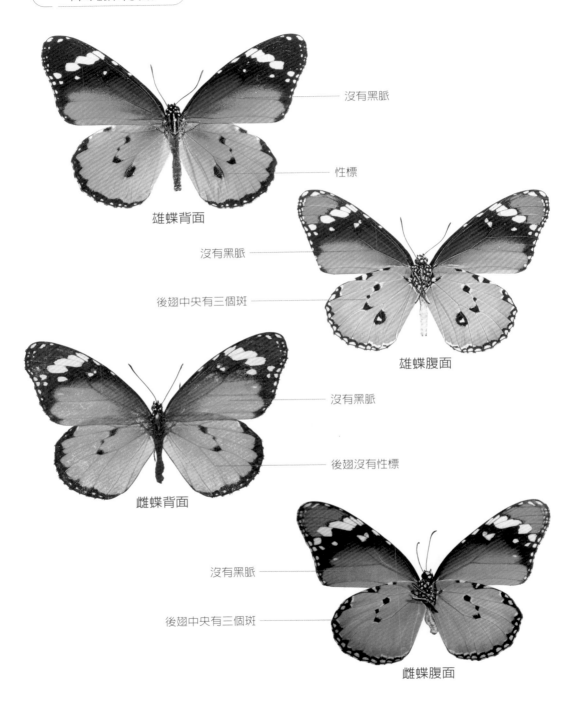

樺斑蝶特徵

沒有黑脈

性標

雄蝶背面

沒有黑脈

後翅中央有三個斑

雄蝶腹面

沒有黑脈

後翅沒有性標

雌蝶背面

沒有黑脈

後翅中央有三個斑

雌蝶腹面

成蝶型態與特徵

中型蛺蝶，前翅長約 35mm 鈍角三角形略有弧度外緣中段略內凹，後翅扇形。底橘色腹面顏色稍淺，翅緣、前翅端半部黑色。排列在外緣的白點於前翅有兩排，後翅則僅有一排。前翅近端部有一列從前緣斜長至外緣，由四個大型白斑所組成的白色斜帶紋；白色斜帶下方則分別在兩側各有兩個一組及中間出現單一的白點。

胸部散布白點；腹部背方橘色下方白色，氣孔白色。毛筆器褐色，毛叢集中在端部。整體而言本種不論斑紋數量、型式及大小皆相當穩定，這可由臺灣產族群所屬的指名亞種從歐洲的地中海東岸到馬來半島南端的廣大範圍內沒有明顯差異可知。在部分地區則會出現，後翅中央有一大片白色區域的個體。

雄蝶後翅中室外側有四個黑斑，最下方 CuA_2 脈上有一瘤狀性標。

雌蝶後翅中室外側三個黑斑，其他特徵大致與雄蝶相同。

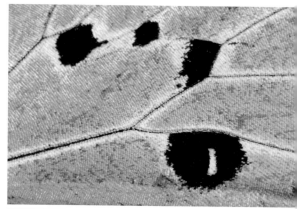

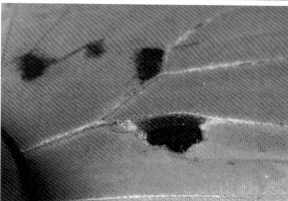

▲上：雄蝶性標（後翅腹面）。中：雄蝶性標（後翅背面）。下：雄蝶毛筆器。

卵

約 3 天，淺黃色，徑 0.8mm，高 1.2mm，梭形頂尖底平，表面凹刻痕大致呈長方形。

一齡蟲

約 2～4 天，體長約 3～5mm，全身散布一次剛毛列，頭球形黑色，身體圓筒狀，初期單一黃褐色，後期體背側方有一排黃斑及紅褐、白色相間不明顯的環紋，前胸背方有一對黑點，背方共有三對深色芽狀肉突（T/f2,5,11）；胸足及原足黑色。

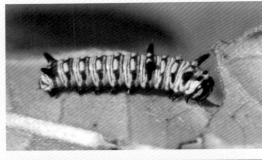

二齡蟲

約 3～4 天，體長約 5～9mm，全身覆有二次剛毛列底紅褐至黑色，頭殼中間及邊緣各有一白帶，各體節有數條白環紋，側背方黃斑列明顯，側線下方有一縱貫全身的黃帶。角狀肉突黑色，最長肉突約為頭寬 3/2；胸足、原足末端黑色。

三齡蟲

約 2～3 天，體長約 10～13mm，白環紋發達，角狀肉突明顯，約為頭寬的 1.5 倍。

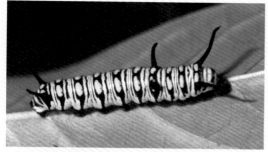

四齡蟲

約 2 天，體長約 16 ～ 20mm，角狀肉突更長，約為頭寬的 2 倍，其他大致與三齡相同。

五齡蟲　約 5 ～ 6 天，體長約 20 ～ 37mm，全身覆有二次剛毛列，頭黑色寬約 2.5mm，有二次剛毛列，前額及上唇黃色，頭頂有二道白帶；身體圓筒狀，各節體側、背方有數個寬度不一白黑相間環紋，背方則有一對黃斑，側線上有一黃色縱帶，惟這些斑紋有一定程度變異，背方角狀肉突三對呈黑色，但近基部有時會呈紅褐色，長相當於頭寬的 3 倍，長度依序為 T/f2>5>11，氣孔、胸足及原足黑色。

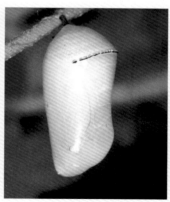

蛹　約 7 天，體長約 16mm，長筒形，胸腹背方線條甚直，有綠色及褐色型蛹，前者在身體背方及氣孔附近會有不規則黃斑列。第三、四腹節交接處背方黑色橫帶有黃邊。

分布

廣布在非洲熱帶區及馬達加斯加等非洲島嶼，偶爾在南歐有發現記錄，中東地區最北可達烏茲別克，並一路從伊朗喀什米爾到印度次大陸、中南半島、中國、印尼及馬來西亞，最東到萬拿杜的新喀利多尼亞，斐濟群島則為分布的極東，往南到澳洲，紐西蘭亦偶有記錄，但在新幾內亞的俾士麥群島卻無記錄。往北則經由菲律賓、臺灣到日本南西諸島，日本本土如九州多處地點則有迷蝶採集記錄。

在臺灣的分布和人為種植寄主植物有密切關係，在野外自然環境中甚為少見。全臺各地從平地到中海拔山區皆可能有分布。一些代表性區域如臺北安康蝴蝶生態園、南投縣埔里一帶、臺東龍田等地，只要有種植寄主植物的地方大多可見到蝶蹤。離島地區澎湖花嶼、馬公、小琉球、蘭嶼亦有記錄，其中本種在蘭嶼的出現應和外來植物馬利筋的引入有關。

臺灣曾記錄過白斑型個體。

寄主植物

外來植物蘿摩科的馬利筋、釘頭果及魔星。在人工環境中有原生植物薄葉牛皮消及臺灣牛皮消的記錄。

國外：廣泛的以各種蘿摩科馬利筋屬植物為主要寄主。

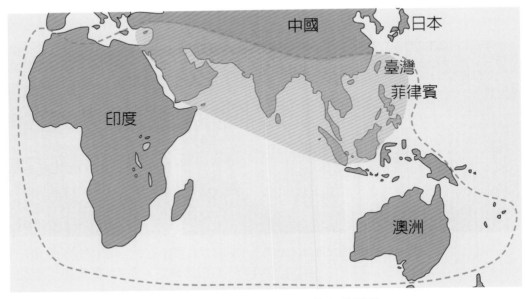

▲樺斑蝶的世界分布（虛線）及臺灣族群所屬亞種分布範圍（粉紅色區域）。

食性與蜜源

寄食性，寄主植物各生長階段葉片皆會取食。

剛孵化幼蟲會先吃卵殼，取食前會先將葉片大致咬成環狀切痕，待乳汁流出一段時間後再開始取食，較大幼蟲則可直接取食葉片。目前在臺灣野外尚未有取食原生植物記錄，已確認者皆為外來種，但在一些蝴蝶生態園區中則有在原生植物上繁殖的記錄，其在野外狀態尚待進一步確認。

成蝶喜訪花，對於富含 PA 植物鹼物質偏好性尚待進一步研究。

▲上：樺斑蝶的寄主植物釘頭果的果實。
　下：樺斑蝶的食痕。

樺斑蝶的蜜源植物	春季	紫草科的狗尾草。
	夏季	無記錄
	秋季	無記錄
	冬季	莧科的青葙。
	跨季或全年	馬鞭草科的馬纓丹；蘿藦科的馬利筋；菊科的大花咸豐草、光葉水菊。

淡紋青斑蝶

Tirumala limniace (Cramer [1775])

中文名／ 青斑蝶

英文名／ Blue Tiger

日文名／ ウスコモソマダラ

▲吸食華它卡藤花的雌蝶。

習性

　　指名亞種，全身散布淡藍色斑紋為中文名稱之由來。

　　主要出現在海岸林帶並偏好在開闊地活動，人工種植的寄主植物附近亦常可見到。飛行速度快，直線方式快速振翅多次並伴以滑翔方式飛行，會在海岸林上層巡弋飛行，但亦時可見到在花叢間緩慢拍翅訪花。春季蝶道時可見到。交配飛行在日本記錄為雌蝶帶雄蝶飛。

　　對人工環境甚至都市的適應性高，應和其主要在野外分布於開闊海濱地

區的特性有關，只要種植其寄主植物華它卡藤，即使是在臺北市中心，亦可輕易引來雌蝶產卵並年年造訪，由此可知本種應具有相當程度的移動能力。

雄蝶偏好在樹林中上層活動，具有明顯的領域行為，常可見雄蝶不斷來回在固定區域盤旋。對 PA 植物鹼偏好性顯著，尚未有吸泥水行為的觀察記錄，被捕捉後會伸出毛筆器作為驅敵之用。

雌蝶常花費大量時間在寄主植物附近徘徊，將卵單顆產在葉背上。

幼蟲棲息位置以葉背為主，大幼蟲則有棲息在藤莖上的情況。休息的時候會將身體前半部向身體一側捲起成勾狀，化蛹位置大都選擇在寄主植物葉背，有時在鄰近植物葉背亦可見到。

出現期及數量

一年多世代種，整體而言，本種在各地呈現明顯季節消長現象，自春末開始到秋季，族群量雖不多但相當穩定，特別是在一些富含 PAs 植物鹼的蜜源及其寄主植物的區域有時可見到上百隻淡紋青斑蝶群聚情況，冬季則主要在越冬棲地內可見，另外冬季在人工蝴蝶生態園有幼生期個體的記錄，但越冬地個體則有脂肪累積情形，雌蝶亦有生殖滯育現象；其越冬生理狀態尚待進一步研究。在越冬棲地中的比例較小紋青斑蝶來的少，但在部分地區有數量高於小紋青斑蝶的情形出現。

▼冬季南部紫蝶幽谷內的淡紋青斑蝶群聚集團。

淡紋青斑蝶特徵

中室斑粗胖

前翅後緣斑外側平齊

雄蝶背面

中室斑內側連線通過中央斑下方

底色黃褐色

口袋狀性標

雄蝶腹面

中室斑粗胖

虎紋

雌蝶背面

前翅後緣斑內側尖

後翅外緣有雙列斑

無性標

雌蝶腹面

成蝶型態與特徵

中型蛺蝶，前翅長約 50mm 近直角三角形外緣中段略微內凹，後翅扇形外緣呈波浪狀。翅底色背面為黑褐色，腹面黃褐色，淡藍色虎紋從基部往外延伸，外側則散布許多大小不一的藍斑。斑紋大小呈現由基部往外逐漸縮短的情形，後翅中室及其下方有數道從基部往外生長呈「V」字形的虎紋，前後翅外緣則會出現兩排小點組成的斑列。本種在前翅中室近端部有一粗胖的「ㄇ」形斑，此外如將後緣 CuA_2 室內的兩道長紋外緣畫一條虛擬的連接直線，則會呈現與後緣垂直的狀態，以上為本種進行辨識時的重要特徵，但需注意的是一些雄性個體後緣長紋亦會呈現向內斜切的狀態，此時應藉由其他特徵加以輔助辨認。

本種與另一臺灣偶可見到的迷蝶東方淡紋青斑蝶為外型極為相似的近緣種，但本種若沿著前翅「ㄇ」形斑內緣畫一條虛擬的直線，則會通過位於翅中央最大藍斑的下方（緣）；前翅後緣 CuA_2 室的兩道長紋中，上面那條的內緣甚為尖銳。以上為本種的兩個重要辨識特徵。胸部散生白點；腹部褐色，節間及氣孔白色。毛筆器主體紅褐色，毛叢褐色集中在近端部。整體而言，本種斑紋型式較近緣種的小紋青斑蝶來的大且顏色明顯較淺，翅膀底色亦較淺呈黃褐色。

雄蝶後翅近臀區（CuA_2 室）有一開口在背方的袋狀性標。雌蝶無性標，其餘斑紋大致與雄蝶相同。

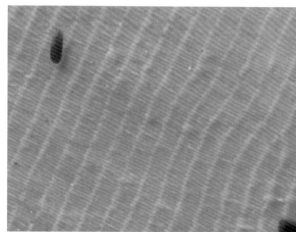

▲上：鱗片特寫。下：雄蝶的毛筆器。

卵

約 3 ～ 5 天， 白 色， 徑 0.8mm， 高 1mm，梭形底部平較粗胖，表面凹刻痕大致呈長方形。不同個體形狀會有些微變異。

一齡蟲

約 2 ～ 3 天，體長約 1.5 ～ 4mm，全身散布一次剛毛列，頭球形黑色，身體圓筒狀，初期呈半透明白色，後期則轉為純白色，中胸至第八腹節有一紅褐色環紋，背方有二對深色芽狀肉突（T/f2,11）；胸足、原足端部深褐色。

二齡蟲

約 2 天，體長約 4.5 ～ 6mm，頭部有二次剛毛列，體表光滑白色各體節有一紅褐色環紋，肉突短，氣孔、胸足及原足端部黑色。

三齡蟲

約 2 ～ 3 天，體長約 7 ～ 14mm，頭殼黑色有二道白帶，各體節環紋黑色，側方有一不明顯黃縱帶；角狀肉突黑色，最長肉突長度約與頭寬相等，T/f2 肉突基半段的內外側有白紋。

約 2 ～ 4 天，體長約 10 ～ 20mm，色澤有時帶有黃色調，體側黃縱帶明顯，肉突長度約為頭寬的 1.5 倍，基半段的內外側白色，其他外觀大致同前所述。

五齡蟲

約 3 ～ 5 天，體長約 25 ～ 40mm，頭殼寬約 3.5mm 有二次剛毛列，前額及上唇白色，頭頂有二道寬白帶；身體圓筒狀表面光滑，底鵝黃或白色體側有一黃縱帶，各體節氣孔處有一黑色細環紋；角狀肉突黑色兩對，第一對明顯較長，約為頭寬的 2 倍長，基半段的內外側白色帶有藍色調；氣孔、胸足及原足黑色。

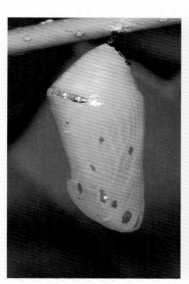

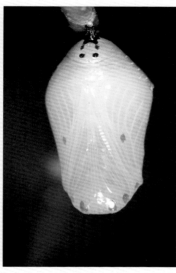

蛹

約 6 ～ 8 天，體長約 17mm，長筒形，中段背方縊縮，淺綠色，前半部散生具珍珠光澤的銀斑；第三、四腹節交接處背方有一條帶著金屬光澤的銀帶。

淡紋青斑蝶　269

分布

　　包含大部分的東方區域，巴基斯坦、阿富汗，印度次大陸的斯里蘭卡、中南半島各國，中國大陸的海南、廣東、廣西、湖北、湖南、雲南、香港及西藏，菲律賓（民答那峨以外的地區）、印尼、Salajar、爪哇、Lesse Sunda Islands；但是在婆羅州（除了沙勞越）、中南半島大部分地區及蘇門答臘則沒有分布記錄。日本本土及南西諸島特別是後者，每年四至六月間常會有應是來自臺灣的迷蝶記錄。

　　本種雖呈現以海岸林帶為主的局部分布狀態，應是受限於寄主植物的分布，但在一些低海拔山區亦偶可見到。

　　從人工種植寄主植物常可引來雌蝶產卵並建立穩定族群這點看來，本種應具有相當程度的移動能力。

　　代表性分布地區如苗栗竹南、恆春半島、東北角海岸。離島地區澎湖有不少記錄，綠島、蘭嶼早期有記錄，現在情況則有待進一步查明。屏東恆春另有前翅後緣斑紋癒合的淡紋青斑蝶（菲律賓亞種）*T. l. orestilla* 的記錄（下野谷，余 1970）

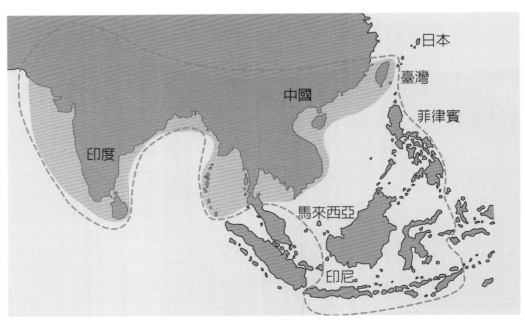

▲淡紋青斑蝶的世界分布（虛線）及臺灣族群所屬亞種分布範圍（粉紅色區域）。

寄主植物

目前僅確認以華它卡藤作爲寄主。另外有臺灣牛皮消（臺灣白薇）、布朗藤的記錄（臺灣蝴蝶圖鑑），則應進一步研究確認。

國外有和華它卡藤同屬的南山藤爲寄主，另外尚有以毬蘭、牛嬭菜屬等蘿摩科植物的記錄。

食性與蜜源

幼蟲孵化後會先取食卵殼，寄主各生長階段葉片皆可取食，小幼蟲會形成環狀食痕，過一陣子再開始取食，大幼蟲則可直接取食葉片。

成蝶喜訪花，雄蝶呈現對於富含PA植物鹼物質的偏好，除了花部，根部、枯枝、枯葉等皆會造訪。

▶吸食白水木枯葉的雄蝶。

淡紋青斑蝶的蜜源植物	春季	紫草科的狗尾草；茜草科的水錦樹；無患子科的龍眼、荔枝。
	夏季	菊科的島田氏澤蘭；芸香科的賊仔樹；忍冬科的冇骨消。
	秋季	芸香科的食茱萸。
	冬季	菊科的香澤蘭。
	跨季或全年	紫草科的白水木；菊科的大花咸豐草、光葉水菊；馬鞭草科的馬纓丹、長穗木。

小紋青斑蝶

Tirumala septentrionis (Butler, 1874)

中文名 / 薔青斑蝶

英文名 / Dark Blue Tiger

日文名 / コモソマダラ

▲小紋青斑蝶雄蝶吸食黃花三七。

習性

　　指名亞種，拉丁學名有時會被誤記為 *Tirumala septentronis*，或是與東方淡紋青斑蝶 *Tirumala hamata* 混淆。中名得自其斑紋較小的特徵。

　　森林性蝶種，主要在森林內部活動。飛行速度快，軌跡大致成一直線，以連續振翅伴隨滑翔方式飛行。雄蝶會有在樹冠層追逐之領域行為，詳細生態尚待進一步觀察確認。臺灣的越冬蝶谷中數量僅次於紫斑蝶屬的蝶種，東部地區則會出現以本種為主的越冬群聚集團。

雄蝶求偶行為甚少被觀察到，其原因未明，被捕捉後會伸出毛筆器作為驅敵之用；吸泥水行為顯著且常會聚集成一個集團。

雌蝶飛行速度較緩慢，常可見其在樹林底層穿梭緩飛尋找寄主植物產卵，將卵單顆產在葉背上。

幼蟲棲息位置以寄主植物葉背為主。

出現期及數量

一年多世代種，目前已知除冬季外皆可見到各生長階段個體，為東部越冬地內的優勢蝶種，加上越冬個體脂肪累積情形明顯及雌蝶有生殖滯育現象來看，為典型的越冬蝶種。

小紋青斑蝶在西部低山地帶族群的峰值與其他斑蝶有顯著差異，根據詹（2004）的調查資料顯示，其在東部地區越冬總族群比例超過50%，但在西部地區則不到5%；趙（2006）的調查資料則顯示，2006年臺東大武越冬族群中小紋青斑蝶占大多數。故臺灣西部低山帶可能並非小紋青斑蝶的主要越冬

地，這些在西部秋末出現的大量個體最後度冬地有可能是前往東部的越冬蝶谷。

▲東部紫蝶幽谷內常可見到小紋青斑蝶的群聚集團。

小紋青斑蝶特徵

前翅中室斑細窄

前翅後緣斑外側斜切

雄蝶背面

底色紅褐色

後翅具口袋狀性標

雄蝶腹面

前翅中室斑細窄

後翅具虎紋

性標

雌蝶背面

前翅後緣斑外側斜切

後翅具虎紋

後翅外緣有雙列斑

雌蝶腹面

成蝶型態與特徵

中型蛺蝶，前翅長約 45mm 近直角三角形外緣中段略微內凹，後翅扇形外緣呈波浪狀。翅底色背面為黑褐色腹面紅褐色，藍色虎紋從基部往外延伸，外側散布許多大小不一的藍斑。

斑紋大小呈現由基部往外逐漸縮短的情形，後翅中室及其下方有數道從基部往外生長呈「V」字形的虎紋，前後翅外緣則會出現兩排小點組成的斑列。本種在前翅中室近端部有一相較於淡紋青斑蝶而言顯得相當窄細的「∏」形斑，此外若將後緣 CuA_2 室內兩道長紋的外緣畫一條虛擬的連接直線，則會呈現與後緣斜切的狀態，以上為本種進行辨識時的兩個重要特徵。本種與東方淡紋青斑蝶一樣，若沿著前翅「∏」形斑內緣畫一條虛擬的直線，會通過翅中央最大藍斑的上方（緣）；而且在前翅後緣 CuA_2 室的上長紋內緣較鈍圓。

胸部散生白點；腹部紅褐色，氣孔白色。毛筆器主體深褐色，毛叢褐色集中於近端部。

整體而言，本種的斑紋型式較近緣種的淡紋青斑蝶及東方淡紋青斑蝶皆

來的小且顏色明顯較深，翅膀底色亦較深呈紅褐色。

雄蝶後翅近臀區處（CuA_2 室）有一開口在背面的袋狀性標。雌蝶無性標，其他特徵大致與雄蝶相同。

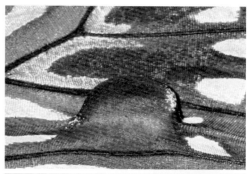

▲上：雄蝶性標（後翅腹面）。中：鱗片特寫。下：雄蝶毛筆器。

卵

約 2 ～ 3 天，白色，徑 1mm，高 1.3mm，梭型底部平整體，外型較圓弧，表面凹刻痕呈長方形。

一齡蟲

約 2 天，體長約 4 ～ 6mm，全身散生一次剛毛列，頭球形黑色，身體圓筒狀，初期半透明白色隱約可見淺褐色環紋，後期紅褐色各體節有一褐色及數條白色環紋，側線有一不明顯黃帶，背方二對深色芽狀肉突（T/f2,11），胸足、原足黑色。

二齡蟲

約 2 ～ 3 天，體長約 8mm，肉突短角狀，其餘特徵大致與一齡蟲相同。

三齡蟲

約 3 天，體長約 13mm，底黑色，體側橘色縱帶明顯，角狀肉突（大約與頭寬等長），T/f2 基半部的內外側有白條紋。

四齡蟲

約 3 天，體長約 22mm，頭部有兩條白帶紋，角狀肉突，略比頭寬要長，其他外觀大致同前所述。

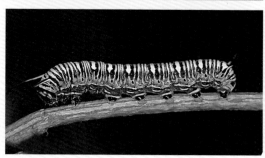

五齡蟲　約 4 ～ 5 天，體長約 34mm，頭黑色有二次剛毛列，前額有白橫線，上唇黃色，頭頂有二道白帶；身體圓筒狀，表面光滑黑色，側、背方有數條黑白相間的環紋且黑色環紋，較淡紋青斑蝶寬，側線有一縱貫全身橘黃色帶，角狀肉突黑色有兩對，第一對明顯較長，可達頭寬的 1.5 倍，基半段的內外側白色；氣孔、胸足及原足黑色。

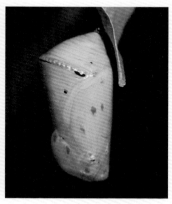

蛹　約 8 ～ 9 天，體長約 17 ～ 20mm，長筒形，中段背方縊縮，淺綠色，前半部散生具珍珠光澤的銀斑；第二腹節背方有三個黑點，第三、四腹節交接處有一排銀色橫斑及不連續的黑帶。

分布

臺灣為分布北界,主要分布在喜馬拉雅山區的印度北部、喀什米爾南部、南印度及斯里蘭卡,中國大陸南方的海南島及廣東(罕見)一直到中南半島各國,蘇門答臘、Nias、爪哇、婆羅州和菲律賓的巴拉望、民答那峨。

臺灣主要分布在低海拔山區,中海拔山區亦可見,已知的一些代表性分布地區有臺北烏來、苗栗獅潭、臺中谷關、臺南仙公廟、臺東知本林道。離島地區澎湖(鹿野 1930)、蘭嶼(大國,楚南 1920)僅有早期記錄。

▲羽化前可清楚看到小紋青斑蝶翅膀紋路。

寄主植物

臺灣的小紋青斑蝶族群應為單食性,以蘿藦科布朗藤為寄主。國外有紐子花屬(玉盞藤) 爬森藤屬與華它卡藤同屬的南山藤鷗蔓屬植物之記錄,但在臺灣尚未有相關的情形被觀察到。

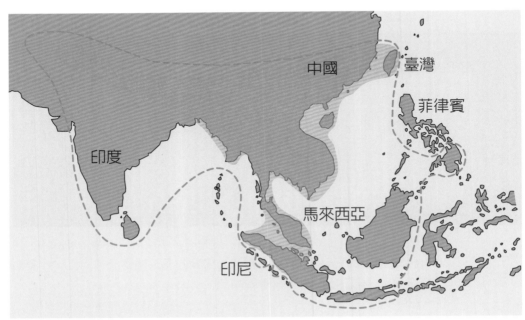

▲小紋青斑蝶的世界分布(虛線)及臺灣族群所屬亞種分布範圍(粉紅色區域)。

食性與蜜源

在臺灣的族群應爲單食性，寄主植物各生長階段葉片皆可利用，幼蟲孵化後會先取食卵殼，小幼蟲取食前會先咬出環狀食痕讓乳汁流出一陣子後再取食，大幼蟲則可直接取食葉片。

國外記錄包括與華它卡藤同屬的多種寄主植物皆會取食的情形，是否意味不同地區會有食性偏好、分化亦或有的單純只是個誤記，則尚待進一步釐清。

成蝶喜訪花，雄蝶亦呈現對於富含 PA 植物鹼物質的偏好性，惟詳細情形尚待進一步研究。

▲小紋青斑蝶雄蝶有強烈的吸泥水行為。

小紋青斑蝶的蜜源植物	春季	茜草科的水錦樹；無患子科的龍眼、荔枝。
	夏季	芸香科的賊仔樹；菊科的腺葉澤蘭。
	秋季	芸香科的食茱萸。
	冬季	五加科的江某。
	跨季或全年	菊科的大花咸豐草、光葉水菊；馬鞭草科的馬纓丹、長穗木。

姬小青斑蝶

Parantica aglea maghaba (Fruhstorfer, 1909)

中文名 / 絹斑蝶、姬小紋青斑蝶
英文名 / Glassy Tiger
日文名 / ヒメアサギマダラ

▲姬小青斑蝶之雌蝶。

習性

　　臺灣特有亞種，其型態雖有點類似琉球青斑蝶，且過去習用中名姬小紋青斑蝶常會和薔青斑蝶屬的小紋青斑蝶聯想為近緣類群，實則和大青斑蝶及小青斑蝶同為絹斑蝶屬成員，故本書中名以姬小青斑蝶稱之。偏好在林緣帶活動，開闊地亦頗為常見。飛行速度緩慢路徑不規則，大多在地面附近飛行。春季遷移蝶道上亦時可見到，惟數量上遠少於淡紋及小紋青斑蝶。南部越冬地中雖常可見到，但整體比例甚低，非越冬蝶種。

常可見到雄蝶花大量時間在雌蝶上方進行如直昇機般滯空飛行的求偶行為；亦常可見佇立枝條處將翅膀攤開在身體兩側，長時間伸出單一支毛筆器的求偶行為。被捕捉後不會伸出毛筆器，亦未見過有吸泥水行為。

雌蝶常可見到花費大量時間降落植物葉片探測寄主植物，並將卵單顆產在葉背上。

幼蟲棲息位置以葉背為主，大幼蟲則有棲息在藤莖上的情況。化蛹位置在寄主、鄰近植物葉背。

出現期及數量

姬小青斑蝶為一年多世代蝶種，在各季節皆可繁衍下一代，且族群數量大致上維持在一個趨於平緩的消長模式。全年皆可見到各生長階段個體，和琉球青斑蝶同為最常見的斑蝶，越冬棲地亦常見但數量少，且沒有形成越冬集團的現象。

▲雄蝶停棲在樹枝末端的伸毛筆器行為。

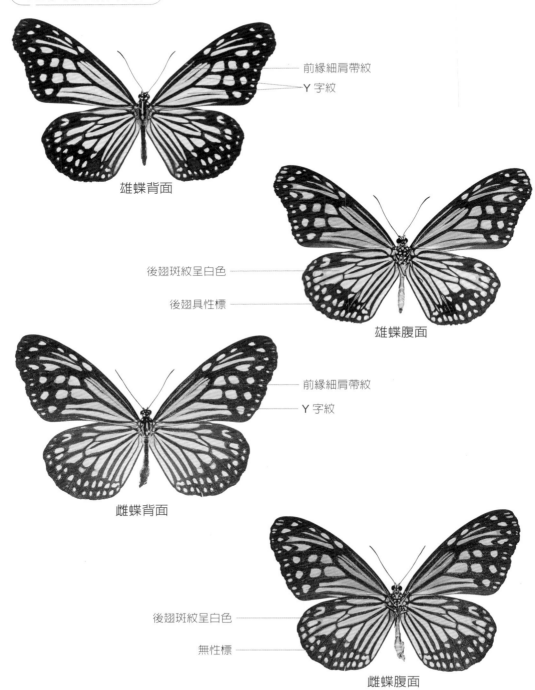

姬小青斑蝶特徵

前緣細肩帶紋

Y 字紋

雄蝶背面

後翅斑紋呈白色

後翅具性標

雄蝶腹面

前緣細肩帶紋

Y 字紋

雌蝶背面

後翅斑紋呈白色

無性標

雌蝶腹面

成蝶型態與特徵

　　中型蛺蝶，前翅長約 39mm 呈鈍角三角形，後翅扇形。前翅白色虎紋從基部往外延伸並在前翅形成「Ｙ」字紋，前緣有一細肩帶紋，其外側有數個延伸到翅端的白點；中室外側則有兩道細長紋往翅端延伸，下方另有一翅背面圓形腹面 V 形的斑紋；中央有二排由內而外逐漸變小的斑紋，外緣則有兩排小點形成的斑列。後翅扇形，七道虎紋從基部向外延伸，中室有一道「Ｙ」字黑帶，外側有五道虎紋，其中位於中室端外側者在翅腹面會與外緣內斑列癒合變成二叉狀。

　　胸部散生白點，腹部背黑腹白，雌蝶黑色部分達側線，基半段側方則有大片黃色區域。毛筆器主體淺黃色，深褐色毛叢集中於端部。

　　整體而言，本種斑紋明顯帶白色調，腹面斑紋較背面發達，和其他兩種絹斑蝶屬的蝴蝶相較之下來的小。

　　雄蝶後翅 1A+2A 及 CuA_2 脈兩側有痣狀性標，背面呈絨狀質感，前者明顯較小且在背面極細小。雌蝶無性標，其他特徵大致與雄蝶相同。

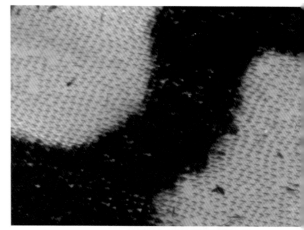

▲上：鱗片特寫。中：雄蝶腹部特寫。下：雄蝶毛筆器。

卵

約 4 天，白色，徑 1mm，高 1.4mm，梭形頂尖底平，表面凹刻痕呈長方形。

一齡蟲

約 2 ～ 4 天，體長約 3 ～ 6mm，全身散生一次剛毛列，頭球形黑色，身體圓筒狀，初生幼蟲底白色末期漸轉為紅褐色，胸部及第 7 腹節之後散布黃點，第 1 ～ 6 腹節散生白點，背方有二對深色芽狀肉突（T/f2,11）；胸足及原足黑色。

二齡蟲

約 2 ～ 4 天，體長約 6 ～ 9mm，頭黑色有二次剛毛列，體表光滑底紅褐色，全身散布白斑，胸部及第七腹節之後則點綴著黃斑，肉突紅褐色呈角狀，最長肉突約為頭寬的 1.5 倍，T/f2 基半段的內外側有白色線紋，氣孔、胸足及原足端部黑色，其他特徵大致同前一齡期所述。

三齡蟲

約 2 ～ 3 天，體長約 9 ～ 15mm 底紅褐至黑色，肉突長度達頭寬的 2 倍，各體節側線、胸部、第一腹節及第七腹節之後側背方散生黃斑，其他特徵大致同前齡期所述。

約 3 ～ 4 天，體長約 15 ～ 22mm，第二腹節側背方有時會出現黃斑，其他特徵大致同前齡期所述。

五齡蟲　約 4 ～ 7 天，體長約 25 ～ 35mm，頭黑色寬約 3.5mm 散生二次剛毛列，上有約七個白斑，上唇白色；身體光滑圓筒狀，底黑色至紅褐色上面散布白斑點，側線及背側方各有一縱貫全身黃斑列，背方有兩對黑色角狀肉突，T/f2 基半部的内外側有白線紋且長度超過一半，並有在中段相接的情況，氣孔、胸足及原足黑色。

蛹　約 5 ～ 9 天，體長約 15mm，長筒形第三腹節處最寬中段背方縊縮，翠綠色。第三至五腹節背方有黑色圓斑橫列，第三腹節有一具珍珠光澤橫帶，第五腹節僅有兩個黑圓斑；蛹體前半段密布大型珍珠光澤斑點。

分布

　　臺灣爲分布北界，印度次大陸錫金、尼泊爾，安達曼——尼科巴群島，中南半島各國、馬來半島，中國大陸南方的雲南、廣東、廣西、香港，近年則在日本南西諸島的八重山群島建立族群。

　　臺灣從平地到低海拔山區常見，中海拔山區則偶見，代表性分布地區如臺北盆地周邊、臺中大坑、屏東雙流、臺東知本林道、花蓮佐倉步道、宜蘭跑馬古道。離島地區龜山島有記錄，蘭嶼早期亦有多筆記錄。

　　日本南西諸島的八重山群島過往爲

▲姬小青斑蝶的吸泥水行爲。

迷蝶，1994年起臺灣亞種在與那國島開始有繁殖記錄，如今在八重山群島皆可見。

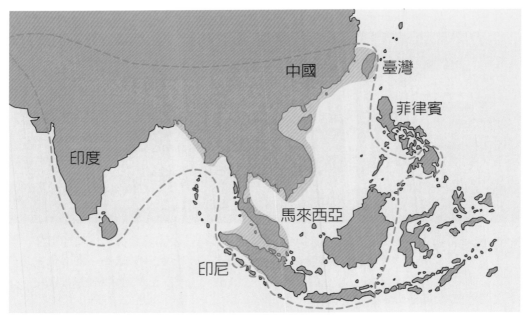

▲姬小青斑蝶的世界分布（虛線）及臺灣族群所屬亞種分布範圍（粉紅色區域）。

寄主植物

蘿藦科的布朗藤、鷗蔓、臺灣鷗蔓及疏花鷗蔓為主要寄主。另外有臺灣牛皮消、蘭嶼歐蔓（臺灣蝴蝶圖鑑）的記錄，惟本種在蘭嶼分布狀態未明。

在日本為與那國島特有種牛皮消，另外有牛角瓜屬的記錄。

食性與蜜源

姬小青斑蝶為寡食性，皆會取食寄主植物各生長階段葉片。

幼蟲孵化後會先取食卵殼，小幼蟲取食前會沿著葉緣咬出半圓形食痕使乳汁流出，過一陣子再開始取食，較大幼蟲則可直接取食葉片。

成蝶喜訪花，雄蝶對於富含 PA 植物鹼物質偏好性尚待進一步研究。

▲上：臺灣鷗蔓葉基呈心形。下：臺灣鷗蔓的花。

姬小青斑蝶的蜜源植物	春季	菊科多種澤蘭屬植物，如花蓮澤蘭、基隆澤蘭。
	夏季	菊科多種澤蘭屬植物、田代氏澤蘭、腺葉澤蘭、高士佛澤蘭；杜英科錫蘭橄欖。
	秋季	無記錄
	冬季	菊科多種澤蘭屬植物、大頭艾納香、香澤蘭、小花蔓澤蘭。
	跨季或全年	菊科多種澤蘭屬植物、紫花藿香薊、大花咸豐草；紫草科白水木、光葉水菊；馬鞭草科馬纓丹、長穗木。

大青斑蝶

Parantica sita niphonica (Moore, 1883)

中文名 / 大絹斑蝶、青斑蝶

英文名 / Chestnut Tiger

日文名 / アサギマダラ

▲於夏季在臺北大屯山吸食小薊的雄蝶。

習性

　　斑蝶族中體型最大種類，由於其習用名稱「青斑蝶」常會與其他青斑蝶類混為一談，故本書以大青斑蝶稱之。會進行跨國界長距離移動的蝴蝶，和帝王斑蝶同為唯二分布到溫帶地區的斑蝶亞科成員，顯示其對於低溫的耐受性較強，其中值得注意的是近年來連續兩年秋季在蘭嶼再捕獲來自日本個體，其詳細生態尚待進一步闡明。本種紫蝶幽谷內極為罕見，僅在越冬末期會出現少量老舊個體。繁殖棲地雖有數量變化，但大致上終年可見各

生長階段個體。日本的調查顯示其在交配飛行爲雌蝶帶雄蝶飛。日本的研究顯示羽化後雄蝶 16-43 天才會開始交尾，雌蝶則爲 9-38 天；交尾時間約將近一天，最大產卵量爲 120 顆。實驗室情況下的存活天數爲 166 日，標記再捕獲記錄則爲 118 天。

飛行速度快，喜在樹冠層活動並時常會乘著熱氣留在高空盤旋，受驚嚇後往往會馬上振翅高飛到天際。

雄蝶喜在開闊地訪花，雌蝶則大都在森林內部活動。求偶行爲不易觀察到，雄蝶被捕捉後不伸出毛筆器，但根據日本大青斑蝶標記義工金田忍個人觀察表示，大青斑蝶偶有將毛筆器伸出的情況且僅伸出一支，這與姬小青斑蝶的野外觀察記錄吻合。目前尚未觀察到有吸泥水行爲。

出現期及數量

一年多世代種，每年夏季在陽明山區等地會有族群大發生的情況，但整體而言在臺灣全年皆可見到各生長階段個體，惟低海拔山區的夏季則甚爲罕見。冬季無明顯的生殖滯育現象，故應非越冬蝶種。

▲大青斑蝶老舊的 O 級個體。

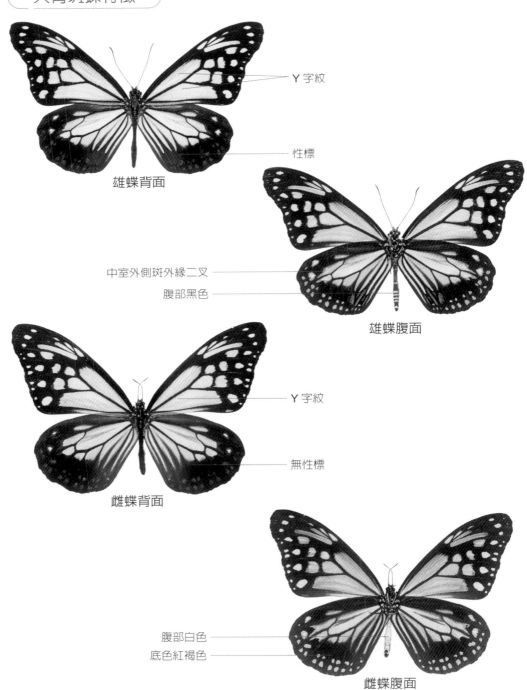

大青斑蝶特徵

Y 字紋

性標

雄蝶背面

中室外側斑外緣二叉

腹部黑色

雄蝶腹面

Y 字紋

無性標

雌蝶背面

腹部白色

底色紅褐色

雌蝶腹面

成蝶型態與特徵

　　大型蛺蝶，前翅長約 52mm 呈鈍角三角形外緣中段略微內凹，後翅扇形。翅底色前翅黑褐後翅紅褐色，淡青色虎紋從基部往外延伸並在前翅形成「Y」狀紋，外側散布不規則的斑塊，近翅端處有一排長度不等的長紋，中央有二排內大外小的斑紋，翅外緣則有兩排內側明顯較大的斑紋所形成的斑列。後翅腹面五道虎紋從基部向外延伸，中室大多有一道不明顯的「Y」字形暗色帶，但這個並非本種的穩定特徵；中室外側有五個大小不等的斑紋，其中位於中室端外側者的末端在翅腹面呈二叉角狀。

　　胸部散生白點；腹部黑色，氣孔白色，雌蝶側線下半部為白色。毛筆器主體黃褐色，褐色毛叢集中於端部。

　　整體而言，本種的斑紋帶淡藍色調，腹面斑紋較背面發達，後翅外緣雙列斑在翅背面不明顯。本種的鱗片在特定區域如前後翅中室特化成細針狀，使得翅膀呈半透明狀。

　　雄蝶 3A 及 1A+2A 脈兩側有痣狀性標，CuA_2 脈有一深色區域，性標背面則呈絨狀質感。

　　雌蝶無性標，其他特徵大致與雄蝶相同。

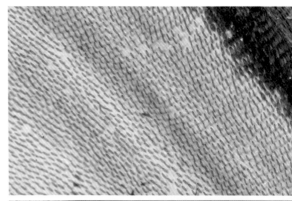

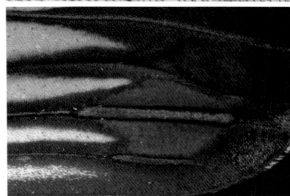

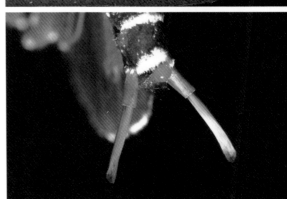

▲上：特化的針狀鱗片。中：性標。下：雄蝶毛筆器。

卵

約 3 天，白色，徑 1mm，高 1.3mm，砲彈形底平頂尖，表面凹刻痕近方形。

一齡蟲

約 3 天，體長約 3.5 ～ 6mm，全身散生一次剛毛列，頭球形黑色，身體圓筒狀，初生幼蟲底白色末期轉為黑色散布白斑，前後端則散生黃斑，背方有二對深色芽狀肉突（T/f2,11）；胸足及原足黑色。

二齡蟲

約 5 天，體長約 5.5mm，頭黑色有二次剛毛列，體表光滑底黑色，全身散布白斑，體側線、胸部及尾部散生黃斑，肉突角狀黑色，最長肉突長度約為頭寬的1/2，T/f2 的內外側有白線紋，其他特徵大致與前一齡期相同。

三齡蟲

約 5 ～ 6 天，體長約 14mm，頭殼黑色散生數個白點，部分個體黃斑較發達幾乎散布全身；肉突黑色長度約為頭寬的 1 ～ 1.5倍，基半段的內外側有白線紋。

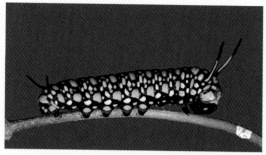

四齡蟲

約 3～4 天，體長約 20mm，體側線及側背方各有一列大型黃斑，肉突長度約為頭寬的 2 倍，其他外觀大致同前齡期所述。

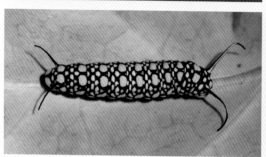

五齡蟲

約 6 天，體長約 35mm，頭黑色寬約 2.3mm 散生二次剛毛列，前額及上唇白色，頭頂二側各有四個大小不等的白斑；身體光滑圓筒狀，底黑色全身散布小白點，體側線及側背方各有一列大型黃斑，肉突黑色共有二對，T/f2 長度約為頭寬的 3 倍，由基部算起 2/3 的內外側有白線紋，氣孔、胸足及原足黑色。

蛹

約 10 天，梭形體長約 23mm，第三腹節處最寬中段背方縊縮，翠綠色。第三、四腹節交接處有一橫列黑斑，尾部背、腹側各有兩個黑點，前半段側背面有多個具金屬光澤的斑蝶，尤以胸背中線的最大。

分布

本種在東亞地區的日本、韓國、臺灣，中國大陸東部各省並往西延伸至西藏，往南則在中南半島的泰國、越南、緬甸、馬來半島皆可見。本種之分類地位和日本及中國大陸東部同屬日本亞種，近年來臺日間由國立臺灣大學教授楊平世及日本蝴蝶專家福田晴夫等人的相關研究顯示日本及臺灣共享一個基因庫，但其與中國大陸指名亞種間是否有基因交流的情形尚待未來進一步闡明。其中在日本西南部及南西諸島爲大青斑蝶繁殖及越冬主要範圍，東北方及北海道則屬無繁殖記錄的範圍。

臺灣從平地到中高海拔山區皆可見，主要出現在北部的陽明山國家公園、臺北盆地周邊、宜蘭烏石鼻、南投清境農場一帶、高雄藤枝山區、恆春半島、花蓮中部橫貫公路東段、宜蘭思源埡口等地；離島地區龜山島，綠島、蘭嶼亦有分布，澎湖則由黃國揚（2006）在花嶼觀察到，其中蘭嶼的出現情形尚待進一步研究。

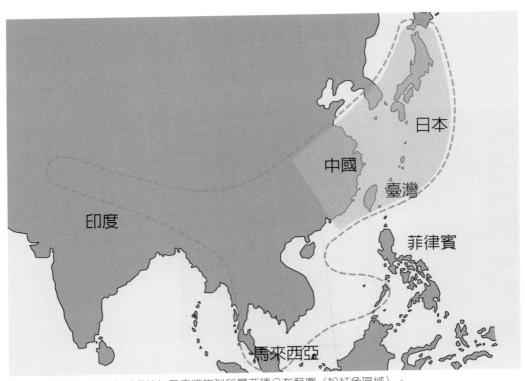

▲大青斑蝶的世界分布（虛線）及臺灣族群所屬亞種分布範圍（粉紅色區域）。

寄主植物

臺灣的大青斑蝶族群以牛嬭菜為主要寄主，鷗蔓亦有不少記錄；另外亦有臺灣牛皮消（臺灣白薇）、蘭嶼歐蔓（臺灣蝴蝶圖鑑）、薄葉牛皮消（彩蝶生態全記錄——臺灣蝴蝶食草與蜜源）、絨毛芙蓉蘭（臺灣常見的蝴蝶）。

國外記錄則是日本西南諸島另有取食毬蘭的記錄，在臺灣地區則甚為少見，其原因仍待查明。

食性與蜜源

大青斑蝶屬於寡食性，寄主植物各生長階段葉片皆可利用。幼蟲孵化後會先取食卵殼，小幼蟲取食前會咬出圓形食痕使乳汁流出，過一陣子再開始取食，大幼蟲則可直接取食葉片。

成蝶喜訪花，雄蝶極為偏好富含PA植物鹼物質，除了花部，根部、枯枝、枯葉等皆會造訪。

▲大青斑蝶小幼蟲會將葉片咬出環狀食痕。

大青斑蝶的蜜源植物	春季	菊科多種澤蘭屬植物如花蓮澤蘭、基隆澤蘭、白鳳菜、紅鳳菜。
	夏季	菊科多種澤蘭屬植物、田代氏澤蘭、腺葉澤蘭、島田氏澤蘭、臺灣黃苑。
	秋季	茶科的大頭茶。
	冬季	菊科多種澤蘭屬植物。
	跨季或全年	菊科多種澤蘭屬植物、大花咸豐草、光葉水菊；紫草科白水木；馬鞭草科馬纓丹、長穗木。

小青斑蝶

Parantica swinhoei (Moore, 1883)

中文名 / 斯氏絹斑蝶、史氏絹斑蝶

英文名 / Swinhoe Chocolate Tiger

日文名 / ティワアサギマダラ

▲小青斑蝶的腹部為紅色。

習性

　　特有亞種，早期和黑絹斑蝶（小絹斑蝶）*P. melaneus* 互相混淆，後來由小岩屋、西村（1997）指出本種後翅背面性標較大、中胸小盾片為線形，幼蟲白斑明顯較小而將本種獨立出來，臺灣產族群也因此變成指名亞種。

　　在以紫斑蝶為主的遷移蝶道上亦常可見，顯示其具一定程度的移動性，但牠並不像近緣的大青斑蝶會分布到日本，而是以臺灣為分布北界。偶爾會出現在越冬谷，冬季在部分地區繁殖棲地會有較多族群出現的情形，但

並無明顯的群聚現象。飛行方式大致呈直線狀並以振翅數次後伴隨著滑翔爲主，但高飛的情形似不較大青斑蝶顯著。曾有過雄蝶停棲在枝條上將毛筆器伸出，進行性費洛蒙轉換的行爲觀察記錄。求偶行爲不常被觀察到，但曾有過在下午觀察到雄蝶求偶並成功交配的記錄。被捕捉後不會伸出毛筆器；吸泥水行爲明顯。

雌蝶經常花費大量時間在森林底層尋找寄主植物，並將卵單顆產在寄主葉背。

出現期及數量

一年多世代種，全年皆可見到各生長階段個體，在越冬地中則極爲罕見。小青斑蝶與大青斑蝶在夏季及冬初會出現兩個族群峰值，呈現此曲線的原因應和其在生物特性上較適應低溫且不耐高溫的特性有關。

▲小青斑蝶的性費洛蒙轉換行爲 PTPs。

小青斑蝶特徵

Y 字紋

性標

雄蝶背面

中室外側斑外緣不分叉

底色深褐色

性標

雄蝶腹面

Y 字紋

Y 字紋

雌蝶背面

腹部紅色

無性標

雌蝶腹面

成蝶型態與特徵

前翅長約 42mm 近正三角形，外緣中段有些個體會內凹，後翅扇狀。翅底黑褐色，後翅腹面則爲褐色，淡青色虎紋從基部往外延伸並在前翅形成「Ｙ」狀紋，外側散布不規則斑塊，近翅端處有一排長度不等的長紋，中央有二排內大外小的斑紋，翅外緣則有兩排內側明顯較大的斑紋所形成之斑列。後翅腹面五道虎紋從基部向外延伸；中室外側有五個大小不等的斑紋，其中位於中室端外側者的末端在翅腹面不分叉。

整體而言，本種的斑紋帶淡藍色調，腹面斑紋略較背面發達。本種的鱗片在特定區域如前後翅中室特化成細針狀，使得翅膀呈半透明狀。與大青斑蝶的區別在於本種不具二叉角狀紋，後翅中室虎紋沒有 Y 字形暗色帶。

腹部紅褐色，節間腹面及氣孔白色，毛筆器主體淺黃綠色，灰褐色毛叢集中生長在端部。

雄蝶後翅背面 3A 脈上及 1A+2A 脈兩側及腹面的 1A+2A 脈兩側有疣狀性標，性標背面則呈絨狀質感。

雌蝶無性標，其他特徵大致與雄蝶相同。

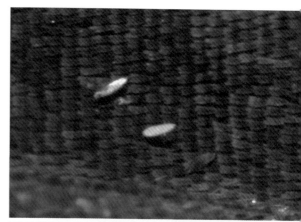

▲上：性標特寫。中：性標。下：毛筆器。

小青斑蝶

幼 生 期 特 徵

卵

約 3 天，白色，徑 1.1mm，高 1.8mm，砲彈形底平頂尖，表面凹刻痕近方形，縱稜較大青斑蝶明顯。不同個體間的型態略有差異。

一齡蟲

約 2～3 天，體長約 6mm，全身散生一次剛毛列，頭球形黑色，身體圓筒狀，初期半透明，後期轉為白色並在體側線及第七腹節之後隱約可見黃色斑點，側背方有二對淺色芽狀肉突（T/f2,11），胸足、原足端部及尾部黑色。

二齡蟲

約 2～3 天，體長約 9mm，頭黑色散生二次剛毛列，身體光滑底黑褐色散生白點，體側線、第一腹節之前及第七腹節之後有黃斑，肉突白色短角狀（最長肉突長度約為頭寬的 2/3），近端部黑色，氣孔、胸足及原足端部黑色。惟不同個體間斑紋有一定程度變異。

三齡蟲

約 3～4 天，體長約 11mm，底色紅褐色，背側線上的黃斑有擴散至各體節的趨勢，肉突長度為頭寬的 1.5 倍，其他特徵大致與二齡相同。

四齡蟲

約 3 ～ 4 天，體長約 20mm，頭黑色散生大小不等的黃色斑點，各體節側線及背側線有黃斑列，肉突長度為頭寬的 2 倍，其他特徵大致與三齡蟲相同。

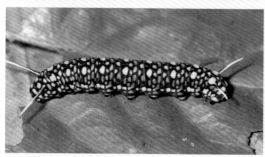

五齡蟲 約 5 ～ 6 天，體長約 21 ～ 30mm，頭殼寬約 2.7mm，黑色散生二次剛毛列，上唇白色，前額有一三角形黃斑，頭頂二側各有三個大小不等黃斑，身體圓筒狀表面光滑，底黑至紅褐色散生白點，體側線及背側方有黃色縱斑列，共有兩對肉突，長度可達頭寬的 3 倍以上，基半部前後側黑色，越往端部白色面積會逐漸擴大，端部則為黑色，氣孔、胸足及原足黑色。不同個體間斑紋稍有變異。

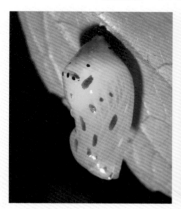

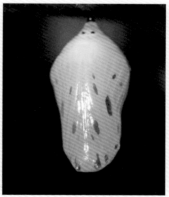

蛹 約 10 天，梭形體長約 17 ～ 19mm，第三腹節處最寬中段背方縊縮，翠綠色。在第三腹節背方有一列黑色橫斑，並隱約可見一條不連續的淺藍色帶，第四腹節則有四個黑圓點，尾部背、腹方各有兩個黑點；蛹體前半段散布許多大小不等具金屬鏡面質感銀斑。

分布

西界在印度，中南半島各國以及中國大陸南方雲南、四川、廣西、貴州、廣東、福建、浙江，臺灣則為分布的東界；日本的八重山群島有過迷蝶記錄。

臺灣從平地到中高海拔山區皆可見，一些代表性分布區域如臺北盆地周邊、北部橫貫公路沿線、南投埔里周遭山區、屏東大漢山區、恆春半島、花蓮中部橫貫公路東段、宜蘭思源埡口等地，離島地區的蘭嶼，大國及楚南在1920年4月有過一雌的採集記錄。

寄主植物

臺灣的族群有以蘿藦科絨毛芙絨蘭為主要寄主的傾向，此外尚有鷗蔓的記錄；其在野外的取食範圍應進一步確認。另外鷗蔓、臺灣牛嬭菜及薄葉牛皮消的寄主植物記錄，則尚待進一步釐清。由於小青斑蝶之分類地位曾混淆，故國外的寄主植物記錄有待進一步釐清。

▲絨毛芙蓉蘭的果實。

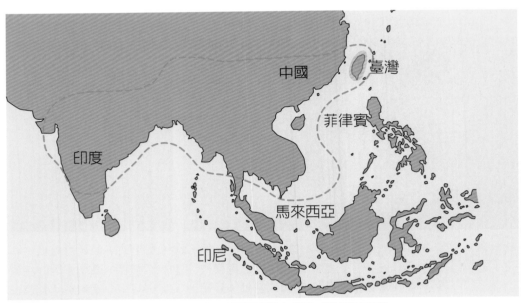

▲小青斑蝶的世界分布（虛線）及臺灣族群所屬亞種分布範圍（粉紅色區域）。

食性與蜜源

寡食性，幼蟲孵化後會先取食卵殼，寄主植物各生長階段葉片皆可利用。

成蝶喜訪花，雄蝶顯著偏好富含 PA 植物鹼物質，除了花部，根部、枯枝、枯葉等皆會造訪。

▲吸泥水行為。

小青斑蝶的蜜源植物	春季	菊科白鳳菜、紅鳳菜。
	夏季	菊科多種澤蘭屬植物。
	秋季	菊科的黃花三七。
	冬季	同於跨季的蜜源植物。
	跨季或全年	菊科多種澤蘭屬植物、大花咸豐草、光葉水菊；馬鞭草科馬纓丹、長穗木。

琉球青斑蝶

Ideopsis similis　Linnaeus, 1758

中文名 / 旖斑蝶、擬旖斑蝶
....
英文名 / Ceylon Blue Glassy Tiger
....
日文名 / リユウキユウアサギマダラ
....

▲吸食大花咸豐草的琉球青斑蝶。

習性

臺灣的族群為指名亞種，中名乃轉譯自日名中所指本種分布在琉球群島的狀態。

主要出現在林緣帶，森林內部亦常見，喜訪花。飛行速度緩慢，並不時可見到滑翔方式飛行個體。遷移蝶道中時常可見到本種的參與，東、南部低海拔山區越多地中，特別是在恆春半島及東部族群量不小，常可見到其形成集團休息的現象，同樣情形在日本的南西諸島亦被觀察到。

日本的觀察記錄顯示交配飛行時由

雄蝶帶雌蝶或雌蝶帶雄蝶飛的情況皆可見。

雄蝶常見花大量時間在雌蝶上方進行如直昇機般滯空飛行的求偶行為；被捕捉後不會伸出毛筆器，亦未見過有吸泥水行為。

常可見到雌蝶花費大量時間降落植物葉片探測寄主植物，並將卵單顆產在葉背上。

幼蟲大都棲息在葉背上，化蛹位置大都在寄主及鄰近植物葉背上。

出現期及數量

一年多世代種，本種雖全年皆可見到各生長階段個體，但在冬季越冬谷中亦占有一定數量，本種究竟是否屬於典型的成蟲越冬蝶種尚待進一步研究去闡明。本種和姬小青斑蝶同屬於臺灣最常見的斑蝶之一。

▲冬季群聚集團。

琉球青斑蝶特徵

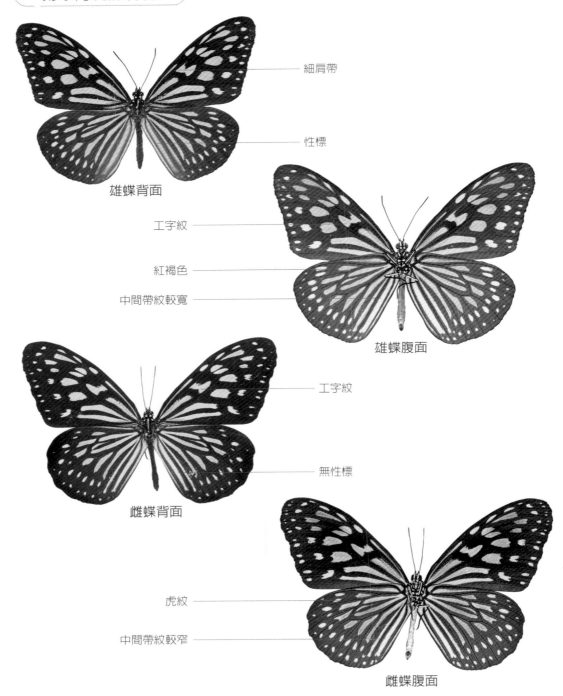

細肩帶

性標

雄蝶背面

工字紋

紅褐色

中間帶紋較寬

雄蝶腹面

工字紋

無性標

雌蝶背面

虎紋

中間帶紋較窄

雌蝶腹面

成蝶型態與特徵

　　前翅長約 43mm，近直角三角形黑褐色，四道淡藍色虎紋從基部往外延伸，前緣呈細肩帶狀，外側散布不規則的淡藍斑，中室外側有一「工」字紋；後翅扇形腹面底色較淺呈紅褐色，七道淡藍色虎紋從基部向外延伸，其中從中室基部往外生長的虎紋呈「V」字形，外側散布不規則斑，並在外緣形成雙列斑。

　　胸部散生白點，腹部黑色，雄蝶下方色澤呈較淡的灰色，雌蝶則為白色，氣孔白色。毛筆器主體綠色，灰褐色毛叢集中生長於端部。整體而言，本種翅背面為深褐色腹面，後翅則大多為紅褐色，斑紋為水藍色，背腹面斑紋大致上呈同型。

　　雄蝶後翅背面內緣（3A 及 1A+2A脈）有絨毛狀性標，第二道虎紋明顯較寬。在此應注意的是，過去相關的書籍中大多未描述本種性標，以致於經常發生性別鑑定錯誤的情形。

　　雌蝶無性標，內緣第二道虎紋較雄蝶窄，其他特徵大致與雄蝶相同。

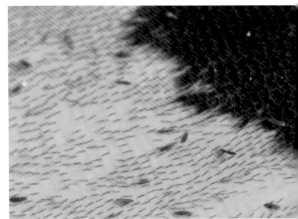
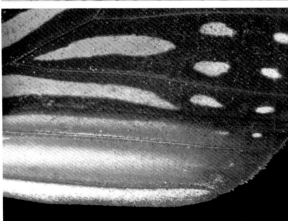
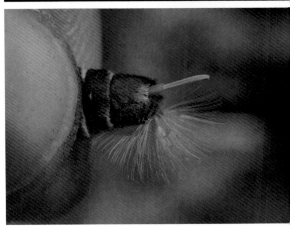

▲上：鱗片特寫。中：雄蝶性標特寫。下：毛筆器。

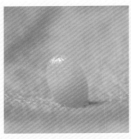
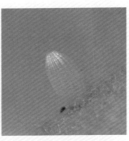

卵

約 3 天，白 至 淺 黃 色，徑 1mm，高 1.6mm，橢圓形，表面凹刻痕近方形。

一齡蟲

約 2 ～ 3 天，體長約 4 ～ 5.5mm，全身散生一次剛毛列，頭殼球形呈黑色。身體圓筒狀，初生幼蟲底白色，末期漸轉為紅褐色上散生白點，背方有二對深色芽狀肉突（T/f2,11），胸足及原足端部黑色。

二齡蟲

約 3 天，體長約 6.5 ～ 11mm，頭黑色有二次剛毛列，體表光滑底紅褐色，全身散生白點，肉突角狀紅褐色（肉突長度最長與頭寬相當）。

三齡蟲

約 3 ～ 5 天，體長約 10 ～ 15mm，肉突基半段紅色，長度約為頭寬的二倍。

四齡蟲

約 3 ～ 4 天，體長約 17 ～ 28mm，肉突長度為頭寬的三倍，近基部呈紅色，其他特徵大致同於前一齡期。

五齡蟲

約 6 天，體長約 25 ～ 30mm，頭黑色寬約 3mm 散生二次剛毛列，上唇白色，身體光滑呈圓筒狀，底黑至紅褐色上散生白點，背方兩對肉突（T/f2,11），基部 1/4 處為 T/f11 的二倍，氣孔、胸足及原足黑色。

蛹

約 8 ～ 14 天，體長約 19 ～ 23mm，長筒形，中段背方縊縮，淺綠色，前半部散生具珍珠光澤的銀斑，尤以中胸背方最為明顯。第一腹節背方有二個黑點，第三、四腹節交接處有一排黑點及一條具珍珠光澤的橫帶，第四腹節側方各有一個黑點，尾部背腹面各有二個黑點。

分布

本種屬名 *Ideopsis* 指的是其在東南亞地區同屬的其他種類如 *Ideopsis gaura* 等,在外型上極類似大白斑蝶,但本種在外型上實則卻又與青斑蝶屬類似。臺灣產斑蝶中兩種不產於菲律賓的種類之一。

日本南西諸島為北界,日本本土南方則為迷蝶記錄,往西則出現在中國大陸南方沿海地區的廣東、廣西、海南、福建、浙江、江西、湖北及香港,中南半島各國及馬來半島北部及蘇門答臘北部,斯里蘭卡則為西界。

臺灣主要分布在平地及低海拔山區,中海拔山區亦可見。離島地區蘭嶼有多筆記錄,但並不多見。

寄主植物

臺灣族群以蘿藦科的鷗蔓、臺灣鷗蔓為主要寄主。此外亦有布朗藤(彩蝶生態全記錄——臺灣蝴蝶食草與蜜源)、絨毛芙蓉蘭(臺灣常見的蝴蝶)及蘭嶼歐蔓(臺灣蝴蝶圖鑑)的記錄。

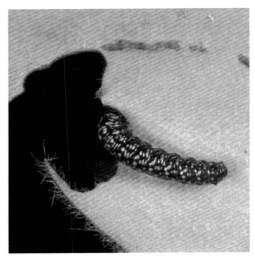

▲琉球青斑蝶小幼蟲的食痕。

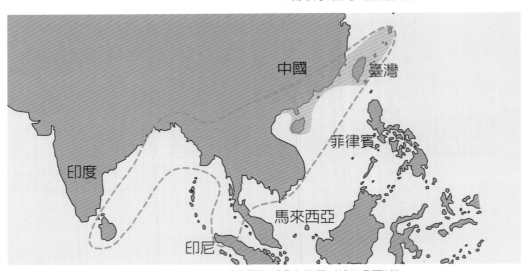

▲琉球青斑蝶的世界分布(虛線)及臺灣族群所屬亞種分布範圍(粉紅色區域)。

食性與蜜源

寡食性，寄主植物各生長階段葉片皆可利用，幼蟲孵化後會先取食卵殼，小幼蟲取食前會先咬出半圓形食痕，過一陣子後再取食，大幼蟲則可直接取食葉片。

成蝶喜訪花，雄蝶呈現對於富含PA植物鹼物質的偏好，除了花部，根部、枯枝、枯葉等皆會造訪。

▲產於蘭嶼的琉球青斑蝶。

琉球青斑蝶的蜜源植物	春季	茜草科的水錦樹；無患子科的龍眼、荔枝。
	夏季	菊科的腺葉澤蘭、田代氏澤蘭、島田氏澤蘭。
	秋季	菊科的臺灣澤蘭。
	冬季	唇形科的刀槍菜；莧科的青葙；爵床科的臺灣鱗球花。
	跨季或全年	菊科的高氏佛澤蘭、大花咸豐草、光葉水菊；馬鞭草科的馬纓丹、長穗木。

帝王斑蝶

Danaus plexippus (Linnaeus, 1758)

中文名 / 大樺斑蝶、君主斑蝶、黑脈金斑蝶

英文名 / Monarch

日文名 / オオカバマダラ

白斑不明顯

習性

臺灣的族群為指名亞種，中名源自英名直譯。本種在臺灣的記錄最早是由 Wallace & Moore 於 1866 年以高雄所採獲個體發表，之後陸續有採集記錄，在白水隆 1960 年出版的《原色臺灣蝶類大圖鑑》中仍被視為是「普通種」，但在這之後就沒有觀察或採集記錄至今。飛行速度快，常以直線連續振翅數次加速並伴以滑翔方式飛行。由於雄蝶毛筆器及性標不具功能，故沒有明顯的求偶行為，而是以強壓方式直接進行交配。

成蝶特徵

前翅長約 52mm，呈鈍角三角形，翅形甚尖，後翅呈扇形。翅膀底色呈橘色，翅脈黑色，外緣黑帶散生兩排白點，近翅端兩排斑列色澤有一定程度變異，從白至黃褐色皆可見。

雄蝶後翅 CuA_2 脈上有瘤狀性標。雌蝶沒有性標，其他特徵大致與雄蝶相同。

出現期及數量

一年多世代蝶種，臺灣過去的採集記錄集中在三月至七月間，當時被形容是「普通」的蝶種，不過對於當時其在臺灣的越冬狀態則未見相關記錄。

分布

帝王斑蝶爲原產於美洲的蝶種，但卻在十九世紀出現族群大擴散，分布到世界各地。Dick Vane-Wright 據此提出哥倫布假說 Columbus hypothesis，解釋其原因和人類砍伐森林造就了大量草原環境，使得帝王斑蝶寄主植物乳草得以大量繁殖並進而提供帝王斑蝶擴張族群的契機。

以往曾擴散至全球各地，如今分布範圍則爲北美洲的加拿大、美國，中美洲各國如墨西哥、古巴，南美洲北部，太平洋上的夏威夷及大洋洲上一些島嶼，澳洲東部、紐西蘭、新幾內亞，歐洲及非洲交界的葡萄牙所屬馬德拉群島亦有分布。

臺灣早期從平地到中海拔山區皆有採集記錄，臺北植物園、觀音山、烏來，南投霧社、埔里，嘉義關子嶺、臺南、高雄及屏東恆春皆有採集記錄。李及王（1995）則表示本種亦分布在金門，不過在這之後的相關調查皆未記錄到本種；早期中國大陸的香港亦曾有過記錄。

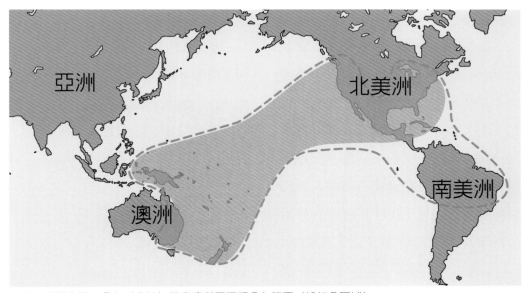

▲帝王斑蝶的世界分布（虛線）及臺灣所屬亞種分布範圍（粉紅色區域）。

黑脈白斑蝶

Danaus melanippus edmondii (Bougainville, 1837)

中文名 / 白虎斑蝶

英文名 / White Tiger, Common Tiger, Eastern Common Tiger

日文名 / コウエウマダラ

雄蝶（菲律賓北呂宋）　　　　　　　　　　　　雌蝶（菲律賓北呂宋）

斑紋白色

性標

無性標

發現紀錄

　　臺灣所發現的個體皆為菲律賓亞種，主要發現地點在屏東墾丁一帶及蘭嶼，南投埔里及日月潭亦曾有記錄（村山 1957；白水 1960）。一年多世代蝶種，張、李及王（1990）首度完整記錄本種在蘭嶼之生活史並證實其曾在該地區短暫立足，此外 1988 年在八重山群島各島嶼亦曾出現不少採集記錄。

成蝶型態與特徵

　　翅膀底色為白色，其他特徵與黑脈樺斑蝶極為類似。

▲黑脈白斑蝶的世界分布（虛線）。

藍點紫斑蝶

Euploea midamus (Linnaeus, 1758)

中文名 / 金門紫斑蝶

英文名 / Blue Spotted Crow

日文名 / ミダムルリマダラ

藍斑面積大 —— 雄蝶背面 —— 性標 / 後緣凸出

雄蝶腹面

後緣平直 / 雙白斑帶明顯

雌蝶背面

長白紋 / 中央有白點

雌蝶腹面

發現紀錄

　　世界上第一種被命名的紫斑蝶，金門及馬祖地區的族群爲指名亞種，中名源自英名直譯，李及王（1995）出版的《金門馬祖蝴蝶》一書曾將其稱爲金門紫斑蝶。本種整體外型上與端紫斑蝶有點類似，但可從雄蝶前翅背面後緣帶狀性標加以區分開來。本種不產於臺灣本島，但是 2007 年在臺中東勢有過記錄。由於本種是香港地區越冬蝶谷的主要蝶種，在金門地區數量甚豐，是否有可能會在秋冬季前往香港越冬，有待兩岸共同合作來進一步闡明。

習性

森林性蝶種，林緣帶及富含蜜源開闊地亦常可見到。飛行速度中等，路徑不規則，以左右搖擺方式振翅並伴以滑翔。具明顯的季節性移動現象，臺灣大學昆蟲系碩士李惠永曾觀察到其在晚秋之際會在金門地區形成短暫的群聚小集團，目前已知冬季會在香港及廣東珠海形成數量最大可達數萬隻的越冬集團。根據香港鱗翅學會調查顯示，在越冬中期時大部分越冬地會出現集團性離谷現象，其行蹤至今未明，而且之後部分谷地族群量會在末期回升。

幼蟲大都棲息在葉背，受驚擾時會將胸部拱起呈獅身人面狀。

成蝶型態與特徵

中大型蛺蝶，前翅長約 45mm 近直角三角形略有弧度，後翅扇形。背面前翅散布寶藍色金屬光澤物理鱗片，斑紋型式爲「散布型」，後翅外緣有雙列斑；腹面前翅中央（近中室附近）有三個白斑排成三角形；後翅中央散布小白點，外緣有雙列斑。

雄蝶底褐色，前翅後緣凸出，上方（CuA_2 室）有一達翅寬 1/4 的帶狀性標，後翅背面中室附近有一三角形淺色性標。雌蝶無性標，前翅背後緣平直，腹面後緣則有一白色長紋。

胸部散生白點，腹部黑色泛藍色調，側、腹方各有一不連續的白色縱帶。毛筆器主體黃色，黃色毛均勻生長。

▲後翅性標。　　　　　　　　▲毛筆器。

出現期及數量

一年多世代蝶種，除冬季外可見到各生長階段個體。

分布

中國大陸南方的香港、浙江、廣東、廣西、海南、雲南及香港，中南半島各國、菲律賓、馬來半島，印尼除了蘇拉威西及以東的島嶼之外地區皆有分布。

臺灣目前僅 2007 年在臺中東勢有一筆採集記錄，離島地區金門數量不少，馬祖亦有記錄。

▲藍點紫斑蝶的世界分布（虛線）。

寄主植物

金門及香港的族群皆以羊角為主要寄主。另外李及王（1995）則指出其在金門會以羊角藤為食，值得未來進一步就食性範圍進行調查。

國外除了羊角拗還有夾竹桃、弓果藤的記錄。

食性

寡食性，主要以新葉為食。幼蟲孵化後會先取食卵殼，小幼蟲主要取食新抽出的嫩葉，取食前會先將葉片形成明顯咬痕，待乳汁流出一段時間後再開始取食，大幼蟲則可以較大新葉為食。

成蝶喜訪花，對於富含 PA 植物鹼物質的偏好性尚待進一步調查來闡明。目前已知的蜜源植物有狗尾草及大花咸豐草。

卵

約 2 ～ 3 天，淺黃色，徑 0.9mm，高 1.4mm，砲彈狀頂部圓，表面凹刻痕不明顯，側邊方形往端部則漸圓。

一齡蟲

約 2 天，體長約 2 ～ 5mm，全身散布一次剛毛列，頭球形黑色，身體圓筒狀，初生幼蟲黃綠色調、後期轉為橘黃色，背方有四對深色短角狀肉突（T/f2,3,5,11）。

二齡蟲

約 2 ～ 3 天，體長約 6 ～ 15mm，頭部散生二次剛毛列，身體光滑橘黃色，肉突黑色（長度約與頭寬相同），氣孔、胸足及原足黑色。二齡蟲之後僅頭部有二次剛毛，色澤類似斯氏紫斑蝶但肉突有四對（T/f2,3,5,11）氣孔黑色且黑色肉角近基部處和身體同色。

三齡蟲

約 3 天，體長約 14 ～ 24mm，肉突長度約為頭寬之 1.5 倍，其他特徵大致與前一齡期相同。

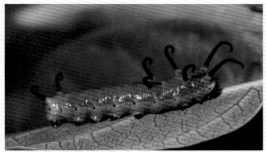

約 3 天，體長約 22 ～ 30mm，肉突基部
橘黃色，末端捲曲，長度約為頭寬的 2.5
倍，其他外觀大致同前一齡期所述。

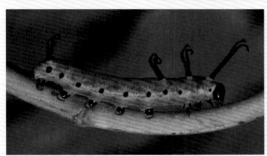

五齡蟲　約 4 ～ 6 天，體長約 30 ～ 52mm，頭黑色散生二次剛毛列，身體光滑
圓筒狀呈黃至橘色，背方四對基部黃至橘色的黑色肉突，T/f2 長度可達
頭寬 4 倍，長度依序為 T/f2 > 3 > 5 < 11，氣孔、胸足及原足黑色。

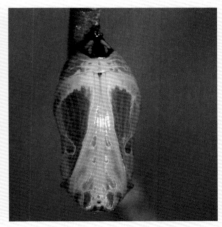

蛹　約 7 ～ 12 天，體長約 21mm，長橢圓形，後胸處最窄，第三腹節較中胸
寬且由側面觀之有一明顯的角度，蛹帶有強烈金屬鏡面質感的珍珠光澤；
在氣孔附近、翅中央、邊緣、胸腹交界處及腹部背側線呈橘黃色帶狀，
氣孔黑色，背中線兩側有四對和幼蟲肉突生長位置相呼應的黑斑。

大紫斑蝶

Euploea phaenareta juvia Furhstorfer, 1908

中文名 / 臺南紫斑蝶、君主斑蝶、黑脉金斑蝶

英文名 / King crow, Great crow

日文名 / オオルリマダラ

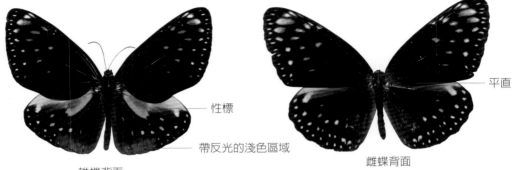

性標

帶反光的淺色區域

雄蝶背面

平直

雌蝶背面

習性

臺灣的族群為特有亞種，其與菲律賓亞種翅背面的藍紫色物理光澤與其他地區亞種黑褐色花紋相較下顯得與眾不同且極為亮眼。英名國王紫斑蝶，意指其為紫斑蝶屬中體型最大的種類。由於本種在東南亞地區是紅樹林地區的蝶種，故其在臺灣的滅絕或許和早年臺灣西部紅樹林的消失有關。而大紫斑蝶在臺灣的滅絕，也留下了一些難解的謎團：他們是否曾存在於越冬谷中？幼生期生活史是如何？臺灣地區族群的來源為何？

成蝶型態與特徵

大型蛺蝶，前翅長約 60mm 近直角三角形但弧度明顯，後翅扇形，整體翅形甚圓。白斑為「散布型」，背面前翅散布藍紫色斑；後翅外緣雙列斑，中央散生藍斑。腹面前翅中央有四個大小不等白斑，後翅中央散生藍斑。胸部散生白點，腹部黑褐色。

雄蝶底黑褐色，背面前翅散布藍紫色物理鱗片，後緣凸出，後翅外緣中段至臀區有一具光澤的淺色區域，中室則有一褐色毛叢狀性標；腹面前翅後緣有一褐色性標，後翅雙列斑不明

顯。

雌蝶底色較雄蝶淺呈紫色，斑紋較大且明顯（尤以腹面前翅中央白斑爲甚）；前翅後緣線條平直。

出現期及數量

臺灣族群的世代不明，由過去採集記錄及國外的生態記錄看來，本種在臺灣應爲多世代蝶種。從 Fruhstorfer 1908 年發表的文章中之形容可知，大紫斑蝶在當時爲普遍分布的蝶種，臺北冬季亦有採集記錄，1962 年木生昆蟲館採集的一隻雄蝶爲可考的最後一隻記錄。

分布

臺灣爲分布北界且是本種唯一分布在亞熱帶的族群，西界則在南亞的斯里蘭卡，往東則在中南半島南部沿海地區、馬來西亞及印尼諸島如巴里島、蘇門答臘、爪哇、婆羅州，菲律賓、新幾內亞、所羅門群島則爲分布的極東。其中值得注意的是本種在分布上出現跳過呂宋島不分布的特殊型式。

臺灣過往記錄顯示其在臺南、高雄及恆春地區有不少採集記錄，臺北陽明山、宜蘭外澳、南澳、屏東浸水營亦有少量的記錄，離島地區的澎湖、蘭嶼則有過一次記錄。

▲大紫斑蝶的世界分布（虛線）。

幻紫斑蝶

Euploea core amymone (Godart, 1819)（海南亞種）

中文名 / 柯氏紫斑蝶、鵝鑾鼻斑蝶

英文名 / Common crow

日文名 / ガランピルリマダラ

中央有小點

短性標

白帶模糊

海南亞種雄蝶背面

翅端淺色區域

印支亞種（越南）雄蝶背面

發現記錄

臺灣在 1959 年 7 月屏東鵝鑾鼻，1961 年 8 月臺東知本各有一筆採集記錄；花嶼國小教導主任黃國揚則於 2006 年首度在澎湖記錄到本種，之後並持續記錄到本種的成蝶，顯示本種似有在當地立足的情形。以往在臺灣的迷蝶記錄皆被鑑定為印支亞種 *Euploea core godartii* Lucas，徐（2006）的名錄中則記錄為海南亞種。這兩個亞種之間主要差別在於印支亞種的前翅端部有大片淺色區域，前後翅外緣雙列斑亦大都較明顯。澳洲及巴里島產族群過去曾被認為是一個獨立種，現則歸入幻紫斑蝶的澳洲——巴里島亞種 *Euploea core corinna*。

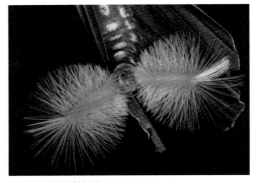

▲海南亞種毛筆器。

成蝶型態

中型蛺蝶，前翅長約 43mm 近直角三角形但外緣呈弧形，後翅扇形。底褐色但在特定角度會出現深藍色物理光澤，斑紋型式爲「雙列型」，整體斑紋不發達且有的斑紋消失，腹面前翅中央有三個白斑，下方白斑長形且較大。雄蝶前翅後緣凸出，上方（CuA_2 室）有一短帶狀性標。雌蝶前翅後緣平直，無性標。胸部散生白點；腹部黑色帶藍色調，側線及腹部下方有一不連續的白色縱帶，毛筆器主體黃色，毛叢均勻散生在上面。

分布及數量

爲分布範圍最廣的紫斑蝶之一，日本南西諸島的沖繩島採集最早，之後大多在八重山群島有採集記錄，且以秋季爲多。中國大陸的廣東、廣西、海南、雲南及香港，印度斯里蘭卡、錫金、尼泊爾、緬甸、中南半島各國、馬來半島北部、蘭卡威、安達曼群島，印尼的蘇門答臘爪哇、索羅門群島爲東界。但是在動物地理學上 Sundaland 區域的菲律賓、婆羅州及蘇門答臘則沒有記錄。

▲特定角度閃爍著暗紫色光澤。

▲幻紫斑蝶的世界分布（虛線）及海南亞種（粉紅色區域）印支亞種（綠色區域）。

黑岩紫斑蝶

Euploea swainson (Godart, [1824])

中文名 / 菲律賓紫斑蝶、黑岩斑蝶

英文名 / Swainson's Crow

日文名 / クロィゥルリマダラ

大型寬性標

巴拉望亞種雄蝶

發現記錄

　　臺灣記錄的個體皆為分布於菲律賓呂宋島，前翅端有大型白紋的指名亞種。本種最早由白水（1965）於 1962 年 7 月 28 日在屏東恆春半島採獲一隻雄蝶，之後則由下野谷、余（1970，1971）在同一區域再度採集到。

成蝶型態與特徵

　　中型蛺蝶，前翅鈍角三角形長約 40mm，後翅扇形。外緣白斑「雙列型」，前翅端有一大型白紋可與其他

地區亞種分辨：背面前翅中室附近有三個排成三角形的白斑，腹面後翅中央散生白點。雄蝶底黑褐色，前翅後緣凸出，上方（CuA_2 室）有一達翅寬 1/2 的帶狀性標。

分布

　　菲律賓特有蝶種，但不分布於菲律賓中部各島嶼。

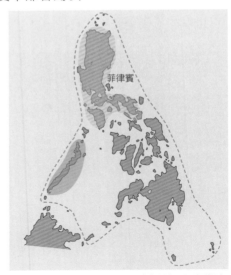

▲黑岩紫斑蝶的世界分布（虛線）及臺灣迷蝶所屬亞種（指名亞種）分布範圍（粉紅色區域），圖示標本巴拉望亞種（綠色區域）。

白帶紫斑蝶

Euploea camaralzeman cratis Butler, 1866（白帶亞種）

中文名 / 白列紫斑蝶、咖瑪紫斑蝶、玉帶斑蝶

英文名 / Malayan Crow

日文名 / シロオビマダラ

雌蝶背面（菲律賓巴布煙）

後緣平直

大型寬白斑

雌蝶腹面（菲律賓巴布煙）

白帶極寬

雄蝶背面（菲律賓巴布煙）

散布型白斑

後緣凸出

馬來亞種

發現記錄

　　最早由朝倉及楚南於 1914 年在恆春採獲一隻雄蝶，之後陸續有採集記錄，臺南及恆春半島有多次記錄，陳（1974）則指出本種在臺東、蘭嶼、臺灣南端及蘭嶼也有記錄。澎湖花嶼國小教導主任黃國揚 1999 年在花嶼首度記錄，總計近年共有兩次的觀察記錄，

其在該地區的出現狀態應進一步查明。在臺灣記錄到的個體早期曾被處理為特有亞種 *E. c. formosana* Matsumura, 1919，但由於本種在臺灣並無穩定族群且外觀上無明顯差異，故和日本八重山群島記錄到的個體同為分布於菲律賓的白帶亞種。

成蝶型態與特徵

中大型蛺蝶，前翅長約 45mm 近直角三角形，後翅扇形。底黑褐色，斑紋分布型式為「散布型」，後翅中央有一寬度可達翅寬約 1/3 的帶狀斑為本亞種有別於其他地區亞種的重要特徵。雄蝶前翅後緣稍凸出，雌蝶則平直。

分布

中南半島的緬甸、泰國，馬來半島、蘭卡威，蘇門答臘、爪哇、婆羅州，菲律賓的巴拉望、呂宋島、巴布煙。日本南西諸島尤以八重山群島在 5-7 月及秋季採集記錄較多，且在近年有繁殖記錄。

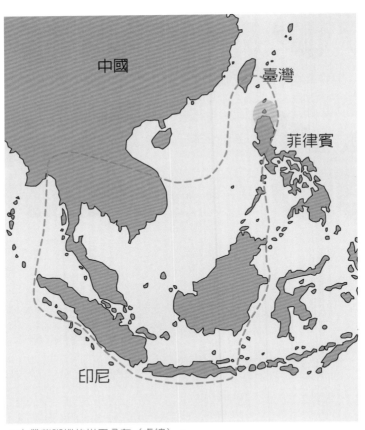

▲白帶紫斑蝶的世界分布（虛線）。

緣點紫斑蝶

Euploea klugii Moore, [1858]

中文名 / 默紫斑蝶

英文名 / Blue Crow

日文名 / クルールリマダラ

白斑大且
具紫色調

雄蝶背面

性標不
明顯

外緣斑雙列型

雄蝶腹面

發現記錄

　　中型蛺蝶，前翅長約 45mm。臺灣的記錄是李俊延及王效岳於 1995 年 12 月 10 日在屏東恆春記錄到 1 雄，徐（2006）對此記錄以「?」註記之。整體而言本種不論翅形或花紋皆頗類似圓翅紫斑蝶，但是前翅背面底色為黑色，後緣（CuA_2 室）則有一短帶狀性標。

分布

　　印度為分布的西界，斯里蘭卡、中南半島各國、馬來半島及蘇門答臘北部，中國大陸的雲南、廣東及海南。

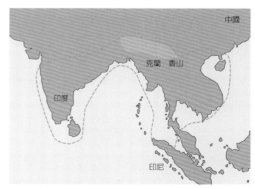

▲緣點紫斑蝶的世界分布（虛線）。

東方淡紋青斑蝶

Tirumala hamata orientalis (Semper, 1827)

中文名／ 東方淡紋青斑蝶

英文名／ Oriental Blue Tiger Blue, Wanderer

日文名／ ミナミコモンマダラ

中室斑內側連線通過中央斑上方

性標

雄蝶背面（日本與那國嶼）

成蝶型態與特徵

　　中型蛺蝶，前翅長約 40mm 直角三角形，後翅扇形；蝶類調查者蘇錦平在蘭嶼有過一次採集記錄，其與日本八重山群島發現個體應屬菲律賓呂宋島的東方亞種；由於本種外型頗類似淡紋青斑蝶，使得早期研究者經常和淡紋青斑蝶混為一談。兩者主要分辨特徵為東方淡紋青斑蝶前翅中室「工」字紋下方兩個角的虛擬直線，會劃過右下方大型斑（CuA_1 室）上方，後緣兩條虎紋鄰接 CuA_2 脈者內側線條甚圓；淡紋青斑蝶的虛擬直線則是劃過下方，鄰接 CuA_2 脈虎紋內側線條甚尖。

分布

　　為島嶼性斑蝶，分布在婆羅州及馬來半島東邊的各島嶼及澳洲北、東部，菲律賓則為分布的北界。日本的八重山群島則有不少迷蝶記錄。

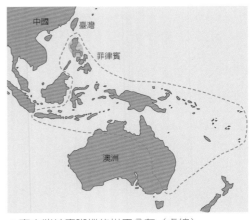

▲東方淡紋青斑蝶的世界分布（虛線）。

呂宋青斑蝶

Parantica Luzonensis (C. & R. Felder, 1863)

中文名 / 白列紫斑蝶、咖瑪紫斑蝶、玉帶斑蝶

英文名 / Luzon Blue Tiger

日文名 / シロオビマダラ

斑紋較短
中室外側
斑小型

雄蝶背面（菲律賓北呂宋）

雄蝶腹面（菲律賓北呂宋）

觀察紀錄

　　日治時期在恆春半島及蘭嶼曾有來自菲律賓的指名亞種之採集記錄。

成蝶型態與特徵

　　中型蛺蝶，前翅長約 40mm 呈直角三角形，後翅扇形。整體型態類似小青斑蝶，但前翅斜帶中最長斑（M_1 室）長度只有小青斑蝶的一半，前翅 CuA_2 室虎紋被黑線紋隔開，腹部背方黑色。

分布

　　島嶼性斑蝶，菲律賓、婆羅州西部、印尼的蘇門達臘、爪哇等地，但不分布於蘇拉威西及以東的各島嶼。

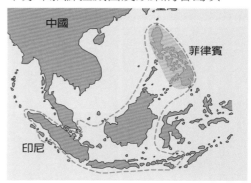

▲呂宋青斑蝶的世界分布（虛線）。

■ 夾竹桃科 Apocynaceae

名稱	大錦蘭　*Andendron benthamiana*
特徵	葉：單葉對生，厚革質深綠色（長約 10cm）有光澤，長橢圓披針形基部鈍，全緣，柄長，上表面葉脈不明顯，側脈約 6 對。乳汁灰白色。莖：紅褐色光滑，散生凸出的皮孔。果：蓇葖果一對。花：聚繖花序，花冠漏斗狀白色。
類型	寄主植物；攀緣灌木
環境分布	林緣及森林樹冠層；全臺低海拔山區。　攝食蝶種　端紫斑蝶
備註	特有種。

名稱	錦蘭（小錦蘭）*Andendron affine*
特徵	葉：單葉對生，厚革質綠色（長約 8cm）有光澤，長橢圓披針形基部銳尖，全緣，柄長，上表面葉脈明顯，側脈約 6 對。乳汁灰白色。莖：紅褐色光滑，散生凸出的皮孔。果：蓇葖果一對。花：聚繖花序，花冠漏斗狀白色。
類型	寄主植物；攀緣灌木
環境分布	林緣及森林樹冠層；全臺低中海拔山區。　攝食蝶種　端紫斑蝶
備註	原生種。

名稱	羊角拗　*Strophanthus divaricatus*
特徵	葉：單葉對生，革質綠色（長約 12cm）兩面粗糙，倒卵披針形，全緣，柄短，葉脈不明顯，側脈約 5 對。乳汁灰白色。莖：紅褐色密生皮孔。果：蓇葖果。花：聚繖花序，花冠大裂片長而下垂，呈黃色散生紅褐色點。
類型	寄主植物；攀緣灌木
環境分布	林緣帶；金門地區常見。臺灣不分布。　攝食蝶種　藍點紫斑蝶
備註	原生種。

名稱	細梗絡石　*Trachelospermum gracilipes*
特徵	葉：單葉對生，硬革質深綠色（長約 4cm）表面光滑，倒卵狀至長橢圓形端部尖或鈍，全緣，柄短，葉脈明顯，側脈約 5 對。乳汁白色。莖：紅褐色光滑。果：蓇葖果細長形一對。花：聚繖花序白色，花冠筒形，裂片向右相疊。
類型	寄主植物；攀緣灌木
環境分布	林緣及森林樹冠層；全臺低海拔山區。　攝食蝶種　端紫斑蝶
備註	原生種。本島尚有枝條被毛的絡石（*T. jasminoides*）及臺灣特有種臺灣絡石（*T. formosanum*）的記錄；蘭嶼及綠島則有特有種的蘭嶼絡石（*T. lanyuense*）。

名稱	乳藤 *Ecdysanthera utilis*
特徵	葉：單葉對生，紙質綠色（長約 8cm），長橢圓披針形端部漸尖，全緣，柄短紫色，葉脈明顯，側脈約 4 對。乳汁白色。莖：褐色散生淺色皮孔。果：蓇葖果一對。花：圓錐形總狀花序。
類型	寄主植物；攀緣灌木
環境分布	林緣及森林樹冠層；全臺低中海拔山區。
	攝食蝶種 端紫斑蝶
備註	原生種。另有一近緣種酸藤（*E. rosea*），葉較小，表面光滑，下表面蒼白色，端部端尾狀。

名稱	海檬果 *Cerbera manghas*
特徵	葉：單葉對生，膜質綠色（長約 8cm）有光澤，長橢圓披針形基部楔形端部尖，全緣，柄短，葉脈明顯，側脈約 8 對。乳汁白色。莖：光滑灰褐色，小枝葉痕明顯。果：核果長橢圓形。花：聚繖花序頂生，白色花筒長。
類型	寄主、蜜源植物；小喬木
環境分布	海岸開闊地及林緣帶；全臺濱海地區。
	攝食蝶種 大紫斑蝶
備註	原生種。

名稱	爬森藤 *Parsonia laevigata*
特徵	葉：單葉對生，革質深綠色（長約 8cm）有光澤且常有紫斑，卵狀至長橢圓形端部具小尖突，全緣，柄中等，葉脈明顯常呈紫色，側脈約 4 對。乳汁半透明。莖：淺褐色散生皮孔。果：蓇葖果長形。花：聚繖花序黃色。
類型	寄主、蜜源植物；攀緣灌木
環境分布	海岸開闊地至森林內部；局部分布在低海拔濱海地區，蘭嶼及綠島亦有分布。
	攝食蝶種 大白斑蝶
備註	原生種。

■ 蘿藦科 Asclepiadaceae

名稱	羊角藤（武靴藤）*Gymnema alternifolium*
特徵	葉：單葉對生，膜質至革質淺綠色（長約 6cm）有光澤且被柔細毛，倒卵形或長橢圓形端部具小尖突，全緣，柄中等，葉脈上表面不明顯，側脈約 4 對。乳汁白色。莖：褐色呈塊狀剝裂。果：蓇葖果 角狀一個。花：聚繖花序，黃綠色。
類型	寄主植物；纏繞灌木
環境分布	開闊地至森林樹冠層；全臺濱海至低海拔山區，但以偏西部地區較多。
	攝食蝶種 斯氏紫斑蝶
備註	原生種。茜草科的羊角藤（*Morinda umbellate*）外觀雖與本種類似，但有托葉且沒有乳汁。

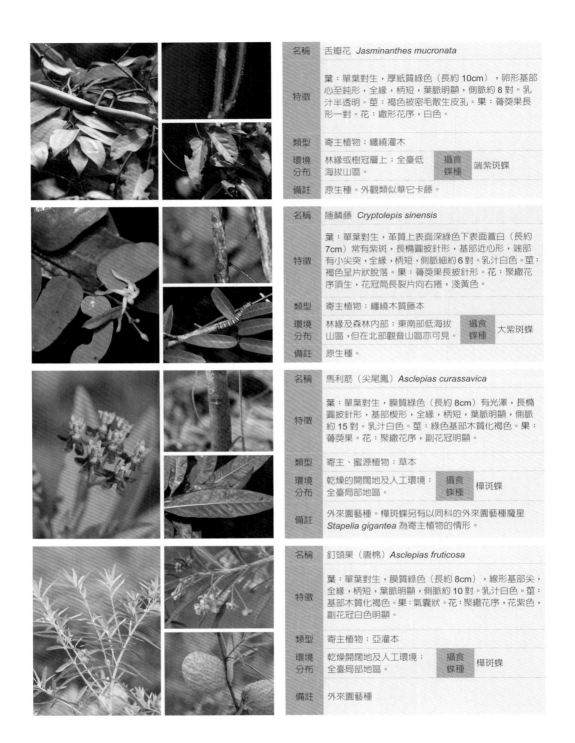

名稱	舌瓣花　*Jasminanthes mucronata*
特徵	葉：單葉對生，厚紙質綠色（長約10cm），卵形基部心至鈍形，全緣，柄短，葉脈明顯，側脈約8對。乳汁半透明。莖：褐色被密毛散生皮孔。果：菁葖果長形一對。花：繖形花序，白色。
類型	寄主植物；纏繞灌木
環境分布	林緣或樹冠層上；全臺低海拔山區。
備註	原生種。外觀類似華它卡藤。

攝食蝶種　端紫斑蝶

名稱	隱鱗藤　*Cryptolepis sinensis*
特徵	葉：單葉對生，革質上表面深綠色下表面蒼白（長約7cm）常有紫斑，長橢圓披針形，基部近心形，端部有小尖突，全緣，柄短，側脈細約6對。乳汁白色。莖：褐色呈片狀脫落。果：菁葖果長披針形。花：聚繖花序頂生，花冠筒長裂片向右捲，淺黃色。
類型	寄主植物；纏繞木質藤本
環境分布	林緣及森林內部；東南部低海拔山區，但在北部觀音山區亦可見。
備註	原生種。

攝食蝶種　大紫斑蝶

名稱	馬利筋（尖尾鳳）*Asclepias curassavica*
特徵	葉：單葉對生，膜質綠色（長約8cm）有光澤，長橢圓披針形，基部楔形，全緣，柄短，葉脈明顯，側脈約15對。乳汁白色。莖：綠色基部木質化褐色。果：菁葖果。花：聚繖花序，副花冠明顯。
類型	寄主、蜜源植物；草本
環境分布	乾燥的開闊地及人工環境；全臺局部地區。
備註	外來園藝種。樺斑蝶另有以同科的外來園藝種魔星 *Stapelia gigantea* 為寄主植物的情形。

攝食蝶種　樺斑蝶

名稱	釘頭果（唐棉）*Asclepias fruticosa*
特徵	葉：單葉對生，膜質綠色（長約8cm），線形基部尖，全緣，柄短，葉脈明顯，側脈約10對。乳汁白色。莖：基部木質化褐色。果：氣囊狀。花：聚繖花序，花紫色，副花冠白色明顯。
類型	寄主植物；亞灌本
環境分布	乾燥開闊地及人工環境；全臺局部地區。
備註	外來園藝種

攝食蝶種　樺斑蝶

名稱	臺灣牛皮消 *Cynanchum ovalifolium*
特徵	葉：單葉對生，革質綠色（長約 7cm）光滑常有紫斑，長橢圓形端部有小尖突，全緣，柄中等，網狀脈側脈紅紫色約 4 對；常有托葉狀小葉。乳汁白色。莖：深褐色有縱裂。果：蓇葖果粗角狀通常一個。花：聚繖花序，花冠帶紅褐色，副花冠明顯。
類型	寄主植物；纏繞木質藤本
環境分布	林緣及開闊地；全臺低海拔山區。
攝食蝶種	黑脈樺斑蝶
備註	原生種。另有一分布於西部低海拔沿海地區草生地的瀕危種植物牛皮消 C. *atratum*，其為直立草本，葉橢圓或闊卵形花深紫色。

名稱	薄葉牛皮消 *Cynanchum boudieri*
特徵	葉：單葉對生，膜質綠色（長約 8cm）常有紫斑，卵心形端部有尖突，全緣，柄中等，網狀脈，側脈約 4 對。乳汁白色。莖：深褐色有縱裂。果：蓇葖果粗角狀通常一個。花：繖形花序，淡綠色。
類型	寄主植物；纏繞半灌木
環境分布	開闊崩塌地；中央山脈為主的中海拔山區。
攝食蝶種	黑脈樺斑蝶
備註	原生種。

名稱	蘭嶼牛皮消 *Cynanchum lanhsuenses*
特徵	葉：單葉對生，膜質至革質綠色（長約 12cm），卵形基部截形或心形端部漸尖，全緣，柄長，葉脈明顯，側脈約 4 對。乳汁灰白色。莖：褐色有縱向凹痕。果：蓇葖果粗角狀通常一對。花：呈球狀的聚繖花序，淡綠色。
類型	寄主植物；纏繞灌木
環境分布	林緣及森林內部；蘭嶼。
攝食蝶種	黑脈樺斑蝶
備註	特有種。

名稱	華它卡藤 *Dregea volubilis*
特徵	葉：單葉對生，膜質至革質綠色（長約 12cm），卵形基部截形或心形端部漸尖，全緣，柄長，葉脈明顯，側脈約 4 對。乳汁灰白色。莖：褐色有縱向凹痕。果：蓇葖果粗角狀通常一對。花：呈球狀的聚繖花序，淡綠色。
類型	寄主植物；纏繞灌木
環境分布	林緣及森林內部；蘭嶼。
攝食蝶種	淡紋青斑蝶
備註	原生種。

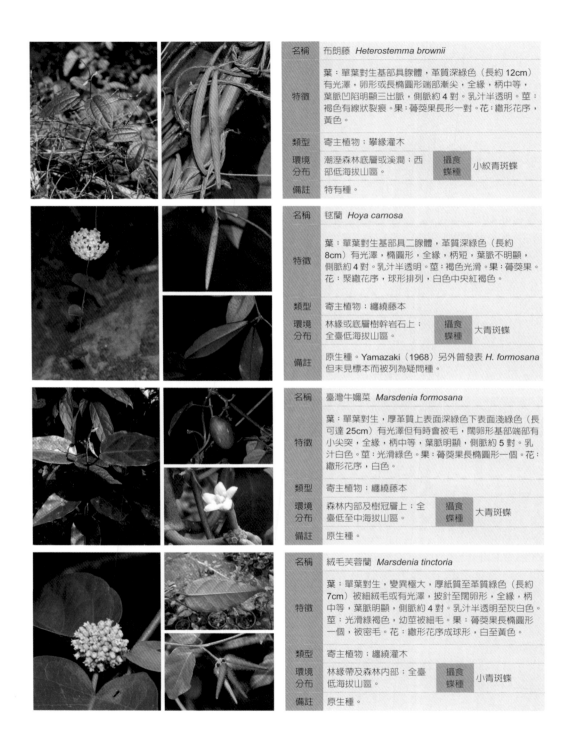

名稱	布朗藤 *Heterostemma brownii*	
特徵	葉：單葉對生基部具腺體，革質深綠色（長約 12cm）有光澤，卵形或長橢圓形端部漸尖，全緣，柄中等，葉脈凹陷明顯三出脈，側脈約 4 對。乳汁半透明。莖：褐色有線狀裂痕。果：蓇葖果長形一對。花：繖形花序，黃色。	
類型	寄主植物；攀緣灌木	
環境分布	潮溼森林底層或溪澗；西部低海拔山區。	攝食蝶種 小紋青斑蝶
備註	特有種。	

名稱	毬蘭 *Hoya carnosa*	
特徵	葉：單葉對生基部具二腺體，革質深綠色（長約 8cm）有光澤，橢圓形，全緣，柄短，葉脈不明顯，側脈約 4 對。乳汁半透明。莖：褐色光滑。果：蓇葖果。花：聚繖花序，球形排列，白色中央紅褐色。	
類型	寄主植物；纏繞藤本	
環境分布	林緣或底層樹幹岩石上；全臺低海拔山區。	攝食蝶種 大青斑蝶
備註	原生種。Yamazaki（1968）另外曾發表 *H. formosana* 但未見標本而被列為疑問種。	

名稱	臺灣牛嬭菜 *Marsdenia formosana*	
特徵	葉：單葉對生，厚革質上表面深綠色下表面淺綠色（長可達 25cm）有光澤但有時會被毛，闊卵形基部端部有小尖突，全緣，柄中等，葉脈明顯，側脈約 5 對。乳汁白色。莖：光滑綠色。果：蓇葖果長橢圓形一個。花：繖形花序，白色。	
類型	寄主植物；纏繞藤本	
環境分布	森林內部及樹冠層上；全臺低至中海拔山區。	攝食蝶種 大青斑蝶
備註	原生種。	

名稱	絨毛芙蓉蘭 *Marsdenia tinctoria*	
特徵	葉：單葉對生，變異極大，厚紙質至革質綠色（長約 7cm）被細絨毛或有光澤，披針至闊卵形，全緣，柄中等，葉脈明顯，側脈約 4 對。乳汁半透明至灰白色。莖：光滑綠褐色，幼莖被細毛。果：蓇葖果長橢圓形一個，被密毛。花：繖形花序成球形，白至黃色。	
類型	寄主植物；纏繞灌木	
環境分布	林緣帶及森林內部；全臺低海拔山區。	攝食蝶種 小青斑蝶
備註	原生種。	

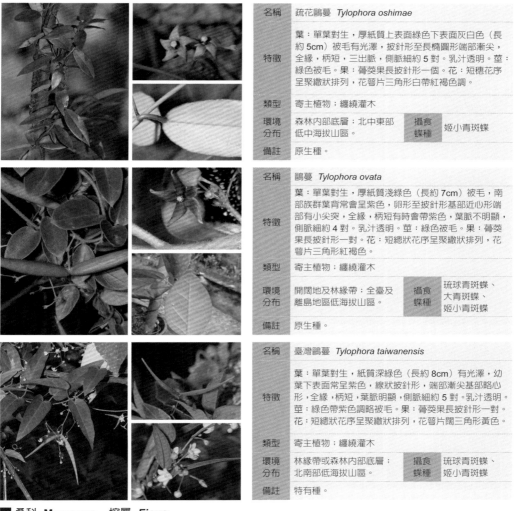

名稱	疏花鷗蔓 *Tylophora oshimae*		
特徵	葉：單葉對生，厚紙質上表面綠色下表面灰白色（長約5cm）被毛有光澤，披針形至長橢圓形端部漸尖，全緣，柄短，三出脈，側脈細約5對。乳汁透明。莖：綠色被毛。果：蓇葖果長披針形一個。花：短穗花序呈聚繖狀排列，花萼片三角形白帶紅褐色調。		
類型	寄主植物；纏繞灌木		
環境分布	森林內部底層；北中東部低中海拔山區。	攝食蝶種	姬小青斑蝶
備註	原生種。		

名稱	鷗蔓 *Tylophora ovata*		
特徵	葉：單葉對生，厚紙質淺綠色（長約7cm）被毛，南部族群葉背常會呈紫色，卵形至披針形基部近心形端部有小尖突，全緣，柄短有時會帶紫色，葉脈不明顯，側脈細約4對。乳汁透明。莖：綠色被毛。果：蓇葖果長披針形一對。花：短總狀花序呈聚繖狀排列，花萼片三角形紅褐色。		
類型	寄主植物；纏繞灌木		
環境分布	開闊地及林緣帶；全臺及離島地區低海拔山區。	攝食蝶種	琉球青斑蝶、大青斑蝶、姬小青斑蝶
備註	原生種。		

名稱	臺灣鷗蔓 *Tylophora taiwanensis*		
特徵	葉：單葉對生，紙質深綠色（長約8cm）有光澤，幼葉下表面常呈紫色，線狀披針形，端部漸尖基部略心形，全緣，柄短，葉脈明顯，側脈細約5對。乳汁透明。莖：綠色帶紫色調略被毛。果：蓇葖果長披針形一對。花：短總狀花序呈聚繖狀排列，花萼片闊三角形黃色。		
類型	寄主植物；纏繞灌木		
環境分布	林緣帶或森林內部底層；北南部低海拔山區。	攝食蝶種	琉球青斑蝶、姬小青斑蝶
備註	特有種。		

■ 桑科 Moraceae　榕屬 *Ficus*

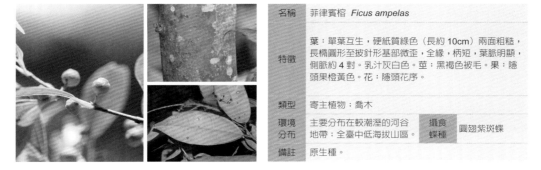

名稱	菲律賓榕 *Ficus ampelas*		
特徵	葉：單葉互生，硬紙質綠色（長約10cm）兩面粗糙，長橢圓形至披針形基部微歪，全緣，柄短，葉脈明顯，側脈約4對。乳汁灰白色。莖：黑褐色被毛。果：隱頭果橙黃色。花：隱頭花序。		
類型	寄主植物；喬木		
環境分布	主要分布在較潮溼的河谷地帶；全臺中低海拔山區。	攝食蝶種	圓翅紫斑蝶
備註	原生種。		

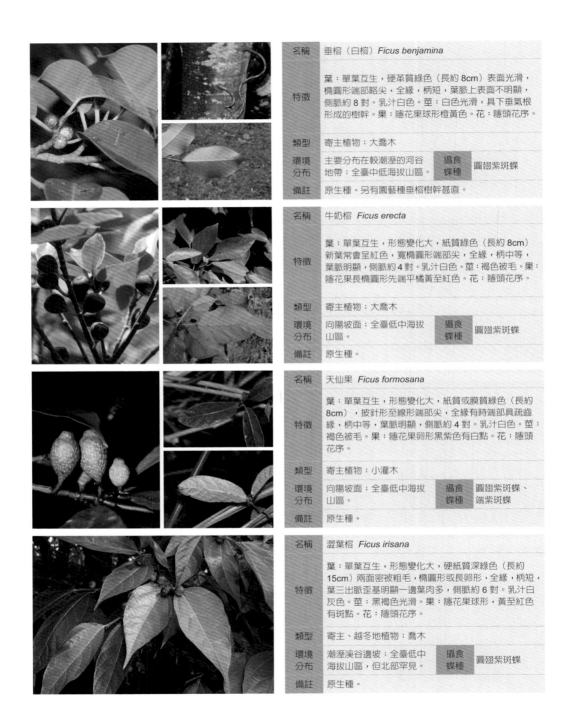

名稱	垂榕（白榕）*Ficus benjamina*
特徵	葉：單葉互生，硬革質綠色（長約 8cm）表面光滑，橢圓形端部略尖，全緣，柄短，葉脈上表面不明顯，側脈約 8 對。乳汁白色。莖：白色光滑，具下垂氣根形成的樹幹。果：隱花果球形橙黃色。花：隱頭花序。
類型	寄主植物：大喬木
環境分布	主要分布在較潮溼的河谷地帶；全臺中低海拔山區。　攝食蝶種　圓翅紫斑蝶
備註	原生種。另有園藝種垂榕樹幹甚直。

名稱	牛奶榕 *Ficus erecta*
特徵	葉：單葉互生，形態變化大，紙質綠色（長約 8cm）新葉常會呈紅色，寬橢圓形端部尖，全緣，柄中等，葉脈明顯，側脈約 4 對。乳汁白色。莖：褐色被毛。果：隱花果長橢圓形先端平橘黃至紅色。花：隱頭花序。
類型	寄主植物：大喬木
環境分布	向陽坡面；全臺低中海拔山區。　攝食蝶種　圓翅紫斑蝶
備註	原生種。

名稱	天仙果 *Ficus formosana*
特徵	葉：單葉互生，形態變化大，紙質或膜質綠色（長約8cm），披針形至線形端部尖，全緣有時端部具疏齒緣，柄中等，葉脈明顯，側脈約 4 對。乳汁白色。莖：褐色被毛。果：隱花果卵形黑紫色有白點。花：隱頭花序。
類型	寄主植物：小灌木
環境分布	向陽坡面；全臺低中海拔山區。　攝食蝶種　圓翅紫斑蝶、端紫斑蝶
備註	原生種。

名稱	澀葉榕 *Ficus irisana*
特徵	葉：單葉互生，形態變化大，硬紙質深綠色（長約15cm）兩面密被粗毛，橢圓形或長卵形，全緣，柄短，葉三出脈歪基明顯一邊葉肉多，側脈約 6 對。乳汁白灰色。莖：黑褐色光滑。果：隱花果球形，黃至紅色有斑點。花：隱頭花序。
類型	寄主、越冬地植物：喬木
環境分布	潮溼溪谷邊坡；全臺低中海拔山區，但北部罕見。　攝食蝶種　圓翅紫斑蝶
備註	原生種。

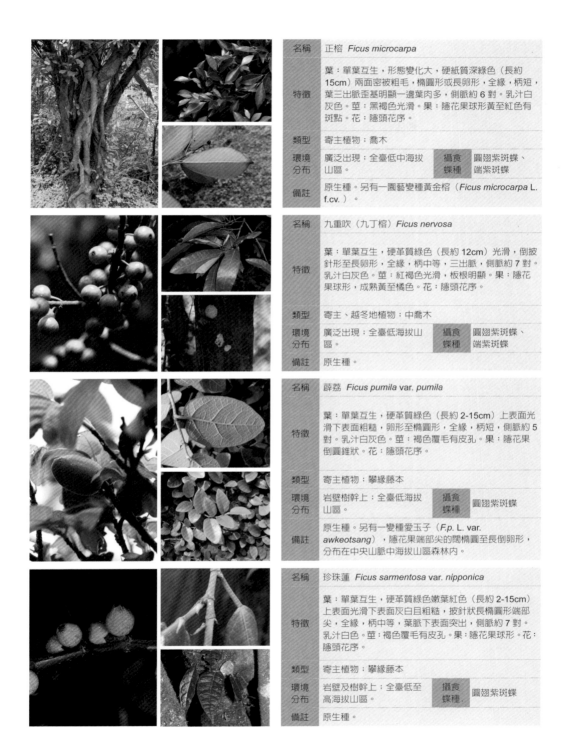

名稱	正榕 *Ficus microcarpa*		
特徵	葉：單葉互生，形態變化大，硬紙質深綠色（長約15cm）兩面密被粗毛，橢圓形或長卵形，全緣，柄短，葉三出脈歪基明顯一邊葉肉多，側脈約 6 對。乳汁白灰色。莖：黑褐色光滑。果：隱花果球形黃至紅色有斑點。花：隱頭花序。		
類型	寄主植物：喬木		
環境分布	廣泛出現：全臺低中海拔山區	攝食蝶種	圓翅紫斑蝶、端紫斑蝶
備註	原生種。另有一園藝變種黃金榕（*Ficus microcarpa* L. f.cv.）。		

名稱	九重吹（九丁榕）*Ficus nervosa*		
特徵	葉：單葉互生，硬革質綠色（長約 12cm）光滑，倒披針形至長卵形，全緣，柄中等，三出脈，側脈約 7 對。乳汁白灰色。莖：紅褐色光滑，板根明顯。果：隱花果球形，成熟黃至橘色。花：隱頭花序。		
類型	寄主、越冬地植物：中喬木		
環境分布	廣泛出現：全臺低海拔山區	攝食蝶種	圓翅紫斑蝶、端紫斑蝶
備註	原生種。		

名稱	薜荔 *Ficus pumila* var. *pumila*		
特徵	葉：單葉互生，硬革質綠色（長約 2-15cm）上表面光滑下表面粗糙，卵形至橢圓形，全緣，柄短，側脈約 5 對。乳汁白灰色。莖：褐色覆毛有皮孔。果：隱花果倒圓錐狀。花：隱頭花序。		
類型	寄主植物：攀緣藤本		
環境分布	岩壁樹幹上：全臺低海拔山區。	攝食蝶種	圓翅紫斑蝶
備註	原生種。另有一變種愛玉子（*F.p.* L. var. *awkeotsang*），隱花果端部尖的闊橢圓至長倒卵形，分布在中央山脈中海拔山區森林內。		

名稱	珍珠蓮 *Ficus sarmentosa* var. *nipponica*		
特徵	葉：單葉互生，硬革質綠色嫩葉紅色（長約 2-15cm）上表面光滑下表面灰白且粗糙，披針狀長橢圓形端部尖，全緣，柄中等，葉脈下表面突出，側脈約 7 對。乳汁白色。莖：褐色覆毛有皮孔。果：隱花果球形。花：隱頭花序。		
類型	寄主植物：攀緣藤本		
環境分布	岩壁及樹幹上：全臺低至高海拔山區。	攝食蝶種	圓翅紫斑蝶
備註	原生種。		

名稱	大冇榕（稜果榕）*Ficus septica*
特徵	葉：單葉互生，厚紙質綠色（長約 15cm）光滑，橢圓形至闊卵形，全緣，柄短，葉脈明顯，側脈約 7 對。乳汁透明。莖：褐色光滑有皮孔。果：隱花果扁球形，表面有稜及白色斑點。花：隱頭花序。
類型	越冬地植物：喬木
環境分布	廣泛分布；全臺低海拔山區。　　攝食蝶種　端紫斑蝶
備註	原生種。另有一非越冬地植物的近似種黃果豬母乳（*F. benguetensis*）其葉下表面被褐色粗毛，隱花果無稜線且大多密生樹幹基部，偏好生長在陰暗林下或溼度高的溪谷（本種過往在臺灣被鑑定為水同木 *F. fistulosa* Reinw. Ex Bl.）。

名稱	雀榕（鳥榕）*Ficus superba* Var. *japonica*
特徵	葉：單葉輪狀互生，硬革質綠色新葉紅褐色（長約 15cm），長橢圓形端部有小尖突，全緣，柄長，葉脈明顯，側脈約 7 對。乳汁白灰色。莖：褐色光滑有皮孔。果：隱花果球形有柄。花：隱頭花序。
類型	寄主、蜜源植物：大喬木
環境分布	廣泛分布；全臺低中海拔山區。　　攝食蝶種　圓翅紫斑蝶
備註	原生種。另有將恆春地區葉較大型、隱花果形小者處理為大葉雀榕（*Ficus caulocarpa*）。

名稱	幹花榕　*Ficus variegate* Var. *garciae*
特徵	葉：單葉互生，革質或紙質綠色，新葉紅色（長約 25cm），卵狀橢圓形端部尖，全緣，柄中等，葉脈三出，側脈約 7 對。乳汁白灰色。莖：淺褐色光滑，板根明顯。果：隱花果球形紅色有斑點。花：隱頭花序。
類型	寄主植物；喬木
環境分布	溪谷兩側或潮溼山谷內；全臺低海拔山區及蘭嶼。　　攝食蝶種　圓翅紫斑蝶
備註	原生種。

名稱	島榕（白肉榕）*Ficus virgata*
特徵	葉：單葉互生，紙質或膜質綠色（長約 20cm），長卵形至橢圓形端部漸尖或具小尖突基部一側歪斜，整體形狀似臺灣島，全緣，柄中等，側脈約 8 對。乳汁灰白色。莖：褐色光滑。果：隱花果球形黃至紅色。花：隱頭花序。
類型	寄主植物；灌木或喬木
環境分布	溪流兩側岩壁；全臺低中海拔山區及蘭嶼、綠島。　　攝食蝶種　圓翅紫斑蝶
備註	原生種。

■ 桑科 Moraceae 盤龍木屬 *Malaisia*

名稱	盤龍木 *Malaisia scandens*
特徵	葉：單葉互生，硬革質或紙質深綠色（長約 10cm）光滑，長橢圓形至倒卵形，端部鈍或漸尖，有時有疏齒，柄短，葉下表面脈凸出，側脈約 7 對。乳汁半透明。莖：褐色粗糙有皮孔。果：瘦果 1-4 個聚集紅色。花：雌雄異株，雄花序穗狀雌花序頭狀。
類型	寄主植物；大藤本
環境分布	林緣開闊地至森林內部樹冠；全臺低海拔山區，主要分部在偏西部山區，尤以南部及中北部山區量較大。 / 攝食蝶種：小紫斑蝶
備註	原生種。紫蝶保育義工陳瑞祥（2008）證實，圓翅紫斑蝶在人為餵食下也會取食。

■ 菊科 Compositae（Asteraceae）

名稱	田代氏澤蘭 *Eupatorium clematideum* var. *clematideum*
特徵	葉：單葉對生，膜質深綠色表面無毛，葉下表面無腺點（長約 6cm），披針形基部圓，鋸齒緣，無托葉，柄長度中等，側脈約 3 對。果：瘦果上被剛毛。花：頭狀花序，花冠筒狀，小花 5 朵。
類型	蜜源植物；攀緣性亞灌木
環境分布	溼壁或森林內部；全島低、中海拔山區。 / 攝食蝶種：四種紫斑蝶
備註	原生種。

名稱	高士佛澤蘭 *Eupatorium clematideum* var. *gracillimum*
特徵	葉：單葉對生，葉較厚綠色表面無毛，葉下表面無腺點（長約 3cm），三角卵形，寬鋸齒緣，無托葉，柄長度中等，側脈約 3 對。果：瘦果上被剛毛。花：頭狀花序，花冠筒狀，小花 5 朵。
類型	蜜源植物；草本
環境分布	森林內部；恆春半島。 / 攝食蝶種：四種紫斑蝶、琉球青斑蝶、姬小青斑蝶
備註	原生種。

名稱	腺葉澤蘭 *Eupatorium amabile*
特徵	葉：單葉對生，膜質綠色表面無毛，葉下表面有腺點（長約 3cm），卵形或長卵形，鋸齒緣，無托葉，柄長度中等，側脈約 3 對。果：瘦果上被剛毛。花：頭狀花序，花冠筒狀，小花 9-15 朵。
類型	蜜源植物；直立草本
環境分布	溼壁上或森林內部；主要產於臺灣東部。 / 攝食蝶種：四種紫斑蝶
備註	特有種。

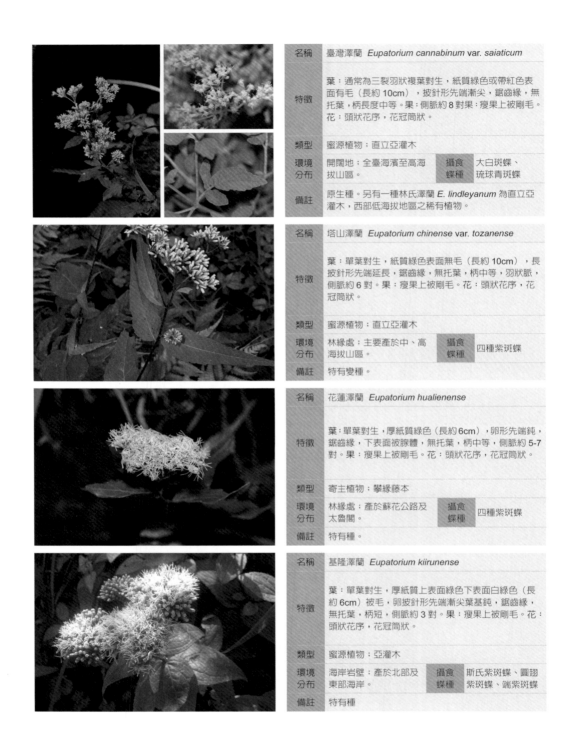

名稱	臺灣澤蘭 *Eupatorium cannabinum* var. *saiaticum*		
特徵	葉:通常為三裂羽狀複葉對生,紙質綠色或帶紅色表面有毛(長約10cm),披針形先端漸尖,鋸齒緣,無托葉,柄長度中等。果:側脈約8對果:瘦果上被剛毛。花:頭狀花序,花冠筒狀。		
類型	蜜源植物:直立亞灌木		
環境分布	開闊地;全臺海濱至高海拔山區。	攝食蝶種	大白斑蝶、琉球青斑蝶
備註	原生種。另有一種林氏澤蘭 *E. lindleyanum* 為直立亞灌木,西部低海拔地區之稀有植物。		

名稱	塔山澤蘭 *Eupatorium chinense* var. *tozanense*		
特徵	葉:單葉對生,紙質綠色表面無毛(長約10cm),長披針形先端延長,鋸齒緣,無托葉,柄中等,羽狀脈,側脈約6對。果:瘦果上被剛毛。花:頭狀花序,花冠筒狀。		
類型	蜜源植物:直立亞灌木		
環境分布	林緣處;主要產於中、高海拔山區。	攝食蝶種	四種紫斑蝶
備註	特有變種。		

名稱	花蓮澤蘭 *Eupatorium hualienense*		
特徵	葉:單葉對生,厚紙質綠色(長約6cm),卵形先端鈍,鋸齒緣,下表面被腺體,無托葉,柄中等,側脈約5-7對。果:瘦果上被剛毛。花:頭狀花序,花冠筒狀。		
類型	寄主植物:攀緣藤本		
環境分布	林緣處;產於蘇花公路及太魯閣。	攝食蝶種	四種紫斑蝶
備註	特有種。		

名稱	基隆澤蘭 *Eupatorium kiirunense*		
特徵	葉:單葉對生,厚紙質上表面綠色下表面白綠色(長約6cm)被毛,卵披針形先端漸尖葉基鈍,鋸齒緣,無托葉,柄短,側脈約3對。果:瘦果上被剛毛。花:頭狀花序,花冠筒狀。		
類型	蜜源植物:亞灌木		
環境分布	海岸岩壁;產於北部及東部海岸。	攝食蝶種	斯氏紫斑蝶、圓翅紫斑蝶、端紫斑蝶
備註	特有種		

名稱	島田氏澤蘭 *Eupatorium shimadai*		
特徵	葉：單葉對生，質地粗糙深綠色表面無毛（長約6cm），卵披針形基部鈍鋸齒緣，無托葉，近無柄，脈明顯，側脈約3對。果：瘦果上被剛毛。花：頭狀花序，花冠筒狀，小花5朵		
類型	蜜源植物；草本		
環境分布	向陽岩壁或山頂處；全島低、中海拔山區	攝食蝶種	四種紫斑蝶、淡紋青斑蝶、小青斑蝶、大青斑蝶
備註	特有種。		

名稱	小花蔓澤蘭（薇甘菊）*Mikania micrantha*		
特徵	葉：單葉對生，膜質綠色（長約7cm），近心形波浪狀鋸齒緣，三出脈。果：瘦果具稜，冠毛多。花：頭狀花序聚繖狀排列，花冠筒狀白色。		
類型	蜜源植物；纏繞藤本		
環境分布		攝食蝶種	四種紫斑蝶、淡紋青斑蝶、小青斑蝶
備註	外來種，原產於熱帶美洲。		

名稱	香澤蘭 *Chromelaena odorata*		
特徵	葉：單葉對生，膜質淺綠色（長約7cm）下表面被腺體，卵形至三角形基部鈍，波浪狀鋸齒緣，三出脈。果：瘦果5稜狀，糙毛狀冠毛。花：頭花繖房狀排列，紫色。		
類型	蜜源植物；多年生亞灌木		
環境分布	向陽開闊地；南部平地及低海拔山區。	攝食蝶種	四種紫斑蝶、小紋青斑蝶、淡紋青斑蝶
備註	外來種，原產於熱帶美洲。		

名稱	貓腥草（假臭草）*Praxelis clematidea*		
特徵	葉：密生細毛，菱形，鋸齒緣，柄短，網狀脈。果：瘦果。花：頭狀花序紫色。		
類型	蜜源植物；草本		
環境分布	向陽開闊地；2001年在臺中清水第一次記錄到，近年在中部地區開始蔓延。	攝食蝶種	斯氏紫斑蝶
備註	外來種，原產南美洲。外形類似紫花藿香薊。		

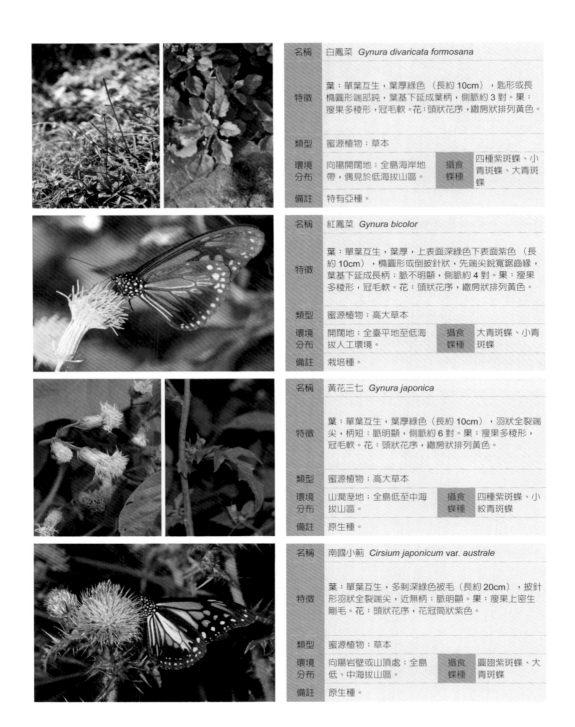

名稱	白鳳菜 *Gynura divaricata formosana*		
特徵	葉：單葉互生，葉厚綠色（長約10cm），匙形或長橢圓形端部鈍，葉基下延成葉柄，側脈約3對。果：瘦果多稜形，冠毛軟。花：頭狀花序，繖房狀排列黃色。		
類型	蜜源植物；草本		
環境分布	向陽開闊地；全島海岸地帶，偶見於低海拔山區。	攝食蝶種	四種紫斑蝶、小青斑蝶、大青斑蝶
備註	特有亞種。		

名稱	紅鳳菜 *Gynura bicolor*		
特徵	葉：單葉互生，葉厚，上表面深綠色下表面紫色（長約10cm），橢圓形或倒披針狀，先端尖銳寬鋸齒緣，葉基下延成長柄；脈不明顯，側脈約4對。果：瘦果多稜形，冠毛軟。花：頭狀花序，繖房狀排列黃色。		
類型	蜜源植物；高大草本		
環境分布	開闊地；全臺平地至低海拔人工環境。	攝食蝶種	大青斑蝶、小青斑蝶
備註	栽培種。		

名稱	黃花三七 *Gynura japonica*		
特徵	葉：單葉互生，葉厚綠色（長約10cm），羽狀全裂端尖，柄短；脈明顯，側脈約6對。果：瘦果多稜形，冠毛軟。花：頭狀花序，繖房狀排列黃色。		
類型	蜜源植物；高大草本		
環境分布	山澗溼地；全島低至中海拔山區。	攝食蝶種	四種紫斑蝶、小紋青斑蝶
備註	原生種。		

名稱	南國小薊 *Cirsium japonicum* var. *australe*		
特徵	葉：單葉互生，多刺深綠色被毛（長約20cm），披針形羽狀全裂端尖，近無柄；脈明顯。果：瘦果上密生剛毛。花：頭狀花序，花冠筒狀紫色。		
類型	蜜源植物；草本		
環境分布	向陽岩壁或山頂處；全島低、中海拔山區。	攝食蝶種	圓翅紫斑蝶、大青斑蝶
備註	原生種。		

名稱	大花咸豐草 *Bidens pilosa* var. *radiata*		
特徵	葉：單葉或羽狀複葉對生，紙質綠色（長約5cm）被毛，披針形，寬鋸齒緣，無托葉，柄短，側脈約5對。果：瘦果具2或3條芒狀冠毛。花：頭狀花序繖房狀排列，舌狀花白色。		
類型	蜜源植物；草本		
環境分布	開闊地及林緣帶；全臺平地至中海拔山區。	攝食蝶種	現存十三紫斑蝶
備註	外來種。		

名稱	白花藿香薊 *Ageratum conyzoides*		
特徵	葉：單葉對生，紙質綠色（長約5cm）被毛，卵形或三角形，鋸齒緣，無托葉，柄長，側脈約3對。果：瘦果。花：頭狀花序白色。		
類型	蜜源植物；草本		
環境分布	開闊地及林緣帶；全臺平地至中海拔山區。	攝食蝶種	四種紫斑蝶
備註	外來種。端紫斑蝶雄蝶性喜吸食寄生在上面的蚜蟲所分泌之蜜露。		

名稱	紫花藿香薊 *Ageratum houstonianum*		
特徵	葉：單葉對生，紙質綠色（長約5cm）被毛，卵形或三角形，鋸齒緣，無托葉，柄長，側脈約3對。果：瘦果。花：頭狀花序紫色。		
類型	蜜源植物；草本		
環境分布	開闊地；全臺平地至中海拔山區。	攝食蝶種	四種紫斑蝶
備註	外來種；端紫斑蝶雄蝶性喜吸食寄生在上面的蚜蟲所分泌之蜜露。		

名稱	光冠水菊 *Gymnocoronis spilanthoides*		
特徵	葉：單葉對生，革質綠色（長約8cm）光滑，披針形葉緣波浪狀鋸齒緣，柄短。果：蒴果無冠毛。花：頭狀花頂生白色。		
類型	蜜源植物；草本		
環境分布	溼地及溪流邊緣；全臺平地至低海拔山區。	攝食蝶種	大白斑蝶尚未見過，其他皆會吸食。
備註	外來種，又被稱為「光葉水菊」。		

名稱	黃菀 *Senecio nemorensis* var. *dentatus*		
特徵	葉：單葉互生，紙質綠色（長約15cm），長橢圓至線形，鋸齒緣，無柄，側脈約10對。果：瘦果被毛。花：頭狀花序，花舌黃色數目約5-6個。		
類型	蜜源植物；草本		
環境分布	林緣帶；全臺中高海拔山區。	攝食蝶種	大青斑蝶
備註	特有變種。		

名稱	大頭艾納香 *Blumea riparia* var. *megacephala*		
特徵	葉：單葉對生，厚紙質深綠色（長約9cm）無毛或被疏毛，長披針形，寬鋸齒緣，無托葉，近無柄，側脈約5對。果：瘦果被長剛毛。花：頭狀花序黃色。		
類型	蜜源植物；多年生攀緣小灌木		
環境分布	森林內部及林緣帶；全臺低海拔山區。	攝食蝶種	端紫斑蝶、圓翅紫斑蝶、琉球青斑蝶、姬小青斑蝶
備註	原生種。		

■ 忍冬科 Caprifoliaceae

名稱	冇骨消 *Sambucus chinensis*		
特徵	葉：羽狀複葉對生，膜質綠色，小葉披針形漸尖（長約10cm），無柄，微鋸齒緣，葉脈羽狀，側脈約11對。果：核果漿果狀紅色。花：聚繖花序頂生黃白色。		
類型	蜜源植物；木質草本		
環境分布	較潮溼的林緣帶或開闊地；全臺低中海拔山區。	攝食蝶種	小紫斑蝶
備註	原生種。		

■ 紫草科 Boraginaceae

名稱	狗尾草 *Heliotropium indicum*		
特徵	葉：單葉互生至近對生，紙質深綠色（長約5cm）被剛毛，卵形，寬鋸齒緣，柄長中等，葉脈網狀明顯凹陷，側脈約6對。果：核果有深二裂。花：鞭尾狀花序紫色。		
類型	蜜源植物；草本		
環境分布	河濱、開闊地草原；全臺低海拔山區但以南部較常見。	攝食蝶種	小紫斑蝶、斯氏紫斑蝶、黑脈樺斑蝶、淡紋青斑蝶
備註	原生種。		

名稱	假酸漿 *Trichodesma calycosum*		
特徵	葉：單葉對生枝條末端，紙質深綠色（長約15cm）粗糙，倒披針形漸尖，柄中等，側脈約5對。莖：粗糙黑褐色有縱裂。果：核果。花：聚繖狀花序下垂黃色至淺紫色，花瓣易脫落。		
類型	蜜源植物；小灌木		
環境分布	林緣帶；中南部低海拔山區。	攝食蝶種	四種紫斑蝶
備註	原生種。		

名稱	白水木 *Tournefortia argentea*		
特徵	葉：單葉叢生枝條末端，肉質厚白綠色（長約15cm）被白色絨毛，先端圓形全緣，柄長中等，側脈約4對。莖：粗糙黑褐色呈塊狀剝落。果：核果球形白色。花：鞭尾狀花序白色。		
類型	蜜源植物；灌木至小喬木		
環境分布	海濱地區；全島南北二端及綠島、蘭嶼。	攝食蝶種	四種紫斑蝶、淡紋青斑蝶、小紋青斑蝶、琉球青斑蝶、大青斑蝶
備註	原生種。		

名稱	冷飯藤（藤紫丹）*Tournefortia sarmentosa*		
特徵	葉：單葉互生，紙質深綠色（長約8cm）被疏毛，葉表亮，長橢圓披針形全緣先端尖，柄長中等，側脈約6對。莖：粗糙黑褐色。果：核果球形。花：鞭尾狀花序白色。		
類型	蜜源植物；灌木至小喬木		
環境分布	林緣帶；主要在南部低海拔山區。	攝食蝶種	四種紫斑蝶、淡紋青斑蝶、小紋青斑蝶、大青斑蝶、小青斑蝶
備註	原生種。		

名稱	破布子 *Cordia dichotoma*		
特徵	葉：單葉互生，紙質綠色（長約10cm）被褐色粗毛，披針形至寬卵形全緣波狀，柄長中等，側脈約5對。莖：粗糙黑褐色有縱裂。果：核果球形。花：聚繖花序白色，花筒短。		
類型	蜜源植物；落葉中喬木		
環境分布	向陽開闊地；全島低海拔山區。	攝食蝶種	四種紫斑蝶
備註	原生種。		

名稱	長花厚殼樹　*Ehretia longiflora ex Benth.*		
特徵	葉：單葉互生，厚紙質綠色（長約8cm）有光澤，長橢圓形漸尖全緣，柄長中等，側脈約5對。莖：粗糙褐色。果：核果球形。花：聚繖花序白色，花筒長。		
類型	蜜源植物；小喬木		
環境分布	森林內部及林緣帶；全島低海拔山區。	攝食蝶種	圓翅紫斑蝶、端紫斑蝶
備註	原生種。		

■ 茜草科 Rubiaceae

名稱	水錦樹　*Wendlandia uvariifolia*		
特徵	葉：單葉對生，紙質綠色（長約20cm）粗糙，葉背密被毛，長橢圓形，全緣，柄中等，托葉圓形，側脈約7對。莖：褐色有縱裂。果：蒴果褐色。花：圓錐狀聚繖花序頂生被毛，花萼壺形白色。		
類型	蜜源植物；灌木		
環境分布	林緣及森林內部；全臺低海拔山區，但以中部以南山區較常見。	攝食蝶種	大白斑蝶、黑脈樺斑蝶、樺斑蝶尚未見過，其他皆有記錄。
備註	原生種。另外分布於全臺低海拔山區之水金京（*W. formosana*）葉背及花梗無毛或近無毛，托葉則為三角形。		

■ 芸香科 Rutaceae

名稱	賊仔樹　*Tetradium glabrifolium*		
特徵	葉：羽狀複葉對生，紙質綠色葉柄及下表面有時呈紅色光滑可見透明油腺點，小葉長橢圓形漸尖，全緣（長約7cm），小葉柄短。莖：褐色皮孔明顯。果：蓇葖果。花：聚繖花序頂生黃色。		
類型	蜜源植物；喬木		
環境分布	廣泛出現；全臺低至中海拔山區。	攝食蝶種	四種紫斑蝶、小紋青斑蝶
備註	原生種。		

名稱	食茱萸　*Zanthoxylum ailanthoides*		
特徵	葉：羽狀複葉聚生頂部，呈紙質綠色光滑，下表面則常呈灰白色，密生透明油腺點，小葉披針形，全緣（長約15cm），小葉柄短。莖：褐色帶灰白粉末，樹幹上有許多直刺。果：蓇葖果。花：聚繖花序頂生黃白色。		
類型	蜜源植物；中大喬木		
環境分布	廣泛出現；全臺低至中海拔山區。	攝食蝶種	四種紫斑蝶、小紋青斑蝶、大白斑蝶
備註	原生種。		

■ 杜英科 Elaeocarpaceae

名稱	錫蘭橄欖 *Elaeocarpus serratus*
特徵	葉：單葉互生，革質綠色光滑老葉呈紅色（長約15cm），闊橢圓形漸尖，微鋸齒緣，柄長，葉脈明顯，側脈約6對。莖：褐色有縱紋。果：核果長橢圓形。花：總狀花序，花瓣白色端部呈細毛狀。
類型	蜜源植物；喬木

環境分布	人工栽植種；全臺平地及低海拔地區。	攝食蝶種	四種紫斑蝶、琉球青斑蝶
備註	外來栽培種。		

■ 五加科 Araliaceae

名稱	鵝掌柴（江某）*Schefflera octophylla*
特徵	葉：掌狀複葉，紙質深綠色光滑，小葉披針形至長橢圓形（長約6cm）漸尖，全緣波浪狀，小葉柄長。莖：褐色。果：球形。花：複繖形花序頂生黃色。
類型	蜜源植物；喬木

環境分布	廣泛出現；全臺低海拔山區。	攝食蝶種	四種紫斑蝶、小紋青斑蝶
備註	原生種。		

■ 無患子科 Sapindaceae

名稱	臺灣欒樹 *Koelreuteria henryi*
特徵	葉：二回羽狀複葉，紙質綠色光滑，小葉披針形至長橢圓形（長約6cm），細鋸齒緣，小葉柄短。莖：褐色，樹皮鱗片狀脫落。果：蒴果囊狀。花：大型圓錐花序頂生金黃色。
類型	蜜源植物；落葉喬木

環境分布	廣泛出現向陽坡地；全臺低海拔山區。	攝食蝶種	四種紫斑蝶、小紋青斑蝶
備註	原生種。		

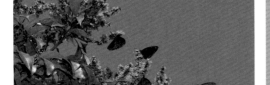

名稱	荔枝 *Litchi chinensis*
特徵	葉：羽狀複葉互生，硬革質上表面綠色光滑下表面灰白色，小葉披針形歪基（長約8cm），全緣，小葉柄短。莖：褐色。果：核果球形果皮暗紅色有瘤狀突起。花：大型圓錐花序頂生黃色。
類型	蜜源植物；喬木

環境分布	人工栽種；全臺平地及低海拔山區，主要栽種在中南部地區。	攝食蝶種	四種紫斑蝶、小紋青斑蝶
備註	外來栽培種，原產地為中國華南地區。		

名稱	龍眼 *Euphoria longana*		
特徵	葉：羽狀複葉互生，硬革質上表面綠色光滑，下表面灰白綠色，小葉長橢圓形端部鈍（長約6cm），全緣，小葉柄短。莖：褐色縱裂明顯，枝條被褐色毛。果：核果球形褐色有不規則龜甲紋。花：大型圓錐花序，頂生黃色有星狀毛。		
類型	蜜源植物；喬木		
環境分布	人工栽種；全臺平地及低海拔山區，主要栽種在南部地區。	攝食蝶種	四種紫斑蝶、小紋青斑蝶、淡紋青斑蝶
備註	外來栽培種，原產地為中國華南地區。		

■ 漆樹科 Anacardiaceae

名稱	芒果 *Mangifera indica*		
特徵	葉：單葉叢生枝頂，紙質墨綠色新葉紅褐色（長約20cm）光滑，長披針至長橢圓形，全緣，柄短，葉脈凸出，側脈約20對。果：核果長橢圓形歪扁。花：圓錐狀花序頂生，黃色帶紅褐色斑點。		
類型	蜜源植物；喬木		
環境分布	向陽地；全臺平地至低海拔山區。	攝食蝶種	四種紫斑蝶
備註	外來栽培種，於1561年由荷蘭人引進臺灣。		

■ 莧科 Amaranthaceae

名稱	青葙 *Celosia argentea*		
特徵	葉：單葉互生，紙質綠色有時帶紫（長約6cm），披針至卵形，全緣，柄短，側脈約7對。果：胞果。花：穗狀花序紫色。		
類型	蜜源植物；草本		
環境分布	開闊向陽平地及河岸；全臺平地至中海拔山區。	攝食蝶種	四種紫斑蝶
備註	原生種。		

■ 樟科 Lauraceae

名稱	小梗木薑子（黃肉樹）*Litsea hypophae*		
特徵	葉：單葉近互生，硬革質綠色（長約8cm），倒卵形至長倒卵形，邊緣略反捲，柄短，葉脈下表面有毛，基部側脈細且平行生長。果：漿果紫黑色。花：近繖形花序黃色。		
類型	蜜源植物；小喬木		
環境分布	乾燥向陽坡面；全臺平地至中海拔山區。	攝食蝶種	四種紫斑蝶、小紋青斑蝶
備註	原生種。		

名稱	大葉楠 *Machilus kusanoi*
特徵	葉：單葉互生，革質綠色新葉紅褐色下表面灰綠色（長約 25cm），長橢圓形至倒披針形，柄短，葉脈不明顯，側脈約 13 對。果：漿果球形。花：圓錐花序，花被片內面略有毛。
類型	蜜源植物；大喬木
環境分布	較潮溼坡面森林；全臺低至中海拔山區。 攝食蝶種 四種紫斑蝶、小紋青斑蝶
備註	原生種。

名稱	香楠 *Machilus zuihoensis*
特徵	葉：單葉互生，革質綠色新葉紅褐色下表面灰綠色（長約 15cm）略被毛，長橢圓形至倒披針形，柄短，側脈約 9 對，揉碎葉片後有濃烈的「電線走火味」。果：漿果球形。花：圓錐花序兩面被毛，黃綠色。
類型	蜜源植物；中喬木
環境分布	乾燥向陽坡面；全臺低至中海拔山區。 攝食蝶種 四種紫斑蝶
備註	特有種。

■ 火筒樹科 Leeaceae

名稱	火筒樹 *Leea guineensis*
特徵	葉：2-4 回羽狀複葉，紙質綠色光滑，小葉卵橢圓披針形（長約 10cm），疏鋸齒緣，小葉柄中等，葉脈明顯。莖：褐色。果：漿果扁球形深褐色。花：聚繖花序排成圓錐狀頂生紅色。
類型	蜜源植物；小喬木狀灌木
環境分布	較潮溼森林內部；南部海岸林至低海拔山區，亦分布於蘭嶼及綠島。 攝食蝶種 四種紫斑蝶、大白斑蝶
備註	原生種。

■ 馬鞭草科 Verbenaceae

名稱	長穗木 *Stachytarpheta jamaicensis*
特徵	葉：單葉對生，紙質深綠色（長約 5cm）粗糙，卵形至長橢圓形，鋸齒緣，柄短，葉脈網狀凹陷，側脈約 4 對。果：核果埋於花軸內。花：穗狀花序頂生藍紫色。
類型	蜜源植物；亞灌木
環境分布	林緣及森林內部；全臺低海拔山區。 攝食蝶種 小紫斑蝶、琉球青斑蝶、黑脈樺斑蝶
備註	外來種。

名稱	馬櫻丹 *Lantana camara*		
特徵	葉：單葉對生，紙質綠色（長約5cm）粗糙，卵形，鋸齒緣，柄中等，葉脈網狀凹陷，側脈約4對。果：球形紫黑色。花：頭狀花序有長柄，顏色多變。		
類型	蜜源植物；小灌木多刺		
環境分布	林緣及森林內部；全臺低海拔山區。	攝食蝶種	四種紫斑蝶、淡紋青斑蝶、琉球青斑蝶
備註	外來種。		

名稱	龍船花 *Clerodendrum kaempferi*		
特徵	葉：單葉對生，紙質綠色（長約5cm）粗糙，卵形，鋸齒緣，柄中等，葉脈網狀凹陷，側脈約4對。果：球形紫黑色。花：頭狀花序有長柄顏色多變。		
類型	蜜源植物；小灌木		
環境分布	林緣及森林內部；全臺低海拔山區。	攝食蝶種	小紫斑蝶
備註	原生種。		

■ **桃金孃科 Myrtaceae**

名稱	蒲桃（香果）*Syzygium jambas*		
特徵	葉：單葉對生，革質綠色光滑（長約15cm）密生腺點，長披針形兩端漸尖，全緣，柄短，封閉脈，側脈約14對。莖：褐色，樹皮有細裂痕。果：漿果卵形。花：聚繖花序，雄蕊多數甚長。		
類型	蜜源植物；小喬木		
環境分布	溪流兩岸；全臺平地至低海拔山區。	攝食蝶種	小紫斑蝶
備註	外來種，原產東印度熱帶地區。另有一外來之栽培種蓮霧（*S. samarangense*）葉較大型且較寬，漿果呈鐘狀。		

■ **大戟科 Euphorbiaceae**

名稱	茄冬 *Bischofia javanica*		
特徵	葉：三出複葉互生，革質綠色光滑，小葉卵形或長橢圓形（長約12cm）反捲，端部呈尖突狀，微鋸齒緣，柄長，葉脈網狀凹陷，側脈約4對。莖：紅褐色，樹皮呈片狀脫落。果：球形褐色。花：圓錐狀花序。		
類型	蜜源植物；大喬木		
環境分布	較潮溼的谷地及溪流兩岸；全臺低海拔山區。	攝食蝶種	四種紫斑蝶、小紋青斑蝶
備註	原生種。		

名稱	烏桕 *Sapium sebiferum*
特徵	葉：單葉互生，紙質綠色光滑（長約6cm），葉卵狀菱形有尖尾，全緣微波浪狀，柄長，葉脈網狀，側脈約5對。莖：紅褐色，樹皮呈片狀脫落。果：蒴果球形。花：總狀花序呈長長穗狀。
類型	蜜源植物；喬木
環境分布	向陽乾燥坡面及人工環境；全臺平地至低海拔山區。
攝食蝶種	四種紫斑蝶
備註	可能是由中國大陸引進栽培。

爵床科 Acanthaceae

名稱	臺灣鱗球花 *Lepidagathis formosensis*
特徵	葉：單葉對生，紙質深綠色（長約8cm）有光澤，卵狀披針形漸尖，全緣，柄長，葉脈網狀凹陷，側脈約4對。果：圓錐形。花：穗狀花序白綠色，花白色。
類型	蜜源植物；草本
環境分布	林緣及森林內部；全臺低海拔山區。
攝食蝶種	四種紫斑蝶、琉球青斑蝶
備註	原生種。

紫茉莉科 Nyctaginaceae

名稱	皮孫木（光臘樹）*Pisonia umbellifera*
特徵	葉：單葉對生，近輪生或互生，厚紙質綠色（長約25cm）光滑，橢圓至披針形，全緣，柄短，葉脈明顯，側脈約7對。莖：深褐色。果：圓錐形，有5稜，無腺體但溝內有黏液。花：聚繖花序黃色。
類型	越冬地植物；喬木
環境分布	較溼的溪谷底部樹林內。南部低海拔山區。
攝食蝶種	
備註	原生種。

名稱	腺果藤 *Pisonia aculeate*
特徵	葉：單葉對生，厚紙質淺綠色（長約5cm）下表面被毛，倒卵狀至橢圓形，全緣，柄中等，葉脈不明顯，側脈約5對。莖：有刺紅褐色被毛。果：宿存花萼包被果而呈棒狀，有5稜，溝內有黏性腺體。花：聚繖花序黃色。
類型	蜜源植物；藤本
環境分布	向陽乾燥林緣帶；南東部低海拔海岸及山區。
攝食蝶種	四種紫斑蝶
備註	原生種。

■ 豆科 Fabaceae

名稱	藤相思樹 *Acacia caesia*		
特徵	葉：羽狀複葉，革質綠色（長約 12cm），小葉 15-30 對，基部及葉柄頂端有腺體。莖：枝條及葉柄密生倒刺。果：莢果直，種子約 9 粒。花：頭狀花序球狀黃色。		
類型	蜜源植物；攀緣性灌木		
環境分布	林緣帶：主要分布在南部低海拔山區。	攝食蝶種	四種紫斑蝶、大白斑蝶
備註	原生種。		

名稱	相思樹 *Acacia confusa*		
特徵	葉：假葉無柄，革質綠色（長約 12cm）光滑，鐮刀狀披針形，全緣，平行假脈明顯。莖：深褐色。果：莢果有節種子 7-8 粒。花：頭狀花序球狀黃色。		
類型	越冬地植物；喬木		
環境分布	乾燥的向陽坡面；全臺平地至低海拔山區。	攝食蝶種	
備註	造林樹種。		

■ 禾本科 Poaceae

名稱	刺竹 *Bambusa stenostachya*		
特徵	葉：單葉互生，紙質密生緣毛綠色（長約 15cm），披針形基部鈍，柄短。籜葉三角形或卵形。莖：木質化高約 15m，枝節上生有三硬刺。果：莢果直，種子約 9 粒。花：穗狀花序紫色。		
類型	越冬地植物		
環境分布	次生林中及人工環境；全島低、中海拔山區。	攝食蝶種	
備註	疑似外來種。		

■ 棕櫚科 Arecaceae

名稱	山棕 *Arenga engleri*		
特徵	葉：葉螺旋狀排列，革質深綠色（長可達 4m）下表面灰白，羽狀複葉，小葉線形前半部鋸齒狀，平行脈。籜葉三角或卵形。莖：高大粗狀木本，表面密被葉鞘纖維。果：橘色。花：穗狀橘黃色。（夏 5.6）		
類型	越冬地植物		
環境分布	森林內部或林緣帶；全島低、中海拔山區。	攝食蝶種	
備註	原生種。		

■蕁麻科 Urticaceae

名稱	咬人狗 *Dendrocnide meyeniana*
特徵	葉：單葉互生叢聚頂部，厚紙質淺綠色（長可達60cm）密被毛，卵狀長橢圓形，全緣，柄長，葉脈明顯，側脈約10對。全株具有毒刺毛。莖：黃褐色有皮孔。果：紫色瘦果。花：圓錐狀分枝紅紫色。
類型	越冬地植物；喬木
環境分布	潮溼山谷及溪谷兩側；中南部低中海拔山區及綠島。

攝食蝶種	四種紫斑蝶

備註	原生種。

■山柚科 Opiliaceae

名稱	山柚 *Champereia manillana*
特徵	葉：單葉互生，厚紙質綠色（長約7cm）光滑，披針形端部銳尖，全緣，柄短，葉脈不明顯，側脈約5對。莖：黃褐色有細紋。果：紅色核果。花：圓錐狀聚繖花序，花被筒短5裂片。
類型	越冬地植物；灌木
環境分布	乾燥向陽坡面；南部低中海拔山區。

攝食蝶種	

備註	原生種。

■梧桐科 Sterculiaceae

名稱	克蘭樹 *Kleinhovia hospita*
特徵	葉：單葉互生，紙質淺綠色（長約20cm），心形，全緣，柄長，葉脈網狀，側脈約8對。莖：淺褐色有縱紋。果：蒴果膜質膨脹。花：圓錐花序桃紅色。
類型	越冬地植物；喬木
環境分布	向陽乾燥坡面及河岸。南部平地及低海拔山區。

攝食蝶種	

備註	原生種。

■省沽油科 Staphyleaceae

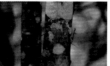

名稱	山香圓 *Turpinia formosana*
特徵	葉：單葉對生，厚紙質墨綠色（長約12cm）表面光滑，長橢圓披針形微鋸齒，柄長，側脈約7對。莖：褐色有細微縱裂。果：蒴果球形。花：圓錐花序黃色。
類型	蜜源植物；小喬木
環境分布	森林內部較潮溼處。全島中低海拔山區。

攝食蝶種	四種紫斑蝶、琉球青斑蝶、小紋青斑蝶

備註	特有種。另有一主要分布在中南部及東部低海拔山區的近緣種三葉山香圓 *T. ternata*，三出複葉的特徵可資區辨。

壹、工具：

　　調查表（標放調查表、定向飛行調查表、幼生期調查表）、GPS／樣區地圖、尺、三角紙、溫度計、風向風速計、捕蝶網、指北針、標記筆、原子筆、墊板、白毛巾、量角器、筆記本、計數器、計時器（手錶）、放大鏡、氣壓／海拔高度計、風向儀、望遠鏡。

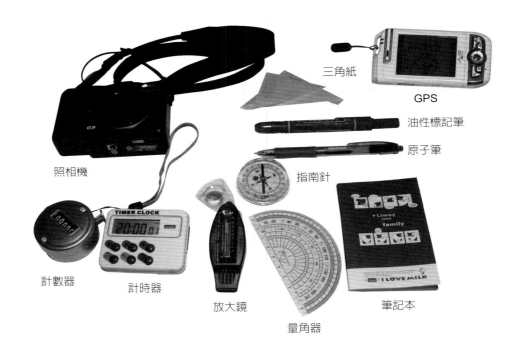

三角紙

GPS

油性標記筆

原子筆

照相機

指南針

計數器

計時器

放大鏡

量角器

筆記本

貳、對象：

　　臺灣產斑蝶亞科（Danainae）：鱗翅目（Lepidoptera）蛺蝶科（Nymphalidae）。

參、方法：

區域族群結構變化

　　採標幟再捕法（Marking recapture methods），以捕蝶網捕捉斑蝶進行標記，以了解斑蝶之種類比例、數量、性別、翅長及鮮度。捕獲斑蝶以黑色不含鉛之油性簽字筆，在後翅中室寫上特定記號後隨即釋放；如有再捕獲斑蝶，則在前翅中室寫下另一組代號後釋放。

週期	每月一次。
時間	每月一次。8：00am～12：00am，並視情況延長調查時間。
人數	1-3 人。
樣區概述	1 人配合前述二種調查法所選定的樣區進行定點標放，以分析該地區的族群結構變化。
取樣方式	以捕蝶網捕捉（網布為細絹材質，桿長 5 公尺，網徑 42 公分）；每個定點樣區 20x20 公尺範圍內的斑蝶進行標記。
取樣單位	以小時為單位時段。在樣區中點處用 GPS 定出該樣區的 TWD97 二度分帶坐標。
標記方式	捕獲斑蝶以黑色不含鉛之油性簽字筆，在後翅中室寫上特定記號後隨即釋放；如有再捕獲斑蝶，則在前翅中室寫下另一組代號後釋放。
記錄項目	(1) 生物資訊 —— 蝶種、性別、翅長（單位：mm）及鮮度。 (2) 行為 ——訪花（花種）、吸食、停止、求偶、交配、繞飛、列隊、距地面高度、定向飛行＋方位、非定向飛行、距地面高度。
環境資訊	配合取樣時間記錄樣區的地景特徵、植被狀態、經緯度、海拔高度、風向、風速、空氣溫度、覆雲量、透光性。當環境數值有所改變，應重新測量。
資料分析	再捕獲距離運算所用的計算軟體為中央研究院 GIS 計算中心開發的座標轉換計算軟體 V1.21，將 GPS 衛星定位點用經緯度換算出距離，其精確度為公尺。

肆、資訊定義與記錄方式

1. 環境資訊定義及記錄方式：

風速	風速：以蒲福風級（Beaufort scale）為標準進行觀測。 實際風速與蒲福風級之經驗關係式為：$V = 0.836 * (B \land [3/2])$ B 為蒲福風級數；V 為風速（單位：公尺／秒）

	蒲福風級	稱謂	一 般 敘 述
	0	無風	煙直上
	1	軟風	僅煙能表示風向，但不能轉動風標。
	2	輕風	人面感覺有風，樹葉搖動，普通之風標轉動。
	3	微風	樹葉及小枝搖動不息，旌旗飄展。
	4	和風	塵土及碎紙被風吹揚，樹之分枝搖動。
蒲福風級 標準	5	清風	有葉之小樹開始搖擺。
	6	強風	樹之木枝搖動電線發出呼呼嘯聲張傘困難。
	7	疾風	全樹搖動，逆風行走感困難。
	8	大風	小樹枝被吹折，步行不能前進。
	9	烈風	建築物有損壞，煙囪被吹倒。
	10	狂風	樹被風拔起，建築物有相當破壞。
	11	暴風	極少見，如出現必有重大災害。

2. 生物資訊定義及記錄方式：

(1) 蝶種	a. 辨識特徵依白水，1960 之《原色臺灣大圖鑑》為準；學名部分則採用徐，2006。辨識方式請參照本書個論。 b. 蝶種編號：IL 大白斑蝶、ET 小紫斑蝶、EM 端紫斑蝶、EE 圓翅紫斑蝶、ES 斯氏紫斑蝶、PW 小青斑蝶、PS 大青斑蝶、TL 淡紋青斑蝶、TS 小紋青斑蝶、PA 姬小青斑蝶、IS 琉球青斑、DC 樺斑蝶、DG 黑脈樺斑蝶。 如有因飛行高度等因素而無法辨識到種的情形則依顏色、體型大小及翅形，分為以下四大類加以記錄之：NDE 紫斑蝶屬、NDD 青斑蝶類、NDDA 樺斑蝶群、IL 大白斑蝶。
(2) 性別	藉由觀察性標判定性別，有性標的為雄性、無性標的為雌性。
(3) 翅長	前翅基部連接中胸部位置至前翅端長度，單位：mm。
(4) 鮮度	Fukuda,1991 針對大青斑蝶的鮮度用翅膀磨損百分比分為 N、M、O 三級，但由於其判讀標準因蝶種不同之故，會有介於兩者之間難以判斷的問題，故本研究依據鱗片化學色會隨著日光曝晒而褪色特性，而將翅膀鮮度判讀修正為五個等級： ·N：初羽化個體，後翅腹面鱗片磨損痕跡小於 1% 且全面具光澤。 ·M：後翅腹面磨損痕跡大於 1%。 ·O：前翅腹面前、外緣，相較於被後翅覆蓋的後緣處呈現全面性褪色。 ·NM 及 MO：當鮮度介於三個等級之間而難以判斷時，應以兩個中間等級來表示。
(5) 幼生期	(1) 卵：除了取食羊角藤的斯氏紫斑蝶、盤龍木的小紫斑蝶及華它卡藤的淡紋青斑蝶有單食性現象外，其他寄主植物上皆存在著多種斑蝶利用的現象，故在卵的種類判定上除非在當下有雌蝶產卵觀察記錄外，應以屬級方式記錄之。 (2) 幼蟲：如無法判斷齡期，以幼蟲靜止狀態時的體長（單位：mm）表示幼蟲期生長情形。 (3) 前蛹：幼蟲體色變淺身體懸空，以尾鉤吊掛在絲墊上。 (4) 蛹：懸垂蛹。 (5) 蛹掛成蟲：初羽化後掛在蛹殼上的成蝶。 (6) 空蛹殼：已羽化後遺留下來的空殼。 (7) 死亡：因遭受寄生性天敵攻擊留下來的幼蟲（齡期）或未羽化蛹（顏色）。 (8) 斑蝶亞科幼生期主要寄主：IL 大白斑蝶：爬森藤。ET 小紫斑蝶：盤龍木。EE 圓翅紫斑蝶：島榕、菲律賓榕、澀葉榕、正榕、雀榕、天仙果。ES 斯氏紫斑蝶：羊角藤。EM 端紫斑蝶：細梗絡石、隱鱗藤、正榕、錦蘭、天仙果。PW 小青斑蝶：絨毛芙蓉蘭。PS 大青斑蝶：牛嬭菜、鷗蔓。PA 姬小青斑蝶：鷗蔓、疏花鷗蔓。TL 淡紋青斑蝶：華它卡藤。TS 小紋青斑蝶：布朗藤。IS 琉球青斑蝶：鷗蔓、臺灣鷗蔓、絨毛芙蓉蘭。DC 樺斑蝶：馬利筋、釘頭果。DG 黑脈樺斑蝶：臺灣牛皮消、薄葉牛皮消。

3. 行為定義及記錄方式：

（1）吸食	斑蝶伸出虹吸式口器並接觸到物體，如植物、水、岩壁、溼地、動物等的動作，應記錄下接觸物種類及部位。
（2）停止 　　**a. 日光浴** 　　**b. 休息**	觀察前後目標物維持停棲在物體表面靜止不動狀態，翅膀開啟呈一定角度為日光浴；翅膀閉合豎立在背方為休息。
（3）求偶	雌蝶停棲並靜止不動，雄蝶則在上方不斷煽翅維持固定位置或逐漸接近甚或伸出毛筆器。
（4）交配	雌雄蝶腹部末端互相連接在一起。
（5）不定向飛行	以不規則路線或繞圈方式飛行。
（6）定向飛行 　　**a. 單飛** 　　**b. 繞飛** 　　**c. 列隊**	以一直線方式往前飛行，而非繞圈子或不規則的路線，當其直接通過樣區並維持直線飛行路徑直到離開視線外，則為有效記錄。定向飛行有單飛（身邊沒有其他斑蝶）、繞飛（群數；一隻以上個體互相追逐甚或超越）、列隊（群數；一隻以上個體呈直線方式列隊往前飛）三種可能性；距地面高度以公尺（m）為單位計算。

伍、斑蝶標放 SOP

標放要點：

1. 抓到馬上標放。

2. 短時間少量多次。

3. 架設蝶帳時應慎選陰涼地點，要完全撐開不要出現死角，選擇深色材質。

4. 放蝴蝶進蝶帳時，利用驅光性放蝶，不得翻轉網子將蝴蝶倒出。

5. 二部位三動作：只能捉胸部和前翅基部，因辨識或解說需要打開斑蝶翅膀，則以姆指、中指抓蝶，食指伸入雙翅間將其打開。

6. 調查對象為臺灣產斑蝶亞科，嚴禁藉此捕捉任何其他動物。

7. 進入紫蝶幽谷研調期間不得脫隊。

8. 非受訓人員請勿進行捕捉或標放蝴蝶的工作。

9. 回傳標放記錄時，信件主旨為：標放紀錄；檔名則是：（西元）年月日＋地點＋調查者。

標記代號規則

1. 穿越線標記：個人代號＋流水號或日期。

   個人代號：三個字以內，以英文為主（以可辨識為原則）。

   流水號：指該個人代號進行大量標記的次數。如第一次：1，第二次：2，其後依序為 3,4…，數字達 99 之後回歸為 1。

   日期：月＋日（一月以 01 表示　其他月分不加 0）。

2. 定點標記：個人代號＋流水號。

3. 多點標記：一日內在多地點進行標記時請換代號，第二地點之後的最後一碼依序加 B,C…（這個代號不代表特定地點）。

4. 再捕獲標記（前翅標記）：隔日再捕獲時使用。在前翅中室寫個人代號＋流水號 1,2,3……，數字達 99 之後回歸為 1（此為獨一無二之代號，故該隻蝴蝶第三次捕獲之後都不需再標記，只要把翅膀上的所有標記代號抄在調查表格內即可）。

5. 標放單位記號：二個以內的英文字母代表之。

觀察守則

1. 蝴蝶的視覺相當敏銳，避免出現揮舞雙手、四處走動等劇烈動作。

2. 搖晃樹枝丟石頭等不當動作將導致蝴蝶受驚嚇而遠離。

3. 斯氏紫斑蝶為本區的特殊生態現象，請勿破壞棲息地以免觸法。

4. 應摒棄收集標本及競賽認蝶功力之心態。

5. 跟隨有經驗者同行，以熟悉賞蝶訣竅及培養敏銳的觀察力。

6. 事先熟悉賞蝶圖鑑、望遠鏡、生態調查表的使用。

7. 收集足夠資訊，掌握最佳蝶況。

8. 攜帶足夠的裝備：望遠鏡、賞蝶手冊、賞蝶需知、鑑定圖鑑等。

9. 勿穿著顏色鮮豔的衣服。

斑蝶標放記錄表

記錄人：＿＿＿＿＿＿　　座標：＿＿＿＿＿＿　　經度：＿＿＿＿＿＿

時　間：＿＿＿＿＿＿　　地點：＿＿＿＿＿＿　　緯度：＿＿＿＿＿＿

海　拔：＿＿＿＿＿＿　　風向：＿＿＿＿＿＿　　氣溫：＿＿＿＿＿＿

時段	標記代號	蝶種代號	性別	行為	鮮度	翅長		備註

標放步驟

1 網口朝上置於地上。

2 右手從網外固定蝴蝶。

3 左手抓蝶胸或前翅基部。

4. 雄蝶腹末一孔。

5. 雌蝶腹末二孔。

6. 翅長為前翅基部至翅端最長的長度。

7. 必要時可以姆指、中指抓蝶，食指伸入打開蝶翅觀察。

8. 標記位置在後翅中室。

9. 新鮮度辨識 N：磨損痕跡小於 1%。

10. 新鮮度辨識 M：磨損痕跡大於 1%。

11. 新鮮度辨識 O：呈現全面性褪色。

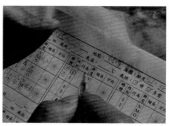

12. 填寫表格並回傳至研究單位彙整。

附錄三　紫斑蝶 Q&A

一、是非題

1. 「紫蝶幽谷」並非一個地名，而是臺灣的蝴蝶研究者用來專指紫斑類等斑類所形成的越冬集團。
2. 雌性紫斑蝶腹部末端有一對會散發特殊氣味的黃色毛筆器。
3. 紫斑蝶類是寒帶起源的蝶種。
4. 有毛筆器的蝴蝶就是斑蝶。
5. 紫蝶幽谷谷口大都朝向南方是為了躲避寒冷的東北季風。
6. 斯氏紫斑蝶是目前為止唯一沒有在紫蝶幽谷內發現過的斑蝶家族成員。
7. 樺斑蝶是目前為止唯一沒有在紫蝶幽谷內發現過的斑蝶家族成員。
8. 紫斑蝶幼蟲身上白、黑、黃、紅色是一種警戒色。
9. 所有的紫斑蝶都有毒。
10. 「紫蝶幽谷」指的是地名。
11. 毛筆器只用來求偶。
12. 世界上只有墨西哥和臺灣存在越冬型蝴蝶谷。
13. 大青斑蝶直線飛行距離已有超過二千公里的記錄。
14. 紫斑蝶幼蟲需脫皮三次才能成為終齡幼蟲。
15. 斑蝶類的英文名稱為「乳草蝶」。
16. 「發香鱗」是指出現在雌性紫斑蝶翅膀上的性標。
17. 紫斑蝶的頭號殺手是寄生蜂。
18. 水源充沛的溪谷是紫蝶幽谷形成的必要條件。
19. 擁有豐富的幼蟲寄主植物是紫蝶幽谷形成的必要條件。
20. 蝴蝶是屬於完全變態的昆蟲，一生要經過四個時期，即卵、幼蟲、蛹、成蟲期。
21. 茂林地區最佳賞紫斑蝶的時間是 11 月至隔年 2 月。
22. 為了要更加仔細了解紫斑蝶，我們應該捕捉回家好好就近觀察牠的生活型態。
23. 臺灣已記錄過的斑蝶亞科（Danainae）成員共有 13 種。

ANS：1. ○ 2. × 3. × 4. ○ 5. ○ 6. × 7. ○ 8. ○ 9. × 10. × 11. × 12. × 13. ○
14. × 15. ○ 16. × 17. ○ 18. × 19. × 20. ○ 21. ○ 22. × 23. ×

二、選擇題

1. 紫斑蝶幼蟲需脫皮幾次才能成為終齡幼蟲？（1）二次（2）三次（3）四次（4）五次

2. 何者不是紫蝶幽谷的成員？（1）紫單帶挾蝶（2）圓翅紫斑蝶（3）琉球青斑蝶（4）黑脈樺斑蝶

3. 何者不是斑蝶幼蟲的寄主植物？（1）羊角藤（2）馬兜鈴（3）珍珠蓮（4）盤龍木

4. 何者是蝴蝶成長的正確過程？（1）脫皮→化蛹→羽化（2）化蛹→脫皮→羽化（3）脫皮→羽化→化蛹（4）脫皮→羽化→化蛹

5. 何者為正確的？（1）鳳蝶卵為半球形（2）蛇目蝶卵為扁平盤狀（3）斑蝶卵為砲彈形（4）小灰蝶卵為球形

6. 以下哪種蝴蝶體型最大？（1）黑點大白斑蝶（2）帝王斑蝶（3）黑脈樺斑蝶

7. 臺灣最小隻的蝴蝶是？（1）小紫斑蝶（2）鐵色絨弄蝶（3）琉球青斑蝶（4）臺灣姬小灰蝶

8. 紫斑蝶哪一對腳最短？（1）前腳（2）中腳（3）後腳

9. 何者不一定是雄蝶的求偶行為？（1）跳求偶舞（2）交配（3）發香鱗（4）伸出毛筆器

10. 以下地點哪裡沒有紫蝶幽谷？（1）臺灣（2）香港（3）澳洲（4）墨西哥

11. 斑類幼蟲嗜食的植物為何？（1）夾竹桃（2）蘿藦科（3）桑科

12. 紫斑蝶對產卵地點十分謹慎，牠會選擇在什麼地方產卵？（1）溫暖的泥土上（2）寄主植物初生嫩芽上（3）樹幹的縫隙中（4）屋簷下

13. 下列哪一種斑蝶在臺灣已不復見？（1）小紫斑蝶（2）帝王斑蝶（3）端紫斑蝶

ANS：1.(3) 2.(1) 3.(2) 4.(4) 5.(1)(3) 6.(1) 7.(4) 8.(1) 9.(4) 10.(4) 11.(1)(2)(3)
　　　12.(2) 13.(2)

三、簡答題

Q：紫蝶幽谷會改變位置嗎？

A：雖然紫斑蝶越冬地點都是在一些有特定條件的山谷，但在這段期間牠們並非一整個冬季都停留在固定一個地點，往往會隨著溫度等因子的變化而改變群聚地點，因此才有紫蝶幽谷會「移動」的說法。

Q：紫蝶幽谷在哪裡？

A：「紫蝶幽谷」是個聽起來頗為詩意的名字，翻開臺灣地圖你會發現，屏東縣三地門鄉馬兒村附近的確有個叫「紫蝶谷」的地方。這裡的確因為曾有過大量紫斑蝶群聚越冬而得名，但實際上紫蝶幽谷並非單一地名，而是一九七一年蝴蝶專家成功高中教師陳維壽，基於這種越冬型蝴蝶谷中數量最多的是紫斑蝶類而稱之為紫蝶幽谷，爾後成為蝴蝶研究者對斑蝶群聚越冬現象的統稱。所以某種程度上可視紫蝶幽谷為一個生物學上的名詞，泛指由紫斑蝶類群聚而成的越冬集團，紫蝶幽谷內蝴蝶的群聚數量可從幾百隻到數十萬隻。

Q：如何協助紫蝶標放工作的進行？

A：尋找有記號的斑蝶並拍下來傳給研究人員進行鑑定。如欲進行標放則可先尋找專業人士訓練後，以黑色油性簽字筆直接寫於蝴蝶後翅腹面，並紀錄下其翅長、蝶種、性別、行為…等基礎資料後釋放。

Q：蝴蝶的壽命有多長？

A：一般蝴蝶園飼養的蝴蝶壽命約一個月，紫斑蝶根據標放記錄，我們已知越冬個體可活到將近八個月。

四、申論題

一、進行生物學研究有些什麼要注意的問題：

1. 科學（生物學）研究的原則：

   a. 要有直接證據　b. 具可重覆性　c. 樣本數要夠大。

2. 生物是沒有定律的。生物不是在工廠用模子打造出來般的一成不變，生物往往為了因應環境改變而產生多元化適應性。許多生物為什麼能夠在不斷變遷的環境中生存而不致於滅絕，乃是因為牠們會藉由不同的生長策略去擴展自己的生活領域、增加自己的適存值（Fitness）。

3. 什麼是直接證據：假設說一隻大青斑蝶在大屯山標記，在日本名古屋再捕獲，此時這兩點所連成的一條實線的「標記再捕獲」記錄，證實了牠會從大屯山飛到名古屋，且至少遷移了 XXXX 公里的直線距離。

4. 什麼是間接證據：清明節前後在不同縣市，按照時間先後順序由南至北分別發現大量紫斑蝶進行移動的「蝶道」，將其連接成一條虛線的「蝶道」，只告訴了我們紫蝶會在清明節前後，在不同地點有大規模移動現象，儘管這些移動在時間順序上有因果關係，但也只限於是一條虛擬的、有待考證的假想路線。

5. 遷移或擴散要怎麼分辨：不論遷移或擴散，都是在描述動物從一個地方出發往另外一個地方的現象。

   首先我們會著手調查動物「移動」的模式：

   a. 移動集團是否具方向性（這裡所指的並不是往哪個方向移動）b. 週期性 c. 和季節之間的關連 d. 集團性。

   接著我們會開始探討動物移動的原因是什麼：a. 食物 b. 氣溫 c. 生殖需求 d. 生態承載量 e. 棲地擁擠。

   最終在探討動物為什麼「移動」時，我們會發現不同種類生物雖然表現出遷移或擴散這兩個不同的現象，但原因卻往往都是一樣的（為了氣溫改變、食物短缺……）。總言之：遷移和擴散往往是生物對同一種外界環境刺激，採用不同的行為來回應。

二、紫斑蝶的季節性動態假說：

每年冬天，南臺灣特定地區會開始聚集大量越冬斑蝶，同時各地紫斑蝶數量則會大量減少。紫蝶幽谷現象自從七〇年代被披露後，我們對於這些越冬斑蝶來自何處，一直存在著至少二個可能的假說：

1.「蝶道假說」：全臺各地的紫斑蝶類在初春及秋末經由遷移蝶道，年復一年南來北往。

2.「擴散假說」：春天來臨，紫斑蝶類由南部山區擴散到各地繁衍下一代；秋末天氣變冷時，南臺灣紫蝶幽谷鄰近地區紫斑蝶類像滾雪球般聚集特定山谷越冬，同時間，各地紫斑蝶類則因不耐寒冬而死亡，僅零星耐寒個體可以在當地度過寒冬。

三、進行標記工作的目的：

是要驗證斑蝶「移動」的距離、範圍，而不是用來驗證標記斑蝶「沒有移動」（就算你多次在同一地點再捕獲同一隻標記斑蝶，沒有生理適應上的直接證據來證明非遷移型個體的存在，小紫斑蝶留在北部越冬的說法都只是個「假說」）。所以要證明小紫斑蝶的確會留在臺北越冬必需要：1. 多年的觀察（可重覆性）2. 具備穩定族群（樣本數要夠多）3. 生理適應性的證據（直接證據）。

四、北臺灣是否有冬季滯留個體：

北美洲的帝王斑蝶如在佛羅里達州部分地區，甚至可發現仍然會在冬季繁殖的個體。近幾年在臺灣的調查資料顯示：端紫斑蝶及小紫斑蝶冬天可在北臺灣發現穩定但少數個體的存在，其是否與帝王斑蝶的情況類似，相當值得進一步探討。

五、蝴蝶可以飛過滄海嗎？

在日本人二十幾年的研究下已知青斑蝶每年春季及秋季，會在日本本土及南西群島之間進行跨越海洋的季節性移動。不過令人相當訝異的是臺灣與日本本土之間雖然相隔約一千公里的海洋，但是大青斑蝶卻屢次出現兩地的再捕獲記錄。由於大青斑蝶的單日移動距離已知可達 200 公里，所以他們應是經由兩地間一連串島嶼如沖繩諸島與八重山諸島……，以「跳島飛行」方式抵達臺灣。

根據過去記錄顯示，屬於臺灣特有亞種的紫斑蝶在日本的南西諸島皆為迷蝶，一直到 1992 年以後才陸續在八重山群甚至沖繩島一帶開始有端紫斑蝶的繁殖記錄，並建立較穩定的族群。由此可知紫斑蝶雖然也可能會跨海甚至建立族群，但與大青斑蝶相較之下並非常態。

六、如何定義不同類型蝶道觀察記錄及描述方法：

1. 實線：「標記 —— 再捕獲地點」之間可畫上「實線」來證實該個體這段時間的最短移動距離，但這並不代表該個體真正的遷移路線。

2. 虛線：蝶道觀察記錄僅以「箭頭」方式表示觀察地點及遷徙方向，不同的蝶道觀察記錄如要連接的話，也只能以一條虛擬路線來表示，故不能用來證明紫蝶的北返現象。

3. 要將蝶道由虛線變成實線：a. 可重覆性（多年的標放記錄）b. 取樣數要夠大（大量的再捕獲記錄）c. 直接證據（再捕獲記錄），以上三者是缺一不可。

七、紫蝶幽谷內的大量紫斑蝶從哪裡來的？

目前仍是未解之謎，可能是：1. 從南部附近山區遷入；2. 從全臺各地遷入；3. 兩者皆是，只是比例上多寡的差異。

八、只有臺灣有紫蝶幽谷生態現象嗎？

目前我們已知在臺灣、澳洲北部及香港皆已證實這類型越冬蝶谷的存在。臺灣已知斑蝶類越冬棲地出現地點皆在北迴歸線以南五百公尺以下的高雄市、屏東縣、臺東縣低海拔山區，其中絕大多數山谷都位於魯凱、排灣族人傳統領域範圍內。

九、紫斑蝶是最常見的蝴蝶，為什麼要保護？

表面上看來，數量眾多的紫斑蝶並不如一些瀕臨絕種動物那麼迫切的需要被保護，但就因為牠們到處都是，更說明了一項重要事實：紫斑蝶是臺灣自然生態系統得以維持正常運作的基石。

一種只剩個位數的生物絕種了，某種程度上並不會動搖臺灣的自然生態系統，如果有一天紫斑蝶都滅絕了，我們將面臨前所未有的困境：紫斑蝶失去賴以維生的森林，而臺灣人將會沒水可喝！這正是人類之所以要保護自然生態的基本理由：維護我們賴以維生的生命型式。

根據初步研究資料顯示：目前紫蝶幽谷只出現在北迴歸線以南海拔約五百公尺以下的山區，而這裡正是農業行為最頻繁的低海拔山區。究竟臺灣還有多少紫蝶幽谷恐怕沒人知道，但近十年來紫蝶幽谷卻在人們不知情的狀況下一個又一個的被怪手鏟平。另一個事實是：大紫斑蝶曾是臺灣平地的常見蝶種，如今卻已經絕種了。

調查記錄者	發現者或族別	調查年分	棲地類型	系列編號	山脈山系	縣(市)	名稱	近年等級	早期等級
"Wang,1990 李及王 1997"	洪雅族	1990	os?	a 0001	阿里山脈尾稜	嘉義縣	大埔	1	?
"Wang,1990 李及王 1997"	洪雅族	1990	os?	a 0002	阿里山脈尾稜	嘉義縣	關子嶺	1	?
洪清坤	西拉雅族	2007	os?	a 0003	阿里山脈尾稜	臺南市	社子林場 *	2	?
林俊儀	西拉雅族	2005	os?	a 0003	阿里山脈尾稜	臺南市	仙公廟 *	3	?
"Wang,1990 李及王 1997"	西拉雅族	1990	os?	a 0004	阿里山脈尾稜	臺南市	龜丹	3	3
陳文龍	大滿 (四社熟蕃)	2003	os?	a 0005	玉山脈尾稜	高雄市	寶來 *	4	5
" 陳文龍 , 陳 1977, Wang, 1990 李及王 1997"	大滿 (四社熟蕃)	2003	o	a 0006	玉山脈尾稜	高雄市	紅水溪	2	7
" 陳文龍 , 陳 1977, Wang, 1990 李及王 1997"	大滿 (四社熟蕃)	2003	o	a 0006	玉山脈尾稜	高雄市	彩蝶一谷	2	6
" 陳文龍 , 陳 1977, Wang, 1990 李及王 1997"	大滿 (四社熟蕃)	2003	o	a 0006	玉山脈尾稜	高雄市	彩蝶二谷	3	6
" 陳文龍 , 陳 1977, Wang, 1990 李及王 1997"	大滿 (四社熟蕃)	2003	o	a 0006	玉山脈尾稜	高雄市	彩蝶六谷	2	6
" 陳文龍 , 陳 1977, Wang, 1990 李及王 1997"	大滿 (四社熟蕃)	2003	2003	a 0006	a 0006	高雄市	彩蝶十一谷	2	6
陳文龍	平埔族	2003	o	a 0007	卑南主山西側	高雄市	不老 *	2	4
陳文龍	平埔族	2003	o	a 0008	卑南主山西側	高雄市	九重 *	2	6
陳文龍	平埔族	2003	o	a 0009	卑南主山西側	高雄市	荖濃一 *	5	5
詹家龍	平埔族	2004	o	a 0009	卑南主山西側	高雄市	荖濃二 *	3	3
陳文龍	平埔族	2001	o	a 0009	卑南主山西側	高雄市	荖濃三 *	3	3
" 陳文龍 , 陳 1977, Wang, 1990 李及王 1997"	平埔族	2003	o	a 0010	卑南主山西側	高雄市	六津橋	3	9
陳文龍	平埔族	2003	o	a 0011	卑南主山西側	高雄市	尾庄 *	5	5
吳東南	布農族	2005	os	a 0012	卑南主山西側	高雄市	扇平一 *	4	4
廖金山	魯凱族	2007	os	a 0012	卑南主山西側	高雄市	扇平二 *	3	3
" 陳文龍 Wang,1990 李及王 1997"	魯凱族	1990	o	a 0013	卑南主山西側	高雄市	茂林橋	1	7
" 陳文龍 Wang,1990 李及王 1997"	魯凱族	2003	o	a 0013	卑南主山西側	高雄市	島給納	6	6
詹家龍	" 魏頂上 , 魯凱族 "	2001	o	a 0014	卑南主山西側	高雄市	馬雅 *	2	5
王志雄	魯凱族	2001	os?	a 0015	卑南主山西側	高雄市	舊萬山 *	?	5
吳東南	澎瑞雄	2004	os?	a 0015	卑南主山西側	高雄市	舊萬山 *	4	4
吳東南	" 金戀生 , 魯凱族 "	2005	os?	a 0015	卑南主山西側	高雄市	吉田 *	4	4
詹家龍	魯凱族	2003	o	a 0016	卑南主山西側	高雄市	東嘎梓 *	6	6
詹家龍	魯凱族	2003	o	a 0017	卑南主山西側	高雄市	斯打拉梓一 *	5	6
詹家龍	魯凱族	2004	o	a 0017	卑南主山西側	高雄市	斯打拉梓二 *	3	3
詹家龍	魯凱族	2004	o	a 0017	卑南主山西側	高雄市	斯打拉梓三 *	3	3
陳文龍	魯凱族	2003	o	a 0018	卑南主山西側	高雄市	瑟捨一 *	6	6
詹家龍	" 魏頂上 , 魯凱族 "	2003	o	a 0018	卑南主山西側	高雄市	瑟捨二 *	3	3
施貴成	魯凱族	2003	os?	a 0019	卑南主山西側	高雄市	上美雅谷 *	3	3
詹家龍	魯凱族	2003	os?	a 0020	卑南主山西側	高雄市	紅塵峽谷 *	2	5
詹家龍	魯凱族	2004	o	a 0021	卑南主山西側	高雄市	西日卡 *	4	4
詹家龍	魯凱族	2004	o	a 0021	卑南主山西側	高雄市	狄狄夫納 *	4	4

調查記錄者	發現者或族別	調查年分	棲地類型	系列編號	山脈山系	縣(市)	名稱	近年等級	早期等級
"Wang,1990 李及王 1997"	魯凱族	1990	o	a 0022	出雲山	高雄市	多納	?	2
詹家龍	魯凱族	2004	o	a 0023	出雲山	高雄市	的波那 *	4	4
陳誠	魯凱族	2004	o	a 0024	出雲山	高雄市	得恩谷 *	3	3
陳誠	魯凱族	2004	os	a 0024	出雲山	高雄市	上得恩谷 *	3	3
宋能正	魯凱族	2004	o	a 0025	出雲山	高雄市	蛇頭山 *	?	4
詹家龍	魯凱族	2007	o?	a 0026	出雲山	高雄市	羅木斯 *	4	4
"Wang,1990 李及王 1997"	" 排灣族 , 平埔族 "	1990	o	a 0027	出雲山	屏東縣	大津一	?	6
陳文龍	" 排灣族 , 平埔族 "	2003	o	a 0027	出雲山	屏東縣	大津二 *	4	5
徐志豪	" 排灣族 , 平埔族 "	2006	os	a 0027	出雲山	屏東縣	大津三 *	3	3
陳文龍	排灣族	2003	o	a 0028	出雲山	屏東縣	海神一 *	1	5
詹家龍	排灣族	2003	o	a 0028	出雲山	屏東縣	海神二 *	4	4
詹家龍	魯凱族	2004	o	a 0029	出雲山	屏東縣	青葉 *	2	5
詹家龍	魯凱族	2004	o	a 0030	出雲山	屏東縣	殺頭谷 *	8	8
廖金山	魯凱族	2007	o	a 0031	出雲山	屏東縣	尾寮山 *	3	3
施添丁	排灣族	1970	o	a 0032	出雲山	屏東縣	賽嘉 *	?	5
陳文龍	排灣族	2003	o	a 0033	出雲山	屏東縣	森林公園	1	9
"Wang,1990 李及王 1997"	排灣族	2003	o	a 0034	出雲山	屏東縣	紫蝶谷	1	6
詹家龍	魯凱族	2005	o?	a 0035	出雲山	屏東縣	伊拉 *	4	?
林俊儀	魯凱族	2005	o	a 0036	霧頭山	屏東縣	峭壁	5	5
施添丁	魯凱族	1970	o	a 0036	霧頭山	屏東縣	黑森林	8	8
施添丁	魯凱族	2003	o	a 0036	霧頭山	屏東縣	霧頭	4	7
詹家龍	魯凱族	2005	o	a 0037	霧頭山	屏東縣	霧臺彎	4	4
施添丁	魯凱族	1970	os?	a 0038	霧頭山	屏東縣	舊好茶 ?	?	?
"Wang,1990 李及王 1997"	排灣族	2003	o	a 0039	大武地壘西側	屏東縣	佳義	2	9
余揚新化	排灣族	2006	o	a 0040	大武地壘西側	屏東縣	笠頂山 *	5	5
施添丁	排灣族	2004	o	a 0041	大武地壘西側	屏東縣	排灣 *	1	3
詹家龍	排灣族	2004	o	a 0042	大武地壘西側	屏東縣	髮 *	3	3
吳東南	" 藍先生 , 排灣族 "	2002	o	a 0043	大武地壘西側	屏東縣	萬安	4	4
" 陳 1977, 廖 ,1977 李及王 ,1997"	排灣族	2003	o	a 0043	大武地壘西側	屏東縣	萬安	?	10
"Wang,1990 李及王 1997"	排灣族	2003	o	a 0044	大武地壘西側	屏東縣	泰武	1	6
施添丁	排灣族	2004	o	a 0045	大武地壘西側	屏東縣	佳平 *	4	5
"Wang,1990 李及王 1997"	排灣族	1990	o	a 0046	大武地壘西側	屏東縣	文樂	1	5
吳東南	吳連雄	2002	o	a 0047	大武地壘西側	屏東縣	力里溪外支流 *	4	4
江明山	排灣族	2002	o	a 0048	大武地壘西側	屏東縣	江山 *	8	8
" 陳 1977, 施添丁 "	排灣族	2003	o	a 0049	大武地壘西側	屏東縣	來義	3	6
吳東南	張松田	2002	o	a 0049	大武地壘西側	屏東縣	來義 ?	4	4
吳東南	" 呂先生 , 排灣族 "	2002	o	a 0049	大武地壘西側	屏東縣	來義境內 *	3	3
詹家龍	排灣族	2004	o	a 0050	大武地壘西側	屏東縣	上文樂 *	3	3
" 詹家龍 ; 吳東南 2005,11,1"	排灣族	2004	o	a 0051	大武地壘西側	屏東縣	老七佳 *	4	4
詹家龍	排灣族	2004	o	a 0052	大武地壘西側	屏東縣	來義上 *	4	4
吳東南	吳連雄	2002	o	a 0053	大武地壘西側	屏東縣	力里溪一 *	4	4
吳東南	吳連雄	2002	o	a 0053	大武地壘西側	屏東縣	力里溪二 *	5	5
陳延齡	排灣族	2006	o	a 0054	大武地壘西側	屏東縣	春日谷 *	4	4
詹家龍	排灣族	2004	o	a 0055	大漢山	屏東縣	古華 *	4	4
吳東南	排灣族	2003	o	a 0056	大漢山	屏東縣	斷層尾 *	7	?

調查記錄者	發現者或族別	調查年分	棲地類型	系列編號	山脈山系	縣(市)	名稱	近年等級	早期等級
詹家龍	排灣族	2004	o	a 0057	大漢山	屏東縣	和平 *	2	2
詹家龍	排灣族	2004	o	a 0058	大漢山	屏東縣	楓港 *	2	2
曾美萍	排灣族	2006	o	a 0059	大漢山	屏東縣	枋山一 *	4	4
吳東南	"廖明輝,排灣族"	2005	o	a 0059	大漢山	屏東縣	枋山一 *	4	4
林俊儀	排灣族	2005	o	a 0059	大漢山	屏東縣	枋山二 *	3	3
吳東南	排灣族	2001	o	a 0059	大漢山	屏東縣	枋山二 *	?	?
吳東南	陳春成	2002	o	a 0059	大漢山	屏東縣	枋山北溪支流一 *	4	4
吳東南	陳春成	2002	o	a 0059	大漢山	屏東縣	枋山北溪支流二 *	3	3
吳東南	排灣族	2003	o	a 0059	大漢山	屏東縣	枋山北溪支流三 *	4	4
吳東南	陳春成	2004	o	a 0059	大漢山	屏東縣	枋山北溪支流四 *	3	3
吳東南	排灣族	2002	o	a 0059	大漢山	屏東縣	枋山北溪東西向溪谷 *	3	3
吳東南	陳春成	2002	o	a 0060	大漢山	屏東縣	枋山南溪南支流一 *	4	4
吳東南	陳春成	2002	o	a 0060	大漢山	屏東縣	枋山南溪南支流二 *	4	4
吳東南	陳春成	2002	o	a 0060	大漢山	屏東縣	枋野一 *	6	6
詹家龍	排灣族	2002	o	a 0060	大漢山	屏東縣	枋野二 *	2	2
吳東南	排灣族	2003	o	a 0061	大漢山	屏東縣	草埔 1*	3	3
詹家龍	排灣族	2005	o	a 0061	大漢山	屏東縣	草埔 1*	3	?
吳東南	排灣族	2005	o	a 0061	大漢山	屏東縣	草埔 2*	?	?
吳東南	排灣族	2005	o	a 0061	大漢山	屏東縣	草埔 2*	?	?
吳東南	排灣族	2005	o	a 0061	大漢山	屏東縣	草埔 3*	4	4
詹家龍	排灣族	2005	o	a 0062	大漢山	屏東縣	路知可 *	?	4
詹家龍	排灣族	2005	o	a 0062	大漢山	屏東縣	路知可山蘇 *	2	?
"Wang,1990 李及王 1997"	排灣族	1990	o?	a 0063	恆春半島	屏東縣	雙流一	3	3
屏管處	排灣族	2001	o	a 0063	恆春半島	屏東縣	雙流二 *	1	5
吳東南	排灣族	2003	o	a 0063	恆春半島	屏東縣	雙流三 *	4	4
詹家龍	排灣族	2005	o	a 0064	恆春半島	屏東縣	壽卡 *	1	1
排灣族	排灣族	1970	o	a 0065	恆春半島	屏東縣	東源 *	2	5
吳東南	排灣族	2002	o	a 0065	恆春半島	屏東縣	林道終點苗圃 *	5	5
"Wang,1990 李及王 1997"	排灣族	1990	o	a 0066	恆春半島	屏東縣	牡丹	?	2
林成龍	排灣族	2000	o?	a 0067	恆春半島	屏東縣	大梅一 *	5	5
吳東南	呂順泉	2005	o?	a 0067	恆春半島	屏東縣	大梅二 *	5	5
徐國華	排灣族	2007	o?	a 0068	恆春半島	屏東縣	旭海 *	3	3
排灣族	排灣族	?	o?	a 0069	恆春半島	屏東縣	高士	?	?
詹家龍	排灣族	2003	o	a 0070	恆春半島	屏東縣	社頂 *	2	2
"Wang,1990 李及王 1997"	排灣族	2003	ono?	a 0071	恆春半島	屏東縣	茶山	1	1
花蓮紫義	布農族	2005	os?	a 0072	林田山	花蓮縣	萬榮 *	4	4
徐堉峰;吳東南 2004	布農族	2003	os?	a 0073	卑南主山東側	臺東縣	紅葉 *	4	4
吳東南	"吉呀努,布農族"	2004	o	a 0074	卑南主山東側	臺東縣	鹿野溪外支流 *	4	4
李信德	卑南族	2002	o?	a 0075	卑南主山東側	臺東縣	利嘉一 *	3	3
邵定國	卑南族	2007	os?	a 0075	卑南主山東側	臺東縣	利嘉二 *	3	3
吳東南	陳民富	2003	o	a 0076	卑南主山東側	臺東縣	初鹿 *	3	3
吳東南 (訪談)	卑南族	2004	os?	a 0077	卑南主山東側	臺東縣	賓朗一 *	4	4
廖素珠	卑南族	2006	o	a 0077	卑南主山東側	臺東縣	賓朗二 *	4	4
"Wang,1990 李及王 1997 詹家龍 2004"	卑南族	2004	o	a 0078	知本主山東側	臺東縣	知本一	4	5
"Wang,1990 李及王 1996 詹家龍 2004"	卑南族	2004	o	a 0078	知本主山東側	臺東縣	知本二	3	3

調查記錄者	發現者或族別	調查年分	棲地類型	系列編號	山脈山系	縣(市)	名稱	近年等級	早期等級
吳東南	卑南族	2005	o	a 0078	知本主山東側	臺東縣	知本溫泉村一	4	4
吳東南	卑南族	2005	o	a 0078	知本主山東側	臺東縣	知本溫泉村二	3	3
吳東南	卑南族	2004	os?	a 0078	知本主山東側	臺東縣	知本溫泉村三	4	4
吳東南	"涂清章,卑南族"	2004	os?	a 0079	知本主山東側	臺東縣	知本溪一 *	3	3
吳東南	"涂清章,陳照義,卑南族"	2004	o	a 0079	知本主山東側	臺東縣	知本溪二 *	4	4
吳東南	"范先生,排灣族"	2004	o	a 0080	大武地壘東側	臺東縣	太麻里溪外支流 *	5	5
吳東南	"柯村福,魯凱族"	2004	o	a 0081	大武地壘東側	臺東縣	太麻里溪嘉蘭 *	4	4
吳東南	陳明成	2005	o	a 0082	大武地壘東側	臺東縣	歷坵 * 1號蝶谷	3	3
吳東南	魯凱族	2004	os?	a 0082	大武地壘東側	臺東縣	歷坵 * 1號蝶谷	4	4
吳東南	魯凱族	2004	os?	a 0082	大武地壘東側	臺東縣	歷坵 * 1號蝶谷	5	5
吳東南	魯凱族	2005	os?	a 0082	大武地壘東側	臺東縣	歷坵 * 1號蝶谷	5	5
吳東南	"陳明成,黃俊明,排灣族"	2004	os?	a 0082	大武地壘東側	臺東縣	歷坵二 *	4	4
詹家龍	排灣族	2004	o	a 0083	大武地壘東側	臺東縣	土板 *	4	4
郭良慧	排灣族	2003	os	a 0084	大漢山	臺東縣	新化 *	3	3
"Wang,1990 李及王 1997"	排灣族	?	o	a 0085	大漢山	臺東縣	大武一	?	2
吳東南	"蔡吉雄,排灣族"	2004	o	a 0085	大漢山	臺東縣	大武二 *	4	4
吳東南	"蔡吉雄,排灣族"	2004	o	a 0085	大漢山	臺東縣	大武三 *	3	3
蔡吉雄	排灣族	2002	o	a 0086	大漢山	臺東縣	大武苗圃一 *	8	?
吳東南	排灣族	2004	o	a 0086	大漢山	臺東縣	大武苗圃二 *	3	3
郭良慧	排灣族	2008	os?	a 0087	大漢山	臺東縣	不勾得司 *	?	5
"Wang,1990 李及王 1997"	排灣族	1990	o	a 0088	大漢山	臺東縣	尚武	?	4
吳東南	陳三田	2002	o	a 0088	大漢山	臺東縣	朝庸溪 *	4	4
吳東南	排灣族	2003	o	a 0088	大漢山	臺東縣	安朔 *	2	2
吳東南	陳村嚴	2002	o	a 0089	大漢山	臺東縣	楓港溪中游 *	2	2

數量等級	數量範圍	棲地類型代號說明
1	<100	o：紫蝶幽谷
2	100-999	no：非遷移個體越冬棲地
3	1000-9999	?：待查明
4	10000-49999	s：越冬前後期中繼站
5	50000-99999	
6	100000-199999	
7	200000-299999	*：代表之前沒有相關記錄
8	300000-499999	
9	500000-999999	
10	>1000000	

摘要

本研究調查臺灣產斑蝶在西部地區之族群動態。越冬斑蝶春季在東經 120.6° 上的中央山脈南段及阿里山山脈西側蝶道會出現大量族群往中部地區移動的現象；秋季移動則呈現出在北部及中部族群數量相當少且不甚明顯；冬季越冬棲地則主要分布在北迴歸線以南的北緯 23.2 ～ 22.7° 之間區域。整體而言，臺灣產斑蝶全年族群動態和緯度呈現正相關：冬季 1 ～ 2 月間越冬斑蝶群聚主要出現在南部地區，春季時族群則主要往北移動，夏季則分布在全臺各地，秋季的族群則有往南聚集的趨勢。有鑑於臺灣產斑蝶具有季節性移動特性，如何確保其遷移蝶道、中繼站、繁殖及越冬棲地的完整性是臺灣紫蝶幽谷生態現象得以永續保育的關鍵。

關鍵詞：臺灣、斑蝶、季節性移動、越冬、保育

前言

以長距離遷移行為著稱於世的帝王斑蝶（*Danaus plexippus*）（Urquhart, 1960; Brower, 1985; Leather *et al.*, 1993），每年秋季從北美洲的加拿大及美國循著幾條固定路線沿著山脈或海岸線，進行一場最遠可達四千公里以上的南遷旅程，最終抵達加州中部及中美洲墨西哥市近郊特定山谷，形成單一越冬地群聚最高可達千萬隻的帝王斑蝶谷景觀（Urquhart and Urquhart, 1978; Brower, 1985, 1996）。但是隔年在進行春季北返遷移時，則一直要到第四代出現後，才能夠再回到最北的加拿大繁殖地（Urquhart, 1977）。

亞洲地區產斑蝶也被記錄到類似生態：南半球的澳洲昆士蘭一帶每年 6 ～ 7 月冬季期間，會形成以幻紫斑蝶（*Euploea core*）為主的群聚集團，數量大致在萬隻左右，並會進行在較潮溼海岸和較乾燥大陸內部進行水平季節性遷移現象（James, 1993; Dingle, *et al.*, 1999）；印度及斯里蘭卡的幻紫斑蝶及青斑蝶屬（*Tirumala* spp.）則在每年 10 ～ 12 月間進行大規模季節性移動並形成暫時性群聚集團的記錄，且此現象皆出現在每年兩次的雨季間（Williams, 1930, 1958）。Yiu（2003）的調查資料顯示，香港當地的越冬斑蝶以藍點紫斑蝶（*Euploea midamus*）為主，群聚量約在 10,000 ～ 50,000 隻之間。

臺灣產斑蝶越冬群聚現象最早是由成功高中教師陳維壽在 1971 年所記錄，並將之稱為「紫蝶幽谷」（the valley of purple butterflies）（Chen, 1977; Vane-Wright, 2003）。和帝王斑蝶谷由單一蝶種形成越冬群聚的最大不同是：臺灣的斑蝶越冬現象是可記錄到四至十二種不等的斑蝶所組成的多樣化群聚（Ishii and Matsuka, 1990; Lee and Wang, 1997; Uchida, 1991; Wang and Emmel, 1990）。其中 6 種根據脂肪體累積狀態已知為越冬蝶種。Chen（1977）除首度將臺灣產斑蝶類越冬現象進行描述，並提出關於越冬斑蝶來源的「蝶道假說」；Wang and Emmel（1990）則推衍出「滾雪球假說」。Chan（2004），Chao *et al.*（2007）則針對斑蝶越冬生態進行相關研究。

Chan *et al.*（2006）的報告中指出，臺灣產越冬紫斑蝶每年至少會出現 3 次集體性季節性移動 1. 春季的「春季遷移」；2. 夏季新生紫斑蝶的「二次遷移」；3. 秋季遷入南臺灣低海拔越冬地的「群聚越冬」。「春季遷移」期間曾記錄到最高單日單一遷移路徑族群數量可達百萬隻以上，2003 ～ 2006 年間進行的「標幟再捕法」則首度證實，南臺灣 4 種越冬紫斑蝶會經由縱貫中央山脈兩側的遷移路徑抵達臺灣中北部。

Ackery and Vane-Wright（1984）的研究指出，臺灣在整個斑蝶亞科動物地理分區上屬於印太平洋區（Indo-pacific）的菲律賓、臺灣及琉球群島組（Philippine, Taiwan and the

Ryukyus），這裡已知共有 40 種斑蝶。這三地間關係為：臺灣的種類在菲律賓皆可發現，琉球及大部分中國大陸種類皆在臺灣發現。基於臺灣擁有遠高於同緯度亞熱帶地區的斑蝶高多樣性及地理隔離性且為紫斑蝶屬分布北界，而將臺灣本島及附近的島嶼，龜山島、澎湖、綠島、蘭嶼，獨立為臺灣區塊（Taiwan zone）加以討論可知臺灣在斑蝶分布上的特殊性。

　　不過臺灣產斑蝶中最讓世人感興趣的是：他們在進行島內遷移時，往往會以大規模集體遷徙並在一些特定區域形成蝶道。其中在 2005 年 4 月 3 日在中臺灣的雲林林內，更被紀錄到單日超過百萬隻斑蝶通過國道三號 252k 林內段，導致紫斑蝶大量車禍死亡的現象。後來更使得國道高速公路局於 2007 年宣布封閉國道讓蝴蝶通行的保育創舉後，更引起世界各國媒體廣泛報導此一保育創舉。本文藉由進行臺灣產斑蝶亞科之全年族群消長及移動情形之調查，探討蝶道的成因及其在生態保育工作上的課題。

材料與方法

　　本文研究對象為臺灣現有斑蝶（鱗翅目 Lepidoptera：蛺蝶科 Nymphalidae：斑蝶亞科 Danainae）中隸屬斑蝶族（Danaini）的 2 屬 2 種：姬小青斑蝶（*Parantica aglea maghaba*（Fruhstorfer, 1909））、琉球青斑蝶（*Ideopsis similis*（Linnaeus, 1758））：紫斑蝶族（Euploeini）的 1 屬 4 種：斯氏紫斑蝶（*Euploea sylvester swinhoei* Wallace & Moore, 1866）、端紫斑蝶（*Euploea mulciber barsine* Fruhstorfer, 1904）、圓翅紫斑蝶（*Euploea eunice hobsoni*（Butler, 1877））、小紫斑蝶（*Euploea tulliolus koxinga* Fruhstorfer, 1908）（Shirozu, 1960; Hamano, 1987; Hsu, 2006）。

　　於 2007 年期間選定臺灣西部北、中、南之越冬地、繁殖地各兩處穿越線樣區，每月至少 1 次調查以了解斑蝶在各地之族群消長，另隨機選定鄰近地區進行抽樣調查與全年樣區進行比對。春季移動路線調查則在北中南各選一條東西向穿越線進行調查：南部為南橫公路西段沿線的高雄六龜至天池段海拔 200 ～ 2,100 公尺間，中部為雲林斗六至草嶺，北部為苗栗竹南至卓蘭地區，以了解移動路徑在不同海拔的蝶流量變化。

　　為了解臺灣產斑蝶在不同月分之移動情形，依據 Benvenuti *et al.*（1994, 1996）及 Schmidt-Koenig（1979）的調查方式，每月進行一次定向飛行行為之定點計數，當開始出現定向飛行時則進行連續數天或數周密集調查，取樣範圍相當於單眼相機 Canon 50 mm 標準鏡頭焦距設定在約 25 m 處，涵蓋面積近於 20 ×30 m 範圍。

　　各地族群消長分析則以緩行的固定步伐（1 km/hour），調查總長度 4 km 路線兩側各 10 m 範圍內的斑蝶數量，以了解斑蝶在不同地區與不同月分消長情形。族群結構分析則採標幟再捕法（Marking recapture methods）（Bastiaan, 1994），以網布為細絹材質，桿長 5 m，網徑 42 cm 的捕蝶網捕捉網斑蝶進行標記，記錄斑蝶之種類、性別、翅長及鮮度。捕獲斑蝶以黑色不含鉛之油性簽字筆，在後翅中室寫上特定記號後隨即釋放：如有再捕獲斑蝶，則在前翅中室寫下另一組代號後釋放。辨識特徵依 Shirozu（1960）為準，學名部分則採用 Hsu（2006）。

　　鮮度判斷上，Fukuda（1991）針對大青斑蝶（*Parnatica sita niphonica* Moore, 1883）採用翅膀磨損百分比分為 N、M、O 三級，但由於其判讀標準因蝶種不同之故，會有介於兩者之間難以判斷的問題，故本研究依據鱗片化學色會隨著日光曝晒而褪色特性（Bastiaan, 1994），而將翅膀鮮度判讀修正為 5 個等級。N：初羽化個體，後翅腹面鱗片磨損痕跡小於 1% 且全面具光澤。M：後翅腹面磨損痕跡大於 1%。O：前翅腹面前、外緣，相較於被後翅覆蓋的後緣處呈現全面性褪色。NM 及 MO：當鮮度介於前述 3 個等級之間難以判斷時，以這 2 個中間等級來表示。

結果

季節移動的型式

南部低山及平原帶在 3 月中至 4 月初的春季期間，定向飛行現象的出現大多為 5 分鐘定樣區蝶流量在 20 隻以下的零星個體，達 200～500 隻以上中高蝶流量記錄則分別出現在北緯 23.2°～24.2° 的高雄六龜、臺南白河、雲林林內觸口及臺中都會公園這四個地區。整個春季移動集中出現在中央山脈南段以西及阿里山山脈西側山區，平原地帶則呈現零星個體移動。最大量出現在北緯 23.2° 的雲林縣林內，較北邊的彰化八卦山區過去亦曾有過大規模的春季移動記錄（Chan *et al.* 2006）。北緯 24.2° 的臺中市都會公園是進行定向飛行族群最後的熱點，之後的觀察記錄降至個位數且蝶流量皆在 20 隻以下，顯示斑蝶在中北部地區有終止定向飛行的現象。

雲林林內地區資料顯示，2007 年斑蝶春季移動高峰期出現在 3 月 27～29 日間，最高定樣區 5 分鐘蝶流量於 3 月 29 日出現超過 2000 隻記錄，之後蝶流量皆為低於 200 隻的小規模狀態，

4 月 16 日之後觀察個體數降至個位數或零。南部高雄茂林地區的蝶道 2007 年僅有零星記錄，並未出現 2005 及 2006 年每 5 分鐘 5,000 隻以上的大規模定向飛行個體（Chan *et al.* 2006）；即使是在較東邊的高雄藤枝、六龜山區的蝶流量亦僅達 5 分鐘 500 隻以上的規模。

單日最高移動族群量出現在 3 月 29 日的雲林林內地區，通過數量達近 4 萬隻次，其次為 3 月 27 日達到 19,500 隻蝶流量，其它時間蝶流量則皆屬 250 隻以下的小規模移動，總計在 2007 年 3～4 月春季期間共有約二十萬隻次斑蝶通過雲林林內地區。

春季移動期間定向飛行出現主要熱點在東經 120.6° 海拔 500 公尺以下的山區。蝶流量在往右移了 0.1° 的東經 120.7° 觀察量及個體數出現急劇下降的現象，特別是在東經 120.8° 之後的 1,000 公尺以上中海拔山區，僅有個位數零星個體觀察記錄。

夏季定向飛行出現區域是四個季節中分布最廣，從桃園拉拉山區，宜蘭思源埡口，臺中市

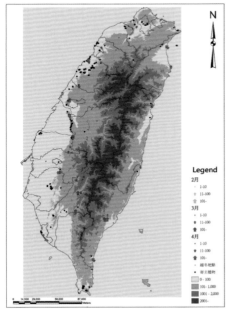

▲春季斑蝶定向飛行出現地點與各緯度 5 分鐘蝶流量。

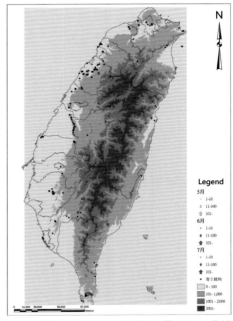

▲夏季斑蝶定向飛行出現地點與各緯度 5 分鐘蝶流量。

都會公園，高雄藤枝到恆春半島皆有記錄（圖四）。各樣區取樣結果顯示，這段期間移動個體超過 90% 以上為新羽化的 N 或 NM 級個體，顯示其應為當年第一代羽化斑蝶所進行的年度第二次遷移。其中值得注意的是春季並無大規模移動記錄被觀察到的恆春半島卻出現本季最高的移動數量，其族群來源及發生情形不明。

雲林林內地區在 6 月底亦出現另一波往北定向飛行的斑蝶，並在 6 月 24 日觀察到每 5 分鐘達 125 隻往正北定向飛行的記錄，經取樣後顯示其皆為 N 或 NM 級的新鮮個體，這和春季期間以 MO 或 O 級的老舊個體為主有明顯差異，顯示這次進行定向飛行的斑蝶為新羽化個體所進行的夏季二次遷移現象。

夏季的斑蝶移動除了在東經 120.8° 的大規模移動記錄是出現在恆春半島低海拔山區外，本季斑蝶的移動呈現往較高海拔移動的趨勢。這些記錄主要集中在東經 121.3° 北臺灣的宜蘭思源埡口及桃園拉拉山區。Chen（2006）的報告中指出，每年在塔塔加鞍部 5～6 月間會出現大量新羽化

的斯氏紫斑蝶往南移動的記錄。

秋季移動記錄亦廣泛出現在全臺各地，但超過 200 隻以上的中型規模移動僅出現在北緯 23.2° 以南的區域。由於中北部秋季族群南移的數量相當零星，顯示越冬斑蝶應在秋季時便已集結在南部山區。

東臺灣亦觀察到多起斑蝶在秋季往南移動的資訊：9 月 26 日在臺東利嘉林道觀察到蝶流量超過 500 隻的斑蝶移動現象，同時在花蓮金針山亦有類似的觀察記錄，同期間並陸續在臺灣西部苗栗、屏東及嘉義山區觀察到斑蝶小規模南移的情形，9 月 27 日並在高雄茂林觀察到第一批進入越冬谷地的斑蝶。

冬季移動則出現在北緯 23.2° 以南的區域，本區域同時也是臺灣產越冬斑蝶的主要越冬熱點，根據 Chen（1977）的報告指出，越冬斑蝶並非一整個冬天都待在同一個越冬谷地，而會有群體大規模移動現象，本調查亦觀察到同樣的現象。

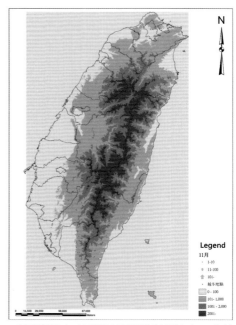

▲秋季斑蝶定向飛行出現地點與各緯度 5 分鐘蝶流量。

▲冬季斑蝶定向飛行出現地點與各緯度 5 分鐘蝶流量。

鮮度結構變化

將 4 種紫斑蝶及調查記錄較多的 2 種青斑蝶類進行各季節鮮度結構比較後可知：圓翅紫斑蝶春季在各地皆無 N 級個體記錄，端紫斑蝶及小紫斑蝶則在北緯 23.7° 以北的區域出現 N 級個體，斯氏紫斑蝶雖亦呈現和前者相同情況，但出現時間較晚，是在 4 月下旬的春季中後期。夏季則在中部以北地區皆可見到 4 種紫斑蝶的 N 級個體，南部地區則在數量上較中北部為少。秋季的 N 級個體則呈現出二極分布，顯示這時候南北兩地皆分別出現第二次族群繁殖高峰。南部地區小紫斑蝶 N 級個體在本季顯著比前一季及中北部的族群要高，端紫斑蝶則反而有減少的趨勢，斯氏紫斑蝶則僅維持與上一季相當的 N 級個體數量。冬季的 N 級個體皆出現在北緯 22.7° 以南的斑蝶越冬熱點，顯示越冬族群中應有鄰近地區新羽化個體參與的情形出現。

琉球青斑蝶及姬小青斑蝶在春季則呈現前者僅在南部地區有 N 級個體，後者則在各個緯度皆存在 N 級個體的差異；夏，秋及冬季則呈現各地皆有穩定數量 N 級個體出現的情形。整體而言除冬季外，兩種青斑蝶類在各季皆持續不斷有 N 級個體出現情形，且冬季在北部有相當數量個體繼續繁殖的記錄。

另針對全臺 4 種紫斑蝶在各月分出現 N 級個體數量進行比較後可發現，2 月分 4 種紫斑蝶皆無 N 級個體，1～3 月小紫斑蝶及端紫斑蝶有 N 級個體，其它季節則 4 種紫斑蝶皆有 N 級個體。整體而言，4 種紫斑蝶在鮮度結構上呈現出兩種模式：圓翅紫斑蝶及斯氏紫斑蝶在冬末春初皆無新羽化個體，為典型的越冬蝶種，小紫斑蝶及端紫斑蝶則呈現少量殘留個體會在北部及各地的繁殖棲地產生下一代。至於這些個體是否類似帝王斑蝶在佛羅里達州等地被證實的非遷移族群，則有待進一步探討。

討論

1979 年遷移性野生動物保育公約（The Convention on the Conservation of Migratory Species of Wild Animals（CMS）在波昂正式簽訂，用來專門保護與管理全球包括空中、陸上及海洋之遷移性動物，要求各國嚴格保護公約中列出之物種，如候鳥、鯨豚、海豹、蝙蝠等及其棲地。此公約全球約有 80 個國家已先後簽署，會制訂此公約的原因在於：遷移性野生動物的生存需仰賴遷徙途中特定棲地生態，因此更容易受到旅途中的多種威脅，如繁殖棲地減少、遷徙途中的獵捕等等。

大英博物館兩位蝴蝶學者 Ackery & Vane-Wright 在 1984 年出版的斑蝶巨著「Milkweed Butterflies–Their Cladistics and Biology」一書中指出：源自熱帶的斑蝶在臺灣卻呈現其它同緯度亞熱帶地區所沒有的高多樣性且為紫斑蝶屬分布北界，應將臺灣本島及附近島嶼視為一個特別的臺灣區塊加以討論……由此可知臺灣在斑蝶地理分布上的特殊性。

臺灣產 4 種紫斑蝶除因為島嶼隔離因素而產生外部型質有別於其他地區的特有亞種，更會在冬季形成有別於帝王斑蝶谷單一種類群聚的多樣性越冬生態（Ishii and Matsuka, 1990; Lee and Wang, 1997; Wang and Emmel, 1990）。目前臺灣這 4 種紫斑蝶族群量雖尚稱普遍，但和過去動輒有百萬隻斑蝶在單一越冬地群聚的規模相較之下可說是今非昔比（Chen, 1977）。

而這些臺灣產斑蝶亞科春季遷移期間具有顯著往 360° 及 337.5° 的正北及北北西定向飛行行為，且主要在沿著東經 120.6° 以西的低海拔山及平原進行遷移行為，由於這些區域皆面臨嚴重開發，且很可能是紫斑蝶原來的棲息地。如何在這個高度開發區域建立許多跳島式的生態區塊，提供紫斑蝶遷移中繼站甚或小型繁殖棲地，都將有助於紫斑蝶族群的穩定度。

有鑑於這些臺灣產斑蝶具有特殊的季節性移動特性，確保遷移蝶道、中繼站、繁殖棲地及越冬棲地的完整性，是臺灣紫蝶幽谷特殊生態現象得以永續保存的重要關鍵。

引用文獻

- Ackery, P. R., and R. I. Vane-Wright. 1984. Milkweed Butterflies. British Natural History Museum, London.
- Bastiaan, M. D. 1994. How to Mount a Butterfly. Texas Agriculture Extension Service, the Texas A ＆ M University System. U. S. A.
- Benvenuti, S., P. Dall'antonia, and P. Ioalè. 1994. Migration pattern of the red admiral, *Vanessa atalanta* L. （Lepidoptera, Nymphalidae）, in Italy. Bollettino di Zoologia 61: 343-351.
- Benvenuti, S., P. Dall'antonia, and P. Ioalè. 1996. Directional preferences in the autumn migration of the red admiral （*Vanessa atalanta*）. Ethology 102: 177-186.
- Brower, L. P. 1985. New perspectives on the migration biology of the monarch butterfly, *Danaus plexippus* L. pp. 748-785. In: M. A. Rankin, ed. Migration: Mechanisms and Adaptive Significance. • Contributions in Marine Science, vol. 27 （Suppl.）, Marine Science Institute, the University of Texas at Austin, Port Aransas, Texas.
- Brower, L. P. 1996. Monarch butterfly orientation; missing pieces of a magnificent puzzle. J. Exp. Biol. 199: 93-103.
- Chao, R. F., C. J. Hsu., T. Y. Chen. and P. S. Yang. 2007. Overwintering ecology of danaine butterflies in the Dawu area, Taitung County, Southeastern Taiwan. Formosan Entomol. 27: 17-30.
- Chan, C. L. 2004. Population Ecology on the Purple Butterflies Valley of Taiwan. Council of Agriculture Executive Yuan Forestry Bureau, Taiwan. （in Chinese）
- Chan, C. L., C. C. Kuo., J. Y. Lin. and P. S. Yang. 2006. Seasonal movement of the Euploea spp. （Lepidoptera; Nymphalidae; Danainae） in Taiwan. In: Symposium of natural resource Conservation and applied. Society of Wildlife and Nature. Taiwan. 102-121. （in Chinese）
- Chen, W. S. 1977. The mystery of butterlies valley. the Nature and Insects. 12: 7-10. （in Japanese）
- Chen, C. C., C. C.Wang., Y. C. Lin. and L. C. Huang. 2006. Enviromental Monitoring of Butterflies • Trails in Ta-Ta-Chia area. Yushan National Park, Taiwan. （in Chinese）
- Dingle, H., M. P. Zalucki, and W. A. Rochester. 1999. Season-specific directional movement in • migratory Australian butterflies. Aust. J. Entomol. 38: 323-329.
- Fukuda, H. 1991. Seasonal movement of Parantica sita. Insectarium 28: 4-13.
- Hamano, T. 1987. Ecological Encyclopedia of Taiwanese Butterflies. Newton Press, Taiwan. （in Chinese）
- Hsu, Y. F. 2006. Butterflies of Taiwan, Vol III. National Fonghuanguu Bird Park, Taiwan.
- Ishii, M., and H. Matsuka. 1990. Overwintering aggregation of Euploea butterflies （Lepidoptera, Danaidae） in Taiwan. Tyo to Ga 41: 131-138.
- James, D. G. 1993. Migration biology of the monarch butterfly in Australia. pp.189-200. In: S. B.
- Malcolm, and M. P. Zalucki, eds. Biology and Conservation of the Monarch Butterfly. Natural Histo
r• y • Museum of Los Angeles County, Los Angeles, CA.
- Leather, S. R., K. F. A. Walters, and J. S. Bale. 1993. The Ecology of Insect Overwintering. Cambridge University Press, Cambridge, Great Britain.
- Lee, J. Y., and H. Y. Wang. 1997. Migration and Overwinter Aggregations of Nine Danaine Butterfly species in Taiwan. the Taiwan Museum, Taiwan. （in Chinese）
Schmidt-Koenig, K. 1979. Directions of migrating monarch butterflies （Danaus plexippus; Danaidae; Lepidoptera） in some parts of the eastern United States. Behav. Process. 4: 73-78.
- Shirozu, T. 1960. Butterflies of Formosa in Color, Japan. （in Japanese）
- Urquhart, F. A. 1960. The Monarch Butterfly. University of Toronto Press, Toronto, Canada.
- Urquhart, F. A., and N. R. Urquhart. 1977. Overwintering areas and migratory routes of the monarch butterfly （Danaus plexippus, Lepidoptera: Danaidae） in North America, with special reference to the western population. Can. Entomol. 109: 1583-1589.
- Urquhart, F. A., and N. R. Urquhart. 1978. Autumnal migration routes of the eastern population of the monarch butterfly （Danaus plexippus L.; Danaidae; Lepidoptera） in North America to the overwintering site in the Neovolcanic Plateau of Mexico. Can. J. Zool. 56: 1759-1764.
- Vane-Wright, D. 2003. Butterflies. Natural History Museum. London.
- Wang, H. Y., and T. C. Emmel. 1990. Migration and overwintering aggregations of nine danaide butterfly species in Taiwan. J. Lepidopterists' Soc. 44: 216-228.
- Williams, C. B. 1930. The Migration of Butterflies. Nature History Books, London.
- Williams, C. B. 1958. Insect Migration. Collins Press, London.
- Yiu, V. 2003. Overwintering Butterflies in Hong Kong. Hong Kong lepidopterists' Society, Hong Kong. （in Chinese）

山中正夫。1971。臺灣產蝶類の分佈（1）。日本鱗翅學會特別報告（5）：115 － 191。

山中正夫。1972。臺灣產蝶類の分佈（2）。蝶と蛾 23（suppl.1）：1 － 48。

山中正夫。1973。臺灣產蝶類の分佈（3）。蝶と蛾 23（suppl.2）：1 － 31。

山中正夫。1974。臺灣產蝶類の分佈（4）。蝶と蛾 25（suppl.1）：1 － 60。

山中正夫。1975。臺灣產蝶類の分佈（5）。蝶と蛾 26（suppl.1）：1 － 100。

山中正夫。1980。臺灣產蝶類の分佈（6）。蝶と蛾 30（suppl.1）：1 － 143。

白水隆。1960。原色臺灣蝶類大圖鑑。日本保育社出版。48pp.+479figs.+76pls。

白九維、王效岳、陳小鈺。1996。中國珍稀與觀賞蝴蝶（II)。淑馨出版社。臺灣 臺北。343 頁。

白九維、王效岳、陳小鈺。1996。中國珍稀與觀賞蝴蝶（II)。淑馨出版社。臺灣 臺北。343 頁。

吳敏菁。2000.8.11。澎湖報導 —— 臺灣稀有玉帶紫斑蝶 豔驚花嶼。中國時報。

吳東南。2006。斑蝶研究報告。

李俊延 王效岳。1997。臺灣冬天的蝴蝶谷。臺灣省立博物館。臺灣 臺北。 177 頁。

李信德、楊平世。2000。大屯山區青斑蝶（Parantica sita niphonica Moore) 的監測。中華昆蟲學會第二十一屆年會論文宣讀。中華昆蟲學會。

徐堉峰。1997。臺灣蝶圖鑑第一卷。臺灣省立鳳皇谷鳥園。344 頁。

徐堉峰。2002。臺灣蝶圖鑑第二卷。國立鳳凰谷鳥園。383 頁。

徐堉峰。2004。近郊蝴蝶。聯經出版社。231 pp。

徐堉峰。2006。臺灣蝶圖鑑第三卷。國立鳳凰谷鳥園。404 頁。

佐藤英治。2007。青斑蝶遷徙之謎。晨星出版社。104 頁。

申慧媛。2007/11/24。青斑蝶 16 天飛 1500 公里。自由時報，臺北報導。

廖日經。1977。臺灣植物與蝴蝶之關係。臺大實驗林研究。119 期：137-200。

楊平世。1987。陽明山國家公園大屯山蝴蝶花廊規劃可行性之研究。內政部營建署陽明山國家公園管理處。97 頁。

詹家龍 2004。臺灣產越冬斑蝶類族群生態學之研究。行政院農委會林務局。80 頁。

詹家龍 郭祺財 林俊儀 楊平世 2006。臺灣產紫斑蝶屬之季節移動。自然資源保育暨應用學術研討會 —— 論文集。中華民國自然生態保育協會。 102-121 頁。

陳維壽。1977。謎を秘める蝴蝶の谷。昆蟲と自然。12（4)：7-10。

陳維壽。1977。我的蝴蝶夢。順先出版社。194 頁。臺北。

陳建志。2002。蝶舞大屯青斑季－青斑蝶的越洋遷移與標放。環境資訊中心。 http://e-info.org.tw/node/9456

陳建志。2007。玉山國家公園塔塔加地區蝶道消長與環境監測計畫。

趙仁方，2005。臺東大武苗圃越冬蝴蝶谷蝶類生態研究。行政院農委會林務局臺東林區管理處，臺東。

趙仁方，2006。臺東大武苗圃越冬蝴蝶谷蝶類生態研究。行政院農委會林務局臺東林區管理處，臺東。

趙仁方、許佳榕、陳東瑤、楊平世。2007。臺灣臺東大武地區越冬斑蝶之研究。臺灣昆蟲。 27 期第一卷，1-13 頁。

廖肇祥。2007.12.25。斑蝶標放 塔塔加成固定蝶道。中國時報。http://news.chinatimes.com/2007Cti/2...500189,00.html

濱野榮次 1987。臺灣區蝶類生態大圖鑑。牛頓出版社。臺灣 臺北。474 頁。

魏映雪、楊平世。1990。鱗翅目昆蟲族群估算：標示再捕法，動物園學報 2：119-131。

魏映雪、楊平世。1990。陽明山國家公園青斑蝶類之群聚結構，中華昆蟲 10（3)：354。

魏映雪。1995。大屯山區青斑蝶類成蟲之生態與習性研究。國立臺灣大學植物病蟲害研究所博士論文。Xiii + 171 頁。

盧太城。2008/04/13。蝴蝶遷徙奇景 - 臺東市區近二十萬蝴蝶南飛。臺東縣。中央社。

- Ackery,P.R.and R.I.Vane-Wright., 1984, Milkweed butterflies.British Natural History Museum,London, 425pp.

- Alerstam, T., Hedenström , A and Åesson, S. 2003. Long-distance migration：evolution and determinants. Oikos. 103（2）：247–260.

- Barker, J. F. and W. S. Herman. 1976. Effect of photoperiod and temperature on reproduction of the Monarch butterfly, Danaus plexippus. Journal of Insect Physiology. 22: 1565-1568.

- Benvenuti, S., P. Dall'antonia and P. Ioal?.1994. Migration pattern of the red admiral, Vanessa atalanta L.（Lepidoptera, Nymphalidae), in Italy.Bollettino di Zoologia. 61: 343-351.

- Benvenuti, S., P. Dall'antonia and P. Ioal?. 1996. Directional preferences in the autumn migration of the Red Admiral（Vanessa atalanta). Ethology. 102: 177-186.

- Brower, L. P. 1985. New perspectives on the migration biology of the Monarch butterfly, Danaus plexippus L. In Migration: Mechanisms and Adaptive Significance,（ed. M.A. Rankin), pp. 748-785. Contributions in Marine Science, vol. 27（Suppl.). Port Aransas, Texas: Marine Science Institute, The University of Texas at Austin.

- Brower, L.P. 1995. Understanding and misunderstanding the migration of the monarch butterfly, 1857-1995. J. Lep. Soc. 49:304-385

- Brower, L. P. 1996. Monarch butterfly orientation; missing pieces of a magnificent puzzle. Journal of the Experiment Biology. 199: 93-103.

- Bastiaan M. Drees 1994. How to mount a butterfly Texas agriculture extensionservice The Texas A & M university system. 22pp.

- Calvert, W. H. and L. P. Brower. 1986. The location of monarch butterfly （Danaus plexippus L.) overwintering colonies in Mexico in relation to topography and climate. Journal of the Lepidopterists' Society. 40（3): 164-187.

- Dick Vane-Wright. 2003 Butterflies. Natural History Museum.London. 112pp.

- Dingle, H., M.P. Zalucki. and W.A. Rochester. 1999. Season-specific directional movement in migratory Australian butterflies. Australian Journal of Entomology. 38: 323–329.

- Fukuda, H. 1991. Seasonal movement of Parantica sita. Insectarium. 28（12):4-13.

- Goehring, L. and K. S. Oberhauser. 2002. Effects of photoperiod, temperature, and host plant age on induction of reproductive diapause and development time in Dnaus plexippus. The Royal Entomological Society 27: 674-685.

- Heppner, J.B. and H. Inoue. 1992. Lepidoptera of Taiwan（臺灣鱗翅目昆蟲誌) Vol.1:Part2:Checklist.

- Herman WS, Tatar M. 2001. Juvenile hormone regulation of longevity. in the migratory monarch butterfly. Proc. Royal Soc., London, 22; 268（1485): 2509–2514.

- Ishii,M. & H.Matsuka.1990. Overwintering aggregation of Euploea Butterflies（Lepidoptera,Danaidae) in Taiwan. Tyo to Ga 41（3)131-138

- Ivie, M.A., T.K. Philips, and K.A. Johnson. 1990. High Altitude Aggregations of Anetia briarea Godart （Nymphalidae: Danainae). Journal of the Lepidopterist's Society. 44: 209-214.

- James, D.G.. 1993. Migration biology of the Monarch butterfly in Australia. In Biology and Conservation of the Monarch Butterfly （eds. S.B. Malcolm and M.P. Zalucki), pp.189-200. Natural History Museum of Los Angeles County, Los Angeles, CA.

- Kammer, A.E. 1971. Influence of acclimation temperature on the shivering behaviour of the butterfly, Danaus plexippus Zeitschrift fur Vergleichende Physiologie, Berlin 72:364-369.

377

• Leather, S.R., K.F.A. Walters. and J.S. Bale. 1993. The Ecology of Insect Overwintering. University Press, Cambridge, Great Britain.

• Malcolm, S.B., B.J. Cockrell. and L.P. Brower. 1987. Monarch butterfly voltinism: effects of temperature constraints at different latitudes. Oikos 49: 77-82.

• Mallet, J. 1986. Gregarious roosting and home range in Heliconius butterflies. Nat. Geo. Res. 2: 198-215.

• Morishita K. 1985. Danaidae. In: Tsukada E, ed. Butterflies of the South East Asian Islands. II [English edn]. Tokyo: Plapac,

• Mouritsen, H. and Frost, B. J. （2002). Virtual migration in tethered flying monarch butterflies reveals their orientation mechanisms. Proc. Natl. Acad. Sci. USA 99,10162 -10166.

• Oberhauser, K.S. and R. S. Hampton. 1995. The relationship between mating and oogenesis in monarch butterflies （Lepidoptera: Danainae). Journal of Insect Behavior 8: 701-713.

• Pennisi, E. 2003. Monarchs check clock to chart migration route. Science 300:1216-1217.

• Perez, S. M., O. R. Taylor & R. Jander. 1997. A sun compass in monarch butterflies. Nature 387: 29

• Schmidt-Koenig, K. 1979. Directions of migrating monarch butterflies （*Danaus plexippus*; Danaidae; Lepidoptera) in some parts of the eastern United States. Behav. Process. 4: 73-78.

• Scott, J.A. 1992. Direction of spring migration of *Vanessa* cardui （Nymphalidae) in Colorado. Journal of Research on the Lepidoptera. 31: 16-23.

• Simmons, L.W. 2001. Sperm Competition and its Evolutionary Consequences in the Insects. Princeton University Press: Princeton.

• Uchida H. 1991. Charms of Formosa Island of everlasting summer. Japan. 216pp.

• Urquhart, F.A. 1960. The Monarch butterfly xxiv+361pp. Toronto & London. measurements with hemispherical photography. Conservation Biology. 5:165–175.

• Urquhart, F. A. and N. R. Urquhart. 1977. Overwintering areas and migratory routes of the Monarch butterfly （*Danaus p. plexippus*, Lepidoptera: Danaidae) in North America, with special reference to the western population. Canadian Entomology. 109: 1583-1589.

• Urquhart, F.A. and N.R. Urquhart 1978. Autumnal migration routes of the eastern population of the monarch butterfly （*Danaus p. plexippus* L.; Danaidae; Lepidoptera) in North America to the overwintering site in the Neovolcanic Plateau of Mexico. Canadian Journal of Zoology 56: 1759-1764.

• Wang, H.Y. and T. C. Emmel. 1990. Migration and overwintering aggregations of nine Danaide butterfly species in Taiwan. Journal of the Lepidopterists' Society. （Los Angeles), 44 （4):216-228.

• Wassenaar, L. I. and K. A. Hobson. 1998. Natal origins of migratory monarch butterflies at wintering colonies in Mexico: New isotopic evidence. Proc. Natl. Acad. Sci. USA 95: 15436-15439.

• Williams,C.B. 1930. The migration of butterflies （Xii)+473pp. London.

• Willians,C.B. 1958. Insect Migration （xiv)+235pp.,8+16 pls.London.

• Zhu H, Sauman I, Yuan Q, Casselman A, Emery-Le M, et al. （2008) Cryptochromes Define a Novel Circadian Clock Mechanism in Monarch Butterflies That May Underlie Sun Compass Navigation. PLoS Biol 6 （1): e4 "http://dx.doi. org/10.1371/journal.pbio.0060004" doi:10.1371/journal.pbio.0060004

致謝

如果不是因為行政院農業委員會林務局裡面有一群，不僅僅只因為保育是其職責所在，而是能夠進一步懷抱著，可以為臺灣保存下美好大自然環境的優秀公務機關人員們的積極推動，臺灣的紫斑蝶保育工作可能至今仍無進展並且不會受到各界關注。個人有幸能夠經歷這段追蝶的日子並且受到這麼多人的啟發。這也讓個人深深體會到：若無前人種樹，怎得後人乘涼！如何盡量完整忠實的將前人曾經提出的想法、做過的事呈現在大家的眼前可說是很重要的，因為這不僅僅只是尊重前人的努力，更是進行科學論證時的重要原則。唯有把所有的事實攤開在陽光下，世人才有自行判斷眾說紛云假說正確性的理性空間，而最終的真理才會自己呈現出來。但個人亦深知紫斑蝶的研究課題眾多，往往路上隨便一個人問的一個很簡單的問題，就是一個碩士甚至博士論文的題目！這可由單一種帝王斑蝶的研究雖已邁入百年，卻仍有許多未解之謎加以驗證；臺灣這多物種群聚越冬蝶谷的研究可說是要花至少「十三種」的力氣，才能與其等量齊觀。希望這本在晨星出版社長陳銘民及其內一群對內容有高規格堅持的編輯陳佑哲等人催生的這本書，能夠達到拋磚引玉的效果，讓更多的人一起來關心「弱勢」的大自然生態。在書寫這本書的過程個人亦深刻體會：這是一本集結眾人對於紫斑蝶所投注心力的結晶，個人也只不過是將這些成果加以整理。所以以下就個人記憶所及，對這些曾經協助過的相關人士一一列舉致謝。

首先要感謝在這段期間悉心指導各項工作的政府單位：農委會林務局長顏仁德、前林業處長陳溪洲，保育組長方國運、陳超仁、王守民、劉泰成、黃子典等人，特有生物研究保育中心主任湯曉虞，當初曾支持過本計畫的茂林國家風景區管理處長張永仁及前後任處長蔡村興、吳茂盛，秘書郭村和及陳德福、李易蒼、陳龍田等人，臺中都會公園管理站主任鍾銘山及李碧英、陳美伶、蔡宗霖、國道高速公路局長李泰明，正工程司吳文憲、中區工程處長許鉦漳、副處長洪明鑑，工務課長陸耀東、承辦人員羅英玲、朱長君、陳冠閔，段長曾錫如、林文欽，高雄市長楊秋興及保育課施娟娟、黃燕國、劉正熊等人，臺東林區管理處董世良、莊家欣，屏東林區管理處長簡益章、蔡森泰，苗栗縣竹南鎮公所鎮長康世儒、農業課長郭德隆。民間企業團體的支持則有：福特六和汽車總裁沈英銓、中華電信董事長賀陳旦、和泰汽車總經理張重彥、匯豐銀行臺灣區總裁顧銳賢、臺灣資生堂公司董事長李國祥、副董事長下秀明、陳靜姬、王儷靜，日本 JFA 協會理事長馬場彰、Shiseido 創辦人福原義春委員長以及東京大學名譽教授石井威望選考委員長、臺中市北屯扶輪社謝柏曜。日本大阪市立自然博物館金至、黃國揚及李俊延提供珍貴的照片則讓本書增色不少。

全臺各地義工的無私付出，則讓個人體認到：哪怕只付出了一點點、只標記過一隻紫斑蝶或只種過一棵樹，都是值得讓人尊敬的。因為你們的一個轉念，便可以讓紫斑蝶的研究及保育獲得一點點往前推動的動力，而這最終便可匯集成一股強大的力量。其中最重要的便是臺灣蝴蝶保育學會在歷任理事長陳建志、陳世揚、郭祺財及陳光亮帶領的理監事們、秘書長林柏昌、專職陳盈君、康涵琇、洪素年，近年來推動各項蝴蝶生態調查推廣工作，並在紫蝶保育義工前後任各區召集人鄭菀菁、李銘崇、陳正忠、許致中、林俊儀、林岳勳、簡雅惠、徐志豪、廖金山及其一家人、紀雅文，及眾多紫蝶保育義工及輔導員們的努力下並分工合作，舉例來說：林俊儀進行資料匯整及撰寫報告，陳美伶進行資料的匯整、統計分析及網站管理等事務……，這些人一點一滴的付出因此匯集強大的力量解開了許多紫斑蝶的謎團，在此致上最高敬意：

北部：

李苑慈、陳威光、周寶南、葉淑蓮、夏經明、吳梅東、林有義、江美華、黃文美、張聖賢、許欣君、

蔡芷芸、周文琪、黃敏捷、黃筱萍、高如碧、鄧慶煜、蔡岳霖、鄭毅明、鄭紹儀、卓清波、卓素娟、李東明、王振權、婁序平、畢文莊、謝昀樹、王啓業、翁明毅、邱淑鶯、范敏慧、朱月英、顏淑琴、卜芳玫、呂美玉、李月霞、彭威雄、歐瑞惠、陳蔚臻、陸楓盈、林庭瑋、吳威鑫、鄭紹唐、廖俊誠、程偉豪。

中部：

陳瑞祥、陳冠蓉、余淑娟、王貴鏡、林子隆、王碧雲、陳麗梅、林正瑜、曾振楠、魏湘蓉、巫炳興、劉春鳳、陳瑢、洪維甫、陳譓如、林惠琪、謝玲、詹宗達、詹子慧、陳玲、蕭力旗、卓柑、陳錦順、蔡敏郎、黃寶儀、林世豪、曹彥琴、賴德志、王欣皓、王朝正、劉淑芬、黎青欽、楊臺英、楊玉禎、林芷璿、王琪玉、劉興錡、張兆麗、張錦秀、尙林梅、林柏川、吳雅淑、趙夫強、楊瓊珠、許洲郎、張國基、林宏南、陳寶樹、朱蕙蓮。

南部：

曾美萍、郭暐、封岳、顏文桂、陳俊強、徐國華、吳憲一、蔡蕊、王保欽、林明哲、邱美惠、陳芊如、周玉燕、季欣文、洪清坤、謝其翰、李忠河、鄭淑美、陳淑婉、黃美莉、陳正忠、陳俊在、戴信德、曾致維、吳秀香、廖小嬋、張瓊瑤、曾品清、陳延齡、曾紀萍、黃巧慧、吳柏宏、陳宥均、周芳華、曾翠萍、黃裕文、黃慧美、梁靖葳、楊文塋、王怡甯、王龍兒、林玉珍、孫瑞鴻、黃楓雄、林榮貴、董品秀、張運正、劉慧敏、陳寬隆、江淑娟、曾貴玉、李采倪、李耕竹、陳佳宏、史蓓蓓、蔡孟君、廖素珠、呂雅婷。東部：蔡馨儀、張崴彥、何郁青、楊媛絢、陳美倫、宋依靜、郭素芳、吳其洲、李煥榮、麗珠、鄭進庭、張惠珠、何婉玲、邱奕賢、張育菁、林志謙。另外還有：李幸娜、施依萍、簡鈺云、楊淑明、林語騰、王姿云、丁羽白、塗劍龍、簡婷玉、周文琪、蔡王翔、丁郁穎、廖淑鈴、許慈芬、孫文惠、吳美珣、戴慰萱、范姜美如、吳炎法、黃玟甄、張裴軒、許瑜眞、王姝涵、柯愼一、宋隆豪、陳昇祿、朱崇崑、賴敏娟、戎沛、莊凱如、陳姿潔、徐思秋、陳麗雁、林輝棠、林淑華、鐘陸基、林彥屛、王志孟、游惠如、彭威雄、陳紳、王麗菊、張雅慈、朱方妤、方堯新、廖淑娟、李敏瑜、王筱嵐、蔡燕玉、曾瑀湘、黃基修、楊靜櫻、施月英、邱美霞、詹月桂、李怡君、鄒欣潔、謝長捷、王淑芳、鄭朝誌、謝孟書、劉文貴、劉珍玟、陳菊英、羅火德、許美玉、李金聰、黃璧珠、高婉瑄、許郁芬、王雅玲、張國祥、許惠君、李弘文、林以晨、林修嫻、陳錦順、周秋吟、黃雅靖、蔡玉安、蔡侑霖、林大元、王欣皓、游錦雲、蕭惠麗、許妙芬、王家辰、潘思含、吳秋霞、莊雁婷、王重勝陳旻昱、王秀珍、陳湘謹、林英萍、白喬之、白喬宇、戴郁文、魏廷亦、郭鳳書、顏良謀、鄭朝友、蔡宜儒、張雅燕、張佳蓉、張茂振、劉冠吟、張淑玲、李志賢、李揚、劉秀卿、鄭麗端、林新全、林宜儒、吳柳慧、徐敏思、林高佑、韓偉成、韓育仁、邱美惠、黃美莉、李珮宜、朱菁伶、呂宗明、陳俊強、陳元憲、陳祝滿、朱佩雯、陳寬隆、江淑娟、陳撲成、曾貴玉、陳敏惠、張長和、歐昌宗、陳榮生、郭秀敏、張明燈、章順仁、黃石坤、方昆山、謝佩芬、周榮豐、彭啓倫、李忠河、李采倪、李耕竹、廖漢偉、陳俊強、蔡素珍、楊文塋、陳正幸、薛照平、王麗玉、孫瑞鴻、邱文獻、吳柏宏、謝禮安、萬家睿、施美鳳、曾意晴、周志龍、黃毓芳、許婉瑜、陳萱如、蔡義聰、蘇吉勝、郭紅妙、郭富祥、蘇俊榮、許瑞芬、黃暉婷、曾玉華、廖佳樺、方乃仟、黃麗雲、姜家馨、賴秀玲、陳志洋、邱明慧、蔡韶雯、張連輝、陳萬山、宋青縈、黃子玲、黃俊賓、何宗儒、謝佩芬、廖麗芬、張靜芳、林錫皇、黃春霞、林瑞娟、陳黛芳、鍾進允。不同地區族群團體也在這段時間爲紫蝶保育出過一份力量：臺灣大學自然保育社賴以博、張哲禎、李育豪、王怡和、林軒毓、陳彥樺、王振益、林芳宇、陳芳庭、周怡吟、林翊展、林祖濬、陳弘栗、劉以旋、陳俐君、林伯亨、江慈恩、廖心慈、劉鎮、黃涵靈、呂翊齊、呂理哲、呂涵如，荒野保護協會宜蘭分會賴建忠、苗栗自然生態學會林家正、中港溪環保聯盟許明松、鳳山農會茂林辦事處吳文卿、吳素麗、阮欣儀、竹興國小徐瑞娥、徐慶宏、臺東縣龍田蝴蝶生態保育協會李元和、李萬枝、埔里蝴蝶牧場羅錦文、苗栗快樂地協會林

小紋青斑蝶
Tirumala septentrionis

細肩帶

姬小青斑蝶
Parantica aglea maghaba

（♂背）

（♂腹）

Y字紋

口袋狀性標

（♀腹）

淡紋青斑蝶
Tirumala limniace limniace

（♂背）

角

中室斑粗胖

無性標

細肩帶

（♀背）

口袋狀性標

Y字紋

不分叉

工字紋

琉球青斑蝶
Ideopsis similis

（♂腹）

性標

（♀背）

（♂背）

臺灣產斑蝶幼生期特徵

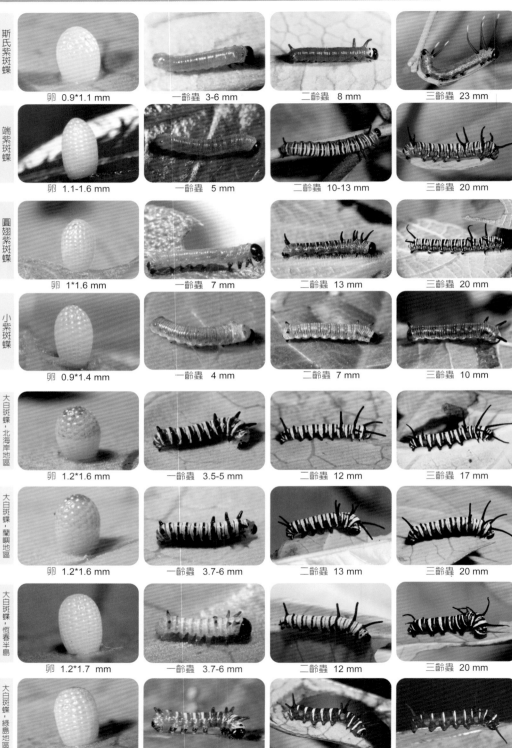

斯氏紫斑蝶
卵 0.9*1.1 mm　　一齡蟲 3-6 mm　　二齡蟲 8 mm　　三齡蟲 23 mm

端紫斑蝶
卵 1.1-1.6 mm　　一齡蟲 5 mm　　二齡蟲 10-13 mm　　三齡蟲 20 mm

圓翅紫斑蝶
卵 1*1.6 mm　　一齡蟲 7 mm　　二齡蟲 13 mm　　三齡蟲 20 mm

小紫斑蝶
卵 0.9*1.4 mm　　一齡蟲 4 mm　　二齡蟲 7 mm　　三齡蟲 10 mm

大白斑蝶‧北海岸地區
卵 1.2*1.6 mm　　一齡蟲 3.5-5 mm　　二齡蟲 12 mm　　三齡蟲 17 mm

大白斑蝶‧蘭嶼地區
卵 1.2*1.6 mm　　一齡蟲 3.7-6 mm　　二齡蟲 13 mm　　三齡蟲 20 mm

大白斑蝶‧恆春半島
卵 1.2*1.7 mm　　一齡蟲 3.7-6 mm　　二齡蟲 12 mm　　三齡蟲 20 mm

大白斑蝶‧綠島地區
卵 1.2*1.7 mm　　一齡蟲 5 mm　　二齡蟲 12 mm　　三齡蟲 21 mm

樺斑蝶
Danaus chrysippus

白斑

三個斑

四個斑

中室斑細窄

後緣斑外側斜

（♀背）

（♂腹）

大青斑蝶
Parantica sita niphonica

（♀腹）

Y字

性標

腹白色

（♀腹）

虎紋

（♂背）

波浪狀

小青斑蝶
Parantica swinhoei

性標

腹紅色

（♂背）

（♂腹）

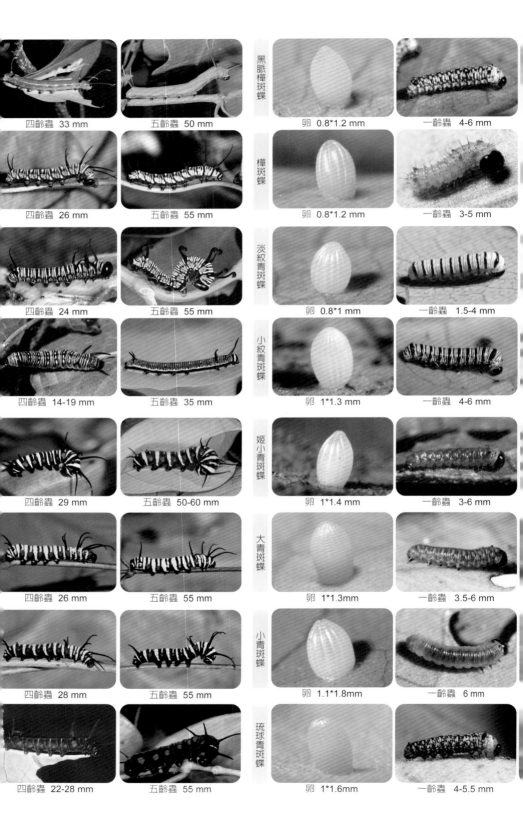

四齡蟲 33 mm	五齡蟲 50 mm	黑脈樺斑蝶	卵 0.8*1.2 mm	一齡蟲 4-6 mm

黑脈樺斑蝶

四齡蟲 33 mm　　五齡蟲 50 mm　　卵 0.8*1.2 mm　　一齡蟲 4-6 mm

樺斑蝶

四齡蟲 26 mm　　五齡蟲 55 mm　　卵 0.8*1.2 mm　　一齡蟲 3-5 mm

淡紋青斑蝶

四齡蟲 24 mm　　五齡蟲 55 mm　　卵 0.8*1 mm　　一齡蟲 1.5-4 mm

小紋青斑蝶

四齡蟲 14-19 mm　　五齡蟲 35 mm　　卵 1*1.3 mm　　一齡蟲 4-6 mm

姬小青斑蝶

四齡蟲 29 mm　　五齡蟲 50-60 mm　　卵 1*1.4 mm　　一齡蟲 3-6 mm

大青斑蝶

四齡蟲 26 mm　　五齡蟲 55 mm　　卵 1*1.3mm　　一齡蟲 3.5-6 mm

小青斑蝶

四齡蟲 28 mm　　五齡蟲 55 mm　　卵 1.1*1.8mm　　一齡蟲 6 mm

琉球青斑蝶

四齡蟲 22-28 mm　　五齡蟲 55 mm　　卵 1*1.6mm　　一齡蟲 4-5.5 mm

端紫斑蝶
Euploea mulciber barsine

散布白斑

中央有白點

（♂腹）

（♀背）

散布

虎紋

一排斑列

（♀腹）

黑脈樺斑蝶
Danaus genutia

斜白帶

翅脈黑色

性標

（♂背）

圓翅紫斑蝶
uploea eunice hobsoni

大白斑
性標

中央無斑

（♂腹）

翅紫斑蝶
eunice hobsoni

大白斑

無斑

（♀腹）

大白斑蝶
Idea leuconoe clara

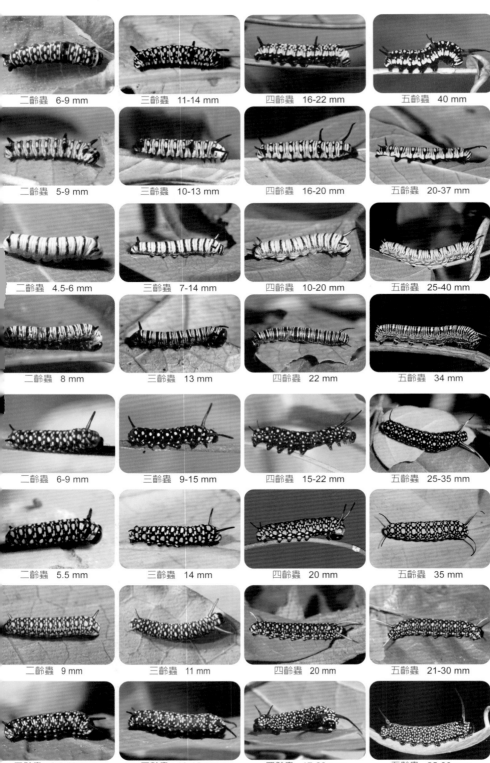

二齡蟲　6-9 mm　　三齡蟲　11-14 mm　　四齡蟲　16-22 mm　　五齡蟲　40 mm

二齡蟲　5-9 mm　　三齡蟲　10-13 mm　　四齡蟲　16-20 mm　　五齡蟲　20-37 mm

二齡蟲　4.5-6 mm　　三齡蟲　7-14 mm　　四齡蟲　10-20 mm　　五齡蟲　25-40 mm

二齡蟲　8 mm　　三齡蟲　13 mm　　四齡蟲　22 mm　　五齡蟲　34 mm

二齡蟲　6-9 mm　　三齡蟲　9-15 mm　　四齡蟲　15-22 mm　　五齡蟲　25-35 mm

二齡蟲　5.5 mm　　三齡蟲　14 mm　　四齡蟲　20 mm　　五齡蟲　35 mm

二齡蟲　9 mm　　三齡蟲　11 mm　　四齡蟲　20 mm　　五齡蟲　21-30 mm

二齡蟲　6.5-11 mm　　三齡蟲　10-15 mm　　四齡蟲　17-28 mm　　五齡蟲　25-30 mm

小紫斑蝶
Euploea tulliolus koxinga

白斑

藍光澤

性標

（♂腹）

（♂背）

端紫斑蝶
Euploea mulciber bars

性標

（♂背）

中央無白斑

斯氏紫斑蝶
Euploea Sylvester swinhoei

大白斑

雙性標

後緣凸出

三白斑

中央有白點

E

（♂背）

（♂腹）

（♂背）

斯氏紫斑蝶
Euploea Sylvester swinhoei

圓

Euploea

中央無白斑

三白斑

後緣平齊

白長紋

後緣平齊

（♀背）

（♀腹）

（♀背）

蛹期

斯氏紫斑蝶
22mm

端紫斑蝶
24 mm

圓翅紫斑蝶
25 mm

小紫斑蝶
16 mm

大白斑蝶（北海岸）
28 mm

大白斑蝶（蘭嶼）
27 mm

大白斑蝶（恆春）
26 mm

大白斑蝶（綠島）
30 mm

黑脈樺斑蝶
（褐色型）16 mm

黑脈樺斑蝶
（綠色型）16 mm

樺斑蝶
（褐色型）16 mm

樺斑蝶
（綠色型）16 mm

淡紋青斑蝶
17 mm

小紋青斑蝶
17-20 mm

姬小青斑蝶
15 mm

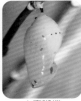

大青斑蝶
23 mm

小青斑蝶
17-19 mm

琉球青斑蝶
19 mm

斑蝶標放紀錄表

記錄人：＿＿＿＿＿＿　　座標：＿＿＿＿＿＿＿　　經度：＿＿＿＿＿＿

時　間：＿＿＿＿＿＿　　地點：＿＿＿＿＿＿＿　　緯度：＿＿＿＿＿＿

海　拔：＿＿＿＿＿＿　　風向：＿＿＿＿＿＿＿　　氣溫：＿＿＿＿＿＿

時段	標記代號	蝶種代號	性別	行為	鮮度	翅長	備註

永隆。期間給予這項計畫協助及指教的：義守大學教授鄭瑞富、趙仁方、林鐵雄、國立中山大學教授顏聖紘、靜宜大學教授陳東瑤、國立臺灣大學教授周蓮香、國立臺灣師範大學教授徐堉峰、國立自然科學博物館周文豪、國立交通大學教授葉弘德、民享環境生態調查有限公司周大慶、臺灣博物研究室吳東南、安康蝴蝶生態園呂輝璧（牛伯伯）、木生昆蟲館余清金以及各地蝶友王福財、林佳慧、鄧文斌導演、向志賢、李榮文、葉昌偉、劉國同、陳一菁、余有終、莊水木、張文賢、徐渙之、陳永杰、李進興、蔡志奇、李惠永……是你們多次的指引迷津，讓研究得以進展。協助參與國道紫斑蝶追蹤計畫的各界人士，則讓紫斑蝶得以安全的回到繁殖地：臺灣生態工法發展基金會邱銘源、呂慧穎等人，華南國小陳清圳、吳恕如、中正國小黃印通、成功國小蔡正龍、黃錫培、張閩松、新豐國小陳開平、龍眼國小鄭秀津、李振昌、草嶺國小李政勳、羅右翔、仁和國小張文良、徐士敦，張瑞麟、劉文正、梅山半天羅朝焜、中興國小楊敦熙、賽嘉國小楊秋南、屏東教師會生態中心主任朱玉璽、臺灣生態學會屏東工作站主任夏可泰、屏東鳥會余揚新化、賴梅瑛、梅圳國小賴耀男、何應傑、光華國小黃正發、興中國小鍾一哲、王宗坤。

高雄茂林魯凱族人對於紫斑蝶的細心呵護，則是這個紫色寶藏得以被永續保存的最佳保證：施貴成家族成員們、郭良慧及魏銘雄夫妻、烏巴克、詹忠義、宋能正、魏頂上、魏雅倫、魏顏玉月、金山、金鍊生、吳亦峰（浩義）、林俊良、林家君、楊德義、楊貴琴、歐勇士、歐彭奇貞、郁德芳、薛志勇、楊秀珍、顏秀琴、杜成德、張正信、張正陸、柯義郎、柯秋粉、盧玉蘭、黃博隆、陳志誠、魏坤祥、簡文忠、簡建富、茂林頭目武利民、范仁憲、陳雅苓、蘇巍瓊、蘇志桓、王潔心、王潔瑩、童如君、阿旺、蘇瑪麗、石秀戀、烏賽、柯秋花、陳勝、董桂蘭、茂林國小校長范織欽、茂林國中校長簡貴金、茂林村長田新忠、羅貴春，茂林國小同學林清隆、施紘緹、金佩嫻、簡寶固、簡嘉瑢、金秀麗、鄭善雄、林順詳、劉惠美、謝盛德、羅正雄、謝承昇、石家祥、石燕涵、賴芳妮、徐筑萱、薛祈安、謝宛禛、陳澤延、石嘉祥、翁經衛，你們的幫助改變了我的一生。此外個人在此要特別獻上最誠摯的祝福給不論是精神或實際上長期資助個人的陳誠及謝玉英、陳彥君、陳彥如、謝玉玲、范鶴群（地瓜）一家人及屏東春日排灣族的江明山一家人，因為你們的友情相助，讓我像每年造訪南臺灣的紫斑蝶一樣有著如沐春風般的快意。文末，謹在此記念近兩年相繼辭世的兩位蝴蝶界前輩陳文龍、施添丁，其中個人特別感到遺憾的是：在這本書即將出版的前夕，陳文龍前輩竟毫無預兆的在 2008 年 5 月 24 日辭世，驟聞噩耗不勝依依，追懷前賢，無限嘆惋！很高興能夠與你們認識，我會永遠懷念與你們有過一起去追蝶的那一段逝去的時光。

願主保佑你們

詹家龍 敬上

2008.05.27

國家圖書館出版品預行編目 (CIP) 資料

紫斑蝶 / 詹家龍著 .-- 增訂一版 . -- 臺中市 ：
晨星出版有限公司 , 2022.11
面； 公分 .

ISBN 978-626-320-239-9（平裝）

1.CST: 蝴蝶 2.CST: 臺灣

387.793　　　　　　　　　　111012997

詳填晨星線上回函
50 元購書優惠券立即送
（限晨星網路書店使用）

紫斑蝶 〔修訂版〕

作者	詹家龍
主編	徐惠雅
版型設計	許裕偉
封面設計	陳語萱

創辦人	陳銘民
發行所	晨星出版有限公司
	臺中市 407 工業區三十路 1 號
	TEL：04-23595820　FAX：04-23550581
	E-mail：service@morningstar.com.tw
	http：//www.morningstar.com.tw
	行政院新聞局局版臺業字第 2500 號
法律顧問	陳思成律師
初版	西元 2008 年 06 月 30 日
增訂一版	西元 2022 年 11 月 06 日
讀者專線	TEL：（02）23672044 /（04）23595819#212
	FAX：（02）23635741 /（04）23595493
	E-mail：service@morningstar.com.tw
網路書店	http：//www.morningstar.com.tw
郵政劃撥	15060393（知己圖書股份有限公司）
印刷	上好印刷股份有限公司

定價 750 元

ISBN 978-626-320-239-9